Eszter Belinszki, Katrin Hansen,
Ursula Müller (Hg.)

Diversity Management

W0044313

Managing Diversity

herausgegeben von

Prof. Dr. Katrin Hansen
(FH Gelsenkirchen)

Prof. Dr. Ursula Müller
(Universität Bielefeld)

Dr. Iris Koall
(Universität Dortmund)

Band 2

LIT

Eszter Belinszki, Katrin Hansen,
Ursula Müller (Hg.)

Diversity Management

Best Practices im internationalen Feld

LIT

Gedruckt mit Unterstützung des Ministeriums für Wissenschaft und Forschung des Landes Nordrhein-Westfalen.

Bibliografische Information Der Deutschen Bibliothek
Die Deutsche Bibliothek verzeichnet diese Publikation in der Deutschen Nationalbibliografie; detaillierte bibliografische Daten sind im Internet über http://dnb.ddb.de abrufbar.

ISBN 3-8258-6097-3

© LIT VERLAG Münster 2003
Grevener Str./Fresnostr. 2   48159 Münster
Tel. 0251–23 50 91   Fax 0251–23 19 72
e-Mail: lit@lit-verlag.de   http://www.lit-verlag.de

Inhaltsverzeichnis

Danksagung 7

Katrin Hansen / Ursula Müller
Diversity in Arbeits- und Bildungsorganisationen
Aspekte von Globalisierung, Geschlecht und Organisationsreform 9

Kapitel 1
Gesellschaftlicher Rahmen 61

Gerhard Engelbrech
Diversity und Chancengleichheit.
Eine neue Herausforderung erfolgreicher Personalpolitik 62

Susanne Baer
Recht auf Vielfalt.
Zu den rechtlichen Rahmenbedingungen des Managing Diversity 104

Hartmut Schröder
„Managing diversity" - ein Feld für Betriebsräte 121

Kapitel 2
Forschungsergebnisse aus Europa und aus Deutschland 129

Michael Stuber
Die Umsetzung von Diversity in Europa 130

Katrin Hansen
„Diversity" -
ein Fremdwort in deutschen Arbeits- und Bildungsorganisationen? 155

Eszter Belinszki
Umgang mit personeller Vielfalt.
Ergebnisse einer Untersuchung in Unternehmen und
in Non-Profit-Organisationen 206

Kapitel 3
Erkenntnisse und Erfahrungsberichte aus den USA 237

Loriann Roberson
Chances and Risks of Diversity.
Experiences in the U.S. 238

Regina Caines
Diversity Management at MIT 255

Redia Anderson
Diversity & Inclusion Equals Marketplace Success 263

Kapitel 4
Best Practice Beispiele aus Deutschland 279

DaimlerChrysler AG
Ein Gespräch mit Heike Tyrtania 280

Deutsche Bank AG
Ein Gespräch mit Aletta von Hardenberg und Elisabeth Girg 293

Ford Werke Deutschland
Ein Gespräch mit Wilma Borghoff 313

Deutsche Lufthansa AG
Ein Gespräch mit Monika Rühl 326

Procter & Gamble Deutschland
Ein Gespräch mit Olaf Peters 338

Eszter Belinszki
Die Praxis von Diversity Management.
Zusammenfassende Betrachtung von Best Practice Beispielen 351

Danksagung

Die Herausgeberinnen haben längere Zeit gemeinsam am Projekt „Der Umgang mit Diversity in Arbeits- und Bildungsorganisationen" gearbeitet, das den Hintergrund dieses Buches bildet. Sie sind im Lauf der Zeit mit vielen Organisationen und Einzelpersonen zusammengetroffen, die ihre Arbeit auf mannigfache Weise unterstützt haben. Einige dieser Kooperationspartnerinnen und -partner sind auch in diesem Buch vertreten; andere sind aus Gründen der Anonymität, die Forschung gewährleisten muss, nicht genannt. Allen, die unsere Arbeit durch Expertengespräche, Öffnung ihrer Organisationen, das zur Verfügung Stellen von Materialien sowie durch ihre Teilnahme an den insgesamt drei Tagungen, die das Projekt ausgerichtet hat, unterstützt haben, sagen wir an dieser Stelle unseren herzlichen Dank. Wir danken ferner unseren Mitarbeiterinnen und Mitarbeitern Britta Erhardt, Özlem Tumani, Hanna Ossowski, Imke Brunzema, Sonja Neuss, Nadine Heinrich, Jörg Lehman, Christine Terstegen, Margarete Dolff und Dr. Hans-Jürgen Aretz sowie Ulla Reißland, die durch ihre Mitarbeit im Projekt bzw. an den Tagungen und Workshops unsere Arbeit unterstützt und bereichert haben. Dem Stifterverband für die Deutsche Wissenschaft danken wir für einen Zuschuss zu unserer Abschlusstagung und dem Ministerium für Wissenschaft und Forschung, später: Schule, Wissenschaft und Weiterbildung des Landes Nordrhein-Westfalen für großzügige, kooperative und kompetente Förderung dieses Vorhabens.

Bielefeld/Gelsenkirchen, im Sommer 2003

Eszter Belinszki, Katrin Hansen, Ursula Müller

Katrin Hansen / Ursula Müller
Diversity in Arbeits- und Bildungsorganisationen
Aspekte von Globalisierung, Geschlecht und
Organisationsreform

Der vorliegende Band dokumentiert Ergebnisse unseres gemeinsamen
Projekts „Zum Umgang mit Diversity in Arbeits- und Bildungsorganisationen"[1] (vgl. die Beiträge von Hansen und Belinszki in diese Band) und
darüber hinaus viel mehr: Er stellt das Projekt in einen deutschen Praxiszu-
sammenhang, der zur Zeit noch in der Entwicklung begriffen ist (Hansen
und Belinszki) und in den umfassenderen Rahmen von Bevölkerungs- und
Rechtsentwicklung in Deutschland (vgl. die Beiträge von Engelbrech, Baer
und Schröder in diesem Band). Anhand von Beiträgen aus der Beratungs-
perspektive (Stuber, Anderson) lotet der vorliegende Band die Potentiale,
aber auch die Voraussetzungen eines erfolgreichen Diversity Managements
aus und gibt in einer Reihe von Best Practice - Beispielen aus Deutschland
Einblick in allerneueste Entwicklungen. Zwei Beiträge aus den USA erlauben
es darüber hinaus, die deutsche Entwicklung im internationalen Kontext zu
sehen; sie zeigen den aktuellen Stand der Diversity-Forschung dort auf

---

[1] Das Projekt wurde vom Wissenschaftsministerium des Landes Nordrhein-Westfalen im Rahmen des Netzwerks Frauenforschung (HWP) gefördert. Für diese
Förderung und die kooperative Unterstützung des Ministeriums bedanken wir
uns sehr herzlich.

Katrin Hansen, Dr. ist Professorin für Betriebswirtschaftlehre, insbesondere Management
und Personalentwicklung unter Berücksichtigung frauenspezifischer Aspekte an der Fachhochschule Gelsenkirchen, Abt. Bocholt.
Ursula Müller, Dr. ist Professorin für Sozialwissenschaftliche Frauenforschung an der
Fakultät für Soziologie der Universität Bielefeld.

9

(Roberson) und erläutern eine Best Practice aus dem amerikanischen Hochschulbereich (Caines).

In unserem einleitenden Beitrag stellen wir einige Thesen vor, die „Diversity" als Konzept in einen größeren Zusammenhang einordnen, welcher durch den Wandel von Organisations- und Arbeitskraftkonzepten und durch Globalisierung geprägt ist. Diversity Management lässt sich aus dieser Perspektive als Ansatz zur Organisationsreform formulieren. Dabei konzentrieren wir uns auf die Diversity-Dimension „Geschlecht", der auch in deutschen Unternehmen und Bildungsorganisationen Priorität zugemessen wird, streifen kurz die Bedeutung anderer Dimensionen von Diversity und diskutieren das Verhältnis, in dem Diversity Management und Gleichstellungspolitik zueinander stehen.

I   Wandel von Organisations- und Arbeitskraftkonzepten

Arbeits- und Bildungsorganisationen sind seit einiger Zeit einem teils mehr, teils weniger merklichen Wandel unterworfen. Insbesondere die Arbeitsorganisationen werden in Zeiten der Globalisierung, der Desillusionierung über ständiges Wachstum, immer unsicherer werdenden Kriterien für rationales ökonomisches Verhalten als im Wandel begriffen betrachtet. Dabei sind die unterschiedlichen Sichtweisen geprägt durch unterschiedliche Grundvorstellungen darüber, in welcher Gesellschaft wir uns derzeit befinden: Ist es noch die Arbeitsgesellschaft mit ihren industriellen Wurzeln (vgl. Schmidt 1999)? Handelt es sich eher um eine Weltgesellschaft im Sinne einer Wissensgesellschaft (Stichweh 2000), oder befinden wir uns auf dem Weg zu einer weltweiten Netzwerkgesellschaft (Castells 2001)?

Der Wandel von Bildungsorganisationen durch Globalisierung war bis vor kurzem weniger spürbar; erst seit den Publikationen der Ergebnisse der PISA-Studien wird deutlich, dass nationale Entwicklungen im internationalen

Maßstab so zueinander in Vergleich gesetzt werden können, dass hochentwickelte bildungsorientierte Gesellschaften wie der Bundesrepublik Deutschland in abgeschlagene Positionen geraten - und dass dies etwas mit dem Umgang mit Vielfalt zu tun hat.

Der Gedanke, die „Vielfältigkeit" oder Andersartigkeit von Arbeitenden könnten von Vorteil für die Ziele von Arbeitsorganisationen sein, widerspricht in der Tat traditionsreichem westlichen Denken über die Merkmale einer nützlichen Arbeitskraft. Die ältesten theoretischen Bestimmungen der Arbeitskraft aus dem 19. Jahrhundert setzen diese als homogen voraus; die produktivitätssteigernden Prinzipien der wissenschaftlichen Betriebsführung von James Taylor beispielsweise beruhten auf der Aufteilung eines vormals ganzheitlichen Arbeitsganges in viele kurztaktige, die ständig auf die gleich Weise wiederholt wurden, und dies von im Prinzip austauschbaren - bzw. als austauschbar vorgestellten - Arbeitskräften. Die unterschiedlichen Trägerinnen und Träger der Arbeitskraft galten aus ökonomischer Sicht als uninteressant, da deren Lebensbedingungen und -bedürfnisse nicht als Thema der Arbeitsorganisation betrachtet, sondern externalisiert wurden.

Bis lange nach dem Zweiten Weltkrieg galten im deutschen Sprachraum Arbeitskräfte im wesentlichen ebenfalls als homogen. Im westdeutschen Bereich ließ sich die Grundvorstellung der Arbeitskraft als weiß, männlich, verheiratet mit dem Status des Familienernährers und der christlichen Religion zugehörig beschreiben. An dieser Grundvorstellung änderte auch der Umstand nichts, dass viele Millionen Frauen (und auch viele alleinerziehende Mütter) erwerbstätig waren; diese wurden bis weit hinein in die 1960er Jahre als Arbeitskräfte wahrgenommen, deren Verbleib auf dem Arbeitsmarkt eher einer Notlage geschuldet war (fehlende Familienernährer oder dessen unzureichendes Einkommen) und insofern vorübergehend, als sie den Arbeitsmarkt verlassen würden, sobald die Notlage nicht mehr bestand. Auch die Anwerbung der ersten Kohorten von Arbeitsmigranten, zunächst aus Italien, später aus anderen südeuropäischen Ländern, änderte an dieser Grundvorstellung zunächst nichts, da diese als Bevölkerungsgruppe gesehen wurde, die sich ebenfalls nur vorübergehend auf dem damals bundesrepublikanischen Arbeitsmarkt aufhielten - die Bezeichnung „Gastarbeiter" fasste dies zusammen.

Die vergangenen zwanzig Jahre hingegen sind gekennzeichnet durch ein kontinuierliches Wachsen internationaler Verflechtungen. Zwar zeigen Analysen, dass die Bundesrepublik den größten Anteil ihrer wirtschaftlichen Beziehungen (noch) innerhalb Europas betreibt; gleichwohl zeigt sich ein Anwachsen der internationalen Geschäfte auch über Europa hinaus. Werfen wir nun einen Blick auf die Bedeutung des Globalisierungsprozesses für „Diversity" in Arbeits- und Bildungsorganisationen. Das Bild, das wir sehen, ist keinesfalls eindeutig.

2 Globalisierung: Gleichzeitigkeit von Homogenisierung und Diversifikation

2.1 Vernetzung der Finanzmärkte

Die Globalisierung ist gekennzeichnet durch eine weltweite zunehmende Vernetzung der Finanzmärkte. Wie die Bundestags-Enquête-Kommission „Globalisierung der Weltwirtschaft" ausführt, verändert das in den Einzelnationen tendenziell dramatisch das Verhältnis zwischen Unternehmen und Banken. Mehr und mehr, so die These am Beispiel der Bundesrepublik, orientieren sich Kreditinstitute auf das Investment-Banking und nicht mehr so sehr auf das herkömmliche Kreditgeschäft.

> „Prinzipiell ist zu erwarten, dass sich die im deutschen Modell bislang engen und längerfristig angelegten Kreditbeziehungen zwischen Unternehmen und Banken zumindest im global ausgerichteten Firmensegment lockern und die Finanzierung über den

Kapitalmarkt neben der langfristigen Kreditvergabe eine größere
Rolle spielen wird" (Deutscher Bundestag 2002:87).

Die Kommission stellt ferner fest, dass der „Shareholder Value" in den
1990er Jahren zu einem dominanten Unternehmensziel großer global
operierender Konzerne wurde. In diesem Konzept werden die Managemen-
tent-scheidungen stärker als bisher an die Interessen der Kapitaleigner
(Shareholder) gebunden, wodurch auch andere institutionelle Bedingungen,
in die das Unternehmen eingebettet ist, geändert werden: Finanzinnova-
tionen, Unternehmensverfassung, Mitarbeiterbeteiligung, Altersversorgung,
Unternehmensfinanzierung und Managementstil. Die Unternehmensstrategie richtet sich verstärkt daran aus, die Wertsteigerung im Interesse der
Anteilseigner zu maximieren, um in der Konkurrenz um Kapital an vorder-
ster Front mithalten zu können und um nicht einer Übernahme ausgesetzt
zu sein, wenn der Börsenwert des Unternehmens zurückgeht (a.a.O.:86).

Demgegenüber ist das deutsche System nach Meinung der Kommission
stärker vom Stakeholder-System geprägt. Als Stakeholder einer Aktiengesellschaft gelten neben den Aktionären insbesondere die Beschäftigten, aber
auch andere Gruppen, z.B. die Kunden, die Fremdkapitalgeber, teilweise
auch der Staat (Gemeinde) und Anwohner der Betriebsstätten. Die Stakeholder sind Elemente des „sozialen Kapitals" eines Unternehmens, das für
die Vernetzung von Akteuren mit der Absicht, die Wettbewerbsfähigkeit der
Unternehmen zu steigern, ebenfalls von Bedeutung ist:

> „... die Vernetzung ist nicht nur marktgesteuert, sondern auch
> durch Beziehungen der gesellschaftlichen Reziprozität und politi-
> schen Initiative politischer Institutionen und Organisationen
> gelenkt" (a.a.O.:87; siehe hierzu auch weiter unten 2.2).

Bezogen auf wirtschaftliche Interdependenzen betont auch Lenz (2000) die
Bedeutung der Internationalisierung der Finanzmärkte und deren Orientie-

rung zum Shareholder-Kapitalismus, in dem vor allem hohe, rasch aktualisierte Renditen wichtig seien; durch die Entwicklung internationaler Kooperationen und Strategien in Unternehmen können diese ihre Mobilität bei Ansiedlungen beträchtlich erweitern und somit eine Fülle von Optionen hinzugewinnen. Hier sieht Lenz einen Grund für den Machtzuwachs großer wirtschaftlicher Organisationen, so dass in analytischer Perspektive die „Meso-Ebene" von Organisationen in den Blick gerät, während die „Makro-Ebene" von Gesamtgesellschaften/Nationalstaaten relativiert wird. Mit diese Machtzuwachs sieht sie auch einen erheblichen Zuwachs an Verantwortung für gesellschaftliche Entwicklungen verbunden.

Die Steuerung von Vernetzung über den Markt, grob gesprochen also dominiert vom Shareholder Value, kann eine Fülle kreativer Prozesse (inklusive partizipativer Arbeitsformen) anstoßen (vgl. Dörre 2001), setzt die Unternehmen jedoch letztlich nicht kontrollierbaren Unwägbarkeiten aus. Dies hängt damit zusammen, dass dieser Wert über die Börsenspekulation realisiert wird und diese in erster Linie nicht durch Erwartungen über künftige Erträge, sondern durch Erwartungen über Erwartungen und über das Kaufverhalten anderer Marktteilnehmer angetrieben wird (a.a.O., Seite 86). Auf dieser Ebene wird verständlich, dass die symbolische Dimension, nämlich die Darstellung und Wahrnehmung eines Unternehmens als erfolgreich, innovativ und zukunftsorientiert, in hohem Ausmaß über sein Schicksal entscheidet.

Damit scheint ein wichtiger Aspekt auf, der Unternehmen dazu veranlassen könnte, sich für Diversity zu öffnen. Die Übernahme von Schlüsselfunktionen durch Frauen und Angehörige ethnischer Minderheiten kann eine gute internationale Vernetzung und eine kompetente Inangriffnahme der Herausforderungen der Globalisierung symbolisieren; dies wiederum kann sich als Marktvorteil auswirken.

Bezogen auf den Stakeholder-Value ist die Öffnung für Diversity noch viel deutlicher; Experten gehen davon aus, dass Unternehmen in Zukunft immer stärker nach dem Wert ihres Humankapitals bewertet werden. Dies ist ein Plädoyer nicht nur für verstärkte Qualifizierung, sondern auch für die Entwicklung aller Talentreserven und die erfolgreiche Anwerbung hochqualifizierter Kräfte. Hieraus ergibt sich die Notwendigkeit von Diversity-Strategien: auch an bisher ungewohnte soziale „Orte" - ungewohnt bezogen z.B. auf Geschlecht, ethnische Zugehörigkeit, Alter und Behinderungen - muss sich die Suche nach „Talenten" begeben.

Organisationssoziologisch ist der Gedanke zentral, dass Organisationen in Zeiten einer immer komplexer werdenden Umwelt um so überlebensfähiger sind, je höher ihre Eigenkomplexität ist. Wenn wir dies übersetzen in die konkrete Situation zunehmender internationaler Verflechtungen und Vernetzungen, dann ist die Öffnung einer Organisation für Diversity sogar ein Gebot der Stunde.

Diversity erfordert also nicht unbedingt einen Stakeholder-Ansatz, sondern kann Energie aus einem mittelfristig orientierten Shareholder-Ansatz ziehen[2], wenn die dominante Gruppe zu der Überzeugung gelangt, dass Diversity Management einen Beitrag zu den finanziellen Unternehmenszielen leisten kann[3]. Voraussetzung ist, dass „Win-Win"-Situationen geschaffen werden können, wie eine Interviewpartnerin betont:

---

2   Wie Dörre zeigt, erwies sich die Shareholder Value-Orientierung auch in anderen Zusammenhängen zeitweise „geradezu als Treiber" von Veränderungen, die in dem dort untersuchten Fall eine stärkere Einbeziehung von Mitarbeitenden in Entscheidung und Prozesssteuerung betrafen und förderten damit zunächst partizipative Arbeitsformen, die in der Folgeperiode dann allerdings wieder begrenzt wurden (vgl. Dörre 2001). Derartige Phasen wären zukünftig auch bei der Analyse von Diversity-Prozessen in Unternehmen zu berücksichtigen.

> Es ist nicht ein reines weiches Thema, Sozialromantik, wo man nur
> irgendwie sanft mit einem Menschen umgeht, sondern das tut ein
> Unternehmen aus einem ganz klaren Ziel, und zwar aus reiner
> Gewinnmaximierung. Es wurde bislang immer mit einem nega-
> tiven „Uhuu" in der Gesellschaft diskutiert, aber Unternehmen
> sind keine Sozialstationen, sondern sind Wirtschafts- und Profit-
> Organisationen. Es ist auch in Ordnung, wenn Unternehmen Profit
> machen. Die Frage ist nur auf welche Art und Weise, wie gehen sie
> dabei mit ihren Humanressourcen um. Und wenn man eben
> human mit seinen Humanressourcen umgeht, ist man einfach
> erfolgreicher. Und deshalb ist das ganze Thema Diversity so ein win
> -win-Ansatz

Dass Diversity ein „business case" ist und auch nur als solcher akzeptabel,
findet sich in einer Reihe von Äußerungen aus Betrieben und Beratungs-
büros. Allerdings weisen einige Stimmen auch darauf hin, dass gerade im
Interesse eines gelingenden „business case" andere, nicht nur auf ökonomischen, und vor allen Dingen nicht auf schnellen ökonomischen Nutzen
gerichtete Aspekte eine wichtige Rolle spielen (siehe hierzu u.a. Bloom 2002,
die diese Frage an einer Analyse der Unterschiede des US-amerikanischen
und des europäischen Verständnisses von Diversity behandelt, sowie Corporate Leadership Council 1999; und die Beiträge von Stuber und Anderson in
diesem Band). Welche Aspekte dies sein könnten, wird sich im folgenden
zeigen.

---

3   Diese Überzeugung kann unter anderem durch den Einsatz von strategischen
       Landkarten und Balanced Scorecards gefördert werden, die Wirkungsketten
       aufzeigen und die langfristig auch finanziell positiven Effekte einer Investition
       in Diversity Management belegen. (vgl. Hansen/Aretz 2002 und Aretz/Hansen
       2002)

2.2   Vernetzung sozialer Prozesse

Ilse Lenz hat in einem neueren Beitrag vorgeschlagen, insbesondere vier gleichzeitige und durchaus in sich und zueinander widersprüchliche Prozesse bezogen auf Globalisierung im Auge zu behalten. Hierzu gehören neben der oben schon diskutierten Zunahme wirtschaftlicher Interdependenzen die Internationalisierung ökologischer Risiken, das Ansteigen politischer Interdepedenzen, und die wachsende internationale Kommunikation und Mobilität. Insbesondere die beiden zuletzt genannten Prozesse sollen hier diskutiert werden[4].

Bezogen auf den Anstieg politischer Interdependenzen ist nach Lenz eine Relativierung der Nationalstaaten zu beobachten, ohne dass diese aber bedeutungslos würden. Vielmehr gewönnen supranationale Verbände wie die EU und die UNO an Bedeutung. Trotz einer weiterhin stehenden deutlichen hierarchischen Ordnung ist heute von einer formalen Unabhängigkeit fast aller Gesellschaften, auch der ärmsten, auszugehen: „Wir leben in einer postkolonialen Welt" (Lenz 2000: 21)[5].

Mit dem Bedeutungszuwachs supranationaler Verbände geht auch der Prozess einher, eine Standardisierung von Rechten (z.B. im Arbeitsschutz, aber auch in Diskriminierungsverboten, vgl. hierzu Baer in diesem Band) zu erreichen; insofern können wir von einem Demokratie-Potential sprechen, das aber auf internationaler Ebene noch nicht hinreichend entwickelt ist.

---

4   Die Dimension der ökologischen Interdependenzen wird bei Lenz nicht konkreter diskutiert, sondern eher vorausgesetzt; die Diskussion hierzu hat ja bekanntlich Ulrich Beck (1986) mit seinem Buch „Risikogesellschaft" angestoßen, in dem er die These aufstellt, die Industriegesellschaft könne die von ihr produzierten ökologischen Probleme nicht mehr in Länder der Peripherie „externalisieren"; diese schlügen vielmehr von dort aus zurück (Beck 2000).

Bezogen auf die wachsende internationale Kommunikation und Mobilität sieht Lenz drei Tendenzen: die zu einer „raumübergreifenden Gleichzeitigkeit" von Kommunikation, vermittelt über die neuen Kommunikations-technologien; zweitens hebt sie internationale Diskurse über Menschenrecht, Demokratisierung von unten und Freiheit von Gewalt und Ungleichheit hervor. Es haben sich interkulturelle Austauschformen entwickelt - nicht zuletzt auch über die neuen Kommunikationstechnologien - , die mit herkömmlichen Vorstellungen von unterschiedlichen Kulturen nicht zu erfassen seien. Hier sieht sie auch eine wichtige Rolle internationaler Bündnisse wie z.B. das Netzwerk von Frauen aus der südlichen Hemisphäre DAWN, (vgl. DAWN 1995).

Drittens schließlich sieht sie in der sich ebenfalls steigernden Migration eine Herausbildung von transnationalen Gemeinschaften, deren Mitglieder

---

5   Die These, die heutige Welt sei eine postkoloniale, wird von Randeria (1999)
      durchaus kritisch gesehen. Der Kolonialismus ist ihrer Ansicht nach konstitutiv
      für die europäische Moderne und deren Globalisierung; seine durchgehenden
      und fortdauernden Auswirkungen auf die gegenwärtige Wirklichkeit und Wis-
      senschaft nicht-westlicher Gesellschaften seien unbestreitbar, und der Weg zu
      einer „authentischen" Betrachtung dieser Gesellschaften erscheint ihr als Irr-
      weg, der die multiplen Verflechtungen dieser Gesellschaften verkennt. „Inter-
      nationalisierung der Wissenschaft", so kritisiert Randeria, wird meist einseitig
      als Öffnung in Richtung Europa oder USA verstanden und darüber hinaus als
      Vernetzungsproblem ohne inhaltliche Dimensionen. Sie fordert demgegenüber
      einen inhaltlichen Dialog mit der „Peripherie", also den bisher eher als „rand-
      ständig" betrachteten Ländern der Dritten Welt. Damit ist auch eine „Dezen-
      trierung" westlicher Perspektiven verlangt, die den „anderen Orten" der
      Wissensproduktion, also dem „Rest der Welt" (Randeria 1999: 373), keinen
      Status zweiter Klasse zuschreibt, andererseits aber sensibel dafür ist, dass
      deren vermeintlich „authentische" nicht-westliche Selbstdeutungen eng mit
      westlichem Wissen und westlicher Fremdrepräsentation verwoben sind und
      aus der Auseinandersetzung damit entstehen.

mobile Individuen und Gruppen sind. In diesen Gemeinschaften würden kulturelle Synthesen erprobt, neu gemischt und teils an die Herkunfts- wie auch die Zielländer vermittelt. Als eine wichtige Gruppe innerhalb dieser Entwicklung nennt sie die der „transnationalen Intellektuellen" aus Wissenschaft, Journalistik und Kunst.

Zusammengefasst möchte Lenz Globalisierung prozessorientiert sehen und schlägt vor, darunter eine Kopplung von Prozessen mit offenem Ausgang zu verstehen, „in denen wirtschaftliche, politische, soziale und ökologische Interdependenzen zunehmen, in denen sich globale Kommunikation und Mobilität verbreiten und in denen neue Akteure, vor allem supranationale Verbände, multinationale Unternehmen und Vertreter von zivilgesellschaftlichen Ansätzen Einfluss gewinnen. Dabei erweitert sich das Spektrum ihrer jeweiligen Optionen einerseits im Zusammenhang mit ihren jeweiligen materiellen, organisatorischen und Machtressourcen, andererseits in Zusammenhang ihrer Orientierungs- und Lernfähigkeit im komplexen globalen Spiel" (Lenz 2000: 24).

Objektiv entstanden und für die weitere Entwicklung notwendig sei die internationale Orientierungsfähigkeit in transnationalen Gruppierungen. Dies macht Lenz an einem Beispiel deutlich: Deutsch-türkische Mädchen aus Berlin oder Bayern lebten nicht mehr in „einer türkischen Kultur", sondern in einem transnationalen Raum, der durch Experimente und Synthesen „zwischen den Welten" geprägt sei (Lenz 2000: 27).

Vor diesem Hintergrund wird deutlich, wieso es möglich ist, „Managing Diversity" in vielfältiger Weise zu verstehen und aufzugreifen, die über die ökonomische Betrachtung hinausweisen, auch wenn sie eng mit ihr verbunden sind. Globalisierung der Finanzmärkte und Verbreitung von Menschenrechten, Verschärfung bestehender Ungleichheiten und Demokratisierung sind teils widersprüchliche Prozesse, die gleichzeitig statt-finden können[6]. In einem international agierenden Unternehmen kann Diversity dazu dienen, die Reibungsverluste an globalisierten Standorten zu minimieren und zugleich neue Humanressourcen für das Unternehmen zu erschließen. Auch an seinem nationalen Standort, z.B. in der Bundesrepublik, kann ein Unternehmen nicht mehr von einer homogenen Struktur der Arbeitskraft ausgehen, um erfolgreich zu sein, sondern sollte Diversity-Konzepte nutzen, um vielversprechende Arbeitskräfte intern zu fördern und extern zu finden, Diversifizierung von Lebensgewohnheiten und damit Konsuminteressen zu verstehen und zu beantworten, etc. In den westlichen Industrieländern stehen „transnationale Gruppen" mit internationaler Orientierungsfähigkeit bereits bereit, die es - insbesondere für die mittelständischen Unternehmen in der Bundesrepublik, wie Eszter Belinszki in diesem Band zeigt - erst noch zu entdecken gilt.

Wachsende wirtschaftliche und andere Interdependenzen haben laut Lenz noch genauer zu analysierende Auswirkungen auf Geschlechterverhältnisse. Herkömmliche geschlechtliche Grenzziehungen werden diffus oder aber unsichtbar (wenn z.B. in einem Land wie Bangladesh junge Frauen in globalisierten Bekleidungsfabriken über Lohnarbeit zu Niedrigstlöhnen gleichwohl finanzielle Unabhängigkeit von ihrer Herkunftsfamilie erlangen), können andererseits aber auch in veränderter Gestalt in neuer Schärfe etabliert werden (wenn z.B. in afrikanischen Ländern durch die einseitige Unterstüt-

---

6   Beispielsweise hat Khomotso Thoka, Personalvorstand der Südafrikanischen Post, eindrucksvoll „Diversity" in den Kontext der sich neu formierenden Demokratie in Südafrika gestellt. Hier erscheint „Diversity" als absolut ernstgenommenes Ziel gesellschaftlicher Demokratisierung , und benennt zugleich die Wege und Strategien, wie dies zu erreichen sei. „Diversity" steht für die Verarbeitung des Kolonialerbes, die Überwindung der Apartheid, und für die Orientierung auf eine Zukunftssicherung aller Gesellschaftsmitglieder inklusive der bisher marginalisierten farbigen Mehrheit (Vortrag auf der 3. Internationalen Diversity Konferenz Potsdam 2001

zung der Produktion für den Markt die Produktion für die Subsistenz und mit ihr die Ökonomie von Frauen an den Rand gerät).

In den folgenden Abschnitten befassen wir uns zunächst mit der Funktion von Diversity in Organisationen und setzen uns dann mit den Erscheinungsformen auseinander, die die Geschlechterfrage heute in Organisationen annehmen kann.

3 Diversity Management als Organisationsreform

„Diversity refers to any mixture of items characterized by differences and similarities." (Thomas. 1996, Seite 5). „Diversity" kann mit dem Ausdruck „personelle Vielfalt" oder „Vielfalt in der Mitarbeiterschaft" übersetzt werden, da hierin sowohl Unterschiedlichkeit als auch Gemeinsamkeit enthalten sind. Diversity darf jedoch nicht auf die Betrachtung von Individuen reduziert werden. Vielmehr muss Diversity Management an Identitätsgruppen ansetzen und Machtverhältnisse in der Gesellschaft und in den Organisationen berücksichtigen, um nicht zu verkürzten Ansätzen zu kommen. In der neueren wissenschaftlichen Diversity-Literatur wird dem Macht-Aspekt zunehmend Bedeutung zugewiesen:

> „There is much theoretical and empirical support for the notion that paying attention to differences in power and status is critical for understanding diversity in organizations." (Ely/Thomas 2001: 231)

So zeigt eine Analyse von Linnehan und Konrad, dass ein effektives Arbeiten heterogener Gruppen nur dann möglich ist, wenn die Mitglieder sich auf gleicher Machtbasis begegnen, da anderenfalls Unterdrückungs- und Stigmatisierungsprozesse auftreten können (Linnehan/Konrad 1999:341f). In Fallstudien kommen auch Ely und Thomas zu dem Ergebnis, das die Haltung der Organisation zu Diversity und zu Minoritäten ein extrem wichtiger Einflussfaktor ist, der darüber entscheidet, ob Diversity Management erfolg-

reich sein kann (Ely/Thomas 2001)[7]. Die Haltung von Organisationen zu
Diversity lässt sich nach drei Paradigmen des Diversity Managements mit
spezifischen Folgen, auch auf die Geschlechterverhältnisse, strukturieren
(vgl. Thomas/Ely 1996, Ely/Thomas 2001, Koall 2002, vgl. auch die Argumentation bei Hansen 2002):

Im „**Fairness & Discrimination**"- Ansatz werden Problemfelder für
mögliche Diskriminierungen identifiziert, benannt und einer Konfliktbewältigung unterzogen. Motivierend wirken in diesem Ansatz gesetzliche
Rahmenbedingungen und gesellschaftliche Forderungen, denen die Organisationen aus ethischen oder strategischen Gründen folgen. „Affirmative
Action" hat hier ihren Platz. In diesem Konzept sind Angehörige rassischer
oder kultureller Minderheiten und eben auch Frauen im Unternehmen
repräsentiert, bspw. in Höhe einer politisch korrekten Quote oder in
bestimmten Bereichen zugelassen. Doch sie sind nicht wirklich integriert.
Die bekannte „Gläserne Decke" ist ein ebenso bekannter Effekt wie der
starke Assimilationsdruck, der auf Personen in Minderheitspositionen
ausgeübt wird, solange das Unternehmen im Rahmen des „F&D -Approach"
agiert (vgl. Kanter 1993, Linnehan/Konrad 1999). Schwartz spricht von einer
„zersetzenden Wirkung auf Frauen" (1993: 30), die dazu führt, dass Frauen
die nur scheinbar frauenfreundliche Organisationen dann zermürbt wieder
verlassen:

> „In allen untersuchten Unternehmen konnte der Unternehmens-
> leiter mit einem Beispiel aufwarten, wie er plötzlich auf unerklär-

---

7   Diese Haltung wird aber wiederum dadurch gestärkt, dass Minoritäten tatsäch-
     lich auch die Macht besitzen, die Organisation zu verändern. Sofern lediglich
     eine formale Einbeziehung (Quote) erreicht wurde und Machtverhältnisse ver-
     schleiert wurden, hatte dies auf die Funktionsfähigkeit von Gruppen negative
     Auswirkungen (Ely/Thomas 2001:263ff).

liche Weise eine Senkrechtstarterin verlor, die er für großartig hielt
und in die er viel investiert hatte." (Schwartz 1993: 31)

„Zersetzende" Geschlechterverhältnisse sind auch in deutschen Arbeits- und
Bildungsorganisationen trotz formaler Gleichstellung noch immer an zu
treffen. Sie lassen auch die Situation von frauenfreundlichen Mitgliedern der
dominanten Gruppe nicht unberührt (vgl. Müller 2002).

Das Unternehmen öffnet sich neuen Denk- und Handlungsweisen nicht
wirklich, verliert Potenzialträgerinnen und vergibt damit wertvolle Lern-
chancen. Dennoch ist als positiver Effekt festzuhalten, dass Minoritäten auf
interne Positionen zugelassen werden, vorzeigbare Programme etabliert
werden und ein „politisch korrekter" Ton herrscht. Dies kann ein erster
Schritt sein, kann insgesamt aber nicht befriedigen, da die Geschlechterverhältnisse in ihrer Hierarchisierung unangetastet bleiben. Gleichstellung wird
nicht wirklich in den Organisationszielen verankert und kann auch kein
Bestandteil der Organisationskultur werden. Daher ist immer wieder mit
aufbrechenden Widerständen seitens Mitgliedern der dominanten Gruppen
zu rechnen. Im schlimmsten Fall wird hier mühsam eine Fassade aufrechterhalten, die doch immer wieder bröckelt oder verdeckte Diskriminierung
nur mühsam tarnen kann.

Die Verschleierung von Machtverhältnissen im Fairness & Discrimation-
Paradigma und die dort häufig anzutreffende „colour-blind ideology" (Ely/
Thomas 2001: 256) führen dazu, dass den Mitgliedern der Minoritäten-
Gruppe zweideutige Signale übermittelt werden, in denen diese Zugehörig-
keit einerseits als unproblematisch dargestellt wird, andererseits aber mehr
oder weniger subtil Anpassungsleistungen gefordert werden, bei deren
Versagen wiederum großmütig- aber von oben herab! - Verzeihen gewährt
wird:

„.... blacks were to be forgiven for their deviations from (white cultural) norms of acceptable behavior, as theses deviations were merely understandable reactions to the unjust circumstances of their lives." (Ely/Thomas 2001: 256)

Diese Forschungsergebnisse aus den USA lassen sich auf die Geschlechterverhältnisse in Deutschland direkt übertragen, wie wir weiter unten darstellen (vgl. Abschnitt 4) werden.

Der „**Access and Legitimacy**" - Ansatz als zweites Paradigma im Umgang mit personeller Vielfalt entwickelte sich auf der Grundlage einer marktorientierten Sichtweise. Hier wird nicht die Soziodemografie, sondern die spezifische marktabhängige Demografie zu spiegeln versucht. Die Leitidee ist, in Entwicklung, Produktion und Marketing über die Nähe von Mitarbeitern und Kunden oder sogar die Gleichartigkeit beider hinsichtlich einzelner Dimensionen Kernkompetenzen zu entwickeln und Marktanteile zu sichern. Der Kundenkreis soll seine Spiegelung im Mitarbeiterkreis finden. Es wird erwartet, dass dieser Mitarbeiterkreis auf Basis des „Fits" geeignete Ideen entwickeln wird, um den Markt zu öffnen und erfolgreich zu bearbeiten bzw. soziale Nähe im Kundenkontakt ein Erfolgsfaktor ist.

Kritisch zu hinterfragen ist, ob die Erwartung, dass Frauen es vorziehen, auf weibliche Geschäftspartnerinnen zu treffen, tatsächlich realistisch erscheint bzw. welche Rahmenbedingungen gegeben sein müssen. Neue Ansätze des Marketing, die KundInnen als Co-ProduzentInnen begreifen, können einerseits dazu führen, dass die demografische Nähe zwischen KundInnen und Dienstleistenden ein Pluspunkt ist. Sie können aber auch dazu führen, dass die Gruppenperspektive durch die KundInnen eingebracht und im Unternehmen selbst daher eine Spiegelbildlichkeit aus Marketing-Argumenten überflüssig ist. Zur Analyse dieser Fragestellungen sind weitergehende, empirische Forschungen von Nöten.

Lys Marigold und Faith Popcorn vertreten mit Vehemenz ein frauenorientiertes Marketing („EVAlution"), das die drastisch gestiegene wirtschaftliche Bedeutung der sozialen Gruppe „Frau" nutzen will:

> „Sehen wir den Tatsachen ins Gesicht: Schwämmen wir noch im lauen Badewasser der 1950er und Frauen bildeten lediglich eine kleinen Teil der Ökonomie, würde sich niemand darum kümmern. Doch wir leben im nächsten Jahrhundert und Frauen sind die beherrschende wirtschaftliche Kraft im Land. ... Die Macht, die von dieser Gruppe ausgeht, ist spannend ..." (Popcorn/Marigold 2001: 18)

Sie machen aber auch deutlich:

> „Sie sollten verstehen, dass Sie keine Frau sein müssen, um EVAlutioniert zu sein. Sie müssen einfach nur wach sein, sensibel für Details, beziehungsorientiert und prozessbewusst." (Popcorn/ Marigold 2001:296)

Problematisch am Marktzugangs-Ansatz ist zudem, dass er zur Stereotypisierung förmlich einlädt, da Mitarbeiter auf ihre Zugehörigkeit zu einer bestimmten sozialen Gruppe reduziert und „gruppentypische" Einstellungen und Verhaltensweisen erwartet bzw. gefordert werden. Die Diversität, die in den Menschen, ihrer facetteneichen Persönlichkeit und ihren unterschiedlichen Rollen und Funktionen liegt, wird hier ignoriert bzw. geleugnet. Schließlich ist zu fragen, was denn mit den Personengruppen geschieht, deren Wert für das Unternehmen in erster Linie in ihrer Zugehörigkeit zu einer sozialen Gruppe liegt, wenn das zugehörige Marktsegment in seiner Bedeutung für das Unternehmen abnimmt (Kaufkraftverlust, Marktverschiebungen). Sie sind nicht wirklich akzeptiert, sondern werden in diesem Ansatz lediglich funktionalisiert. Gleichzeitig wird ihnen die Verantwortung für die Bedürfnisbefriedigung der Kunden, deren Gruppe sie zugeordnet werden, einseitig zugeschoben. Die Organisation kann sich ihrer Verantwortung entziehen und lernt auch nur bedingt. Die nachhaltige Tragfähigkeit dieses Konzeptes ist somit in Zweifel zu stellen.

Dennoch ist auch hier als Positivum festzuhalten, dass Minoritäten in einem größeren Umfang zu attraktiven Positionen vor allem im Marketing, aber auch in der Produktentwicklung zugelassen sind, als es in Unternehmen der Fall ist, die Diversity gar nicht zu ihrem Thema gemacht haben. Auf der anderen Seite entgehen diese Positionen der dominanten Gruppe, woraus sich Widerstände ergeben können, die vor allem dann das Konzept des Diversity Managementes gefährden können, wenn die zuvor erwarteten, positiven Effekte nicht oder in geringerem Maße realisiert werden.

Im Rahmen des „**Learning and Effectiveness**" - Ansatzes wird Diversity Management als ganzheitliches organisationales Lernen interpretiert. In diesem Konzept wird Raum geschaffen, in dem jeder Mitarbeiter seine individuelle Persönlichkeit mit ihren sozialen und kulturellen Bezügen in die Organisation einbringt. Es soll erreicht werden, dass Mitarbeiter ihre Eigenart und Eigenständigkeit nicht Homogenisierungsstrategien unterwerfen, sondern vielmehr „Diversity" in ihrem Verhalten und in ihren Entscheidungen auch am Arbeitsplatz gewinnbringend einsetzen. Das macht eine positive Haltung zum notwendig steigenden Ausmaß der Komplexität im Unternehmen notwendig und verlangt einen fruchtbaren Umgang mit Spannungen, die aus der Diversity von Haltungen, Erfahrungen und Handlungen entspringen. Das Unternehmen wird zum lernenden Unternehmen, das dann Frauen und Männern gleichberechtigt Entwicklungsraum bietet, wenn die Genderdimension als wichtig für das Unternehmen angesehen wird.

Diversity Management verfolgt das Ziel, Organisationen erfolgreicher zu machen. Während der Fairness & Discrimination-Ansatz dies lediglich passiv versucht, indem Sanktionen vorgebeugt wird, stellt Diversity im Sinne der Access & Legitimacy-Paradigmas eine kurzfristig abrufbare Ressource dar.

Im Rahmen des Learning & Effectiveness-Paradigmas wird Diversity als eine Chance gesehen, Effektivität und Lernfähigkeit von Organisationen zu steigern. Diversity-Management wird als Führungs-Technik verwendet, um mit bestehender personeller Vielfalt im Unternehmen erfolgreich umzugehen, Reibungsverluste, Demotivation und Fluktuation zu vermeiden und die erkannten Potenziale der Mitarbeiterschaft effizient zu erschließen. Verorten wir diese Ansätze in dem an anderer Stelle differenziert dargestellten Schema mit den Funktionen Adaption, Zielrealisierung, Integration und Latente Strukturerhaltung (vgl. Hansen/Aretz 2002, Aretz/Hansen 2002), so lässt sich klar erkennen, dass Diversity Management im Fairness & Discrimination- und im Access & Legitimacy-Paradigmas eindeutig der kurzfristig orientierten Funktion der Adaption zuzuordnen ist, der die Aufgabe der Ressourcenmobilisierung zukommt: Diversity muss sich „auszahlen", und zwar schnell und nachweisbar, wie ein Interviewpartner aus der Linie eines Großunternehmens deutlich macht:

> „Die Außenwirkung ist, dass mittlerweile Analysten, beispielsweise Börsenanalysten nicht mehr nur gucken: Wie entwickeln sich die Zahlen, sondern wie entwickelt sich die Kultur eines Unternehmens? Was kann man von denen erwarten? Wie kann es zum Beispiel mit Problemen umgehen? Oder wie ist die innere Struktur eines Unternehmens? Haben die irgendwelche Zukunftsaussichten? [...] .. das hat Innen- und Außenwirkung und ist somit auch ein Wirtschaftsfaktor. Sonst würden wir das wahrscheinlich auch nicht machen. Ich glaube nicht, dass irgendein Unternehmen aus rein philanthropischen Gründen eine Diversity-Abteilung einsetzt. Es sei denn, es ist ein Privateigentümer, dem das Thema persönlich am Herzen liegt. Solche Strukturen gibt es ja, wie zum Beispiel Bertelsmann."

Diversity Management ist funktional für Organisationen, die Vielfalt benötigen, um Umweltanforderungen genügen und Ressourcen auf den verschiedenen Märkten (Absatz, Beschaffung-, Arbeits- und Finanzmarkt) mobilisieren zu können. Hier reagieren Unternehmen, aber auch Hochschulen, sehr schnell, wie wir in einigen Interviews feststellen konnten (vgl. die Ausführungen von Hansen im vorliegenden Band) - wenn diese Organisationen denn erkennen, dass Diversity durch sie zur Ressourcenmobilisierung ökonomisch sinnvoll eingesetzt werden kann. Umgekehrt entspricht es der Logik dieser Ansätze, Diversity in anderen Umweltkonstellationen gar nicht erst auf- oder aber wieder abzubauen, eine Perspektive, die einem kurzfristig orientierten Shareholder Value-Ansatz entspricht und aus geschlechterpolitischer Sicht misstrauisch stimmen muss.

Im Learning and Effectiveness-Ansatz nimmt Diversity Management eine mittelfristige Perspektive ein. Nicht mehr nur die Nutzung oder sogar Ausbeutung von Potenzialen, sondern deren Aufbau und Pflege stehen hier im Mittelpunkt. Aus systemtheoretischer Sicht geht es um die Funktionen der Zielerreichung auf der strategischen Ebene, also um Effektivität, und um die Integration von Mitarbeitenden, um Herstellung oder Aufrechterhaltung von Kohärenz, zur Steigerung des Unternehmenswertes. Dies entspricht einem modernen, „aufgeklärten" Ansatz des Shareholder Value Konzeptes, der von Repräsentanten der deutschen Wirtschaft in der aktuellen Situation tatsächlich gefordert wird.

So beklagten beispielsweise führende Vertreter von Unternehmen wie der Deutschen Bank (Vorstandsprecher Ackermann) und der mg technologies AG (Vorstandsvorsitzender Neukirchen) anlässlich der Konferenz "Women in European Business 2003" in Frankfurt, dass der Börsenwert von Unternehmen sich unter Ägide eines kurzfristig orientierten Shareholder Value-Konzeptes immer weiter vom realen Wert dieser Unternehmen entkoppelt habe, was dann zum „Platzen dieser Blasen" und einem massiven Kapitalverlust führen musste. Gefordert wurden eine Abkehr von der Fixierung auf Quartalsberichte und kurzfristige Gewinnerwartungen, die in der Vergangenheit zu drastischen Fehlorientierungen geführt haben, und ein Umdenken hin zu einer mittelfristigen Steigerung des Unternehmenswertes, der dann auch „intangible assets" und vor allem das Potenzial menschlicher Ressourcen beinhaltet. Explizit wurde in diesem Zusammenhang das Diversity-Konzept der Deutschen Bank genannt, das nach Aussagen von deren Vorstandsprecher „handfesten ökonomischen Mehrwert" liefert. Hierzu bekennt sich die Deutsche Bank auch auf ihrer Website zur Vorbereitung der Konferenz „Women in European Business 2003", aus der wir hier ausschnittweise zitieren (siehe hierzu auch das Interview mit der Vertreterin der Deutschen Bank in diesem Band):

> „Vielfalt im Unternehmen trägt bewiesenermaßen zur Steigerung des Unternehmenswertes bei, [...]. Diversity sollte daher sowohl in Recruiting-, Besetzungs- als auch Personalentwicklungsprozesse eingebunden werden. Diese Erkenntnisse spielen eine immer stärkere Rolle auch bei den von Analysten herbeigezogenen Kriterien der Unternehmensbewertung. Nach neueren Erhebungen fließen zahlenmäßig nicht greifbare Informationen u.a. zur Führung des Unternehmens und Qualifikation seiner Belegschaft (non-financial information oder intangible assets) bereits zu 35% in die Investorenentscheidung ein. Diversity als ein Bestandteil dieser nichtgreifbaren Vermögenswerte stellt daraus abgeleitet eine unternehmensstrategische Notwendigkeit dar." (www.cybertecture.de/WEB/kon03_dive.shtml)

Dass diese Ansicht keine Einzelmeinung ist, lässt sich anhand der in diesem Band dargestellten Unternehmens- und Forschungsberichte gut belegen. Dies entspricht auch den Ergebnissen von Deal und Kennedy, die Langzeitstudien aus den USA unter kulturellen Aspekten analysierten und darüber hinaus die wirtschaftliche Entwicklung kulturkompetenter Unternehmen selbst untersuchten und dabei zu den Ergebnissen kamen, dass die „robuste" Kultur eines Unternehmens eine wesentliche Determinante des zukünftigen wirtschaftlichen Erfolges ist (Deal/Kennedy 1999: 23ff) Die

Autoren nehmen unter Bezugnahme auf den Bankenbereich, den sie zu den „most diverse industries of the world" zählen, explizit Stellung zu Diversity:

> „Strong cultures arise anywhere. Where the environment demands diversity of thought and action, robust cultures will mirror the demand and foster diversity in the ranks." (Deal/Kennedy 1999:39)

Mit drastischen Worten zeigen sie ihre Überzeugung in Auswertung eines Fallbeispiels auf:

> „Different strokes for different folks, you might say, but only if the strokes make sense in the existing business environment." (Deal/ Kennedy 1999: 39)

Hier wird eine umweltbasierter Ansatz vertreten, der davon ausgeht, dass Unternehmen Anforderungen der Umwelt lediglich spiegeln. Ein neueres („kontextuelles") Verständnis geht hingegen davon aus, das Unternehmen ihr Umfeld aktiv mitgestalten (Collins 2000:43). In dieser Interpretation werden Unternehmen nicht Opfer der Umstände, sondern gestalten als Akteure ihre Organisationskultur aktiv mit und verändern dabei ihre Umwelt-beziehungen und die Umwelt selbst.

In diese Richtung weist ein Ansatz, der sich auch konkret auf Diversity bezieht. Das Ziel des „Culture Value" verfolgt das am 18. März in Frankfurt gegründete „Institute for Corporate Culture Affairs (ICCA)" mit dem von ihm gegründeten Ethikrat, dessen Vorsitz nicht zufällig Rolf Breuer, Vorstandsvor-sitzender der Deutschen Bank inne hat und zu dessen Mitgliedern unter anderem auch Bertelsmann-Stiftung und Hewlett Packard gehören. „Manager müssen lernen, mit Culture Value ebenso geschickt umzugehen wie mit Shareholder Value", wird er in der Frankfurter Allgemeinen Zeitung vom 24. März 2003 zitiert. Und der Vorsitzende des ICCA, Manfred Pohl, betont: „Shareholder Value kann nur in einer friedlichen Welt entstehen" (FAZ 24.3.03). Für ihn stehe fest, dass Unternehmen intern von ihrer eigenen kulturellen Vielfalt profitieren und auch versuchen sollten, nach außen „soziales Kapital" zu schaffen. Auch er macht klar, dass am Ende ökonomische Ziele zu erfüllen sind, fordert aber ein professionelles Management von Vielfalt und vielfältigen Initiativen, die zu einem „Corporate Culture System" gebündelt werden sollen, um Synergien zu realisieren.

4 Geschlecht in Organisationen

Noch in den 1970er Jahren erschienen Arbeits- und Bildungsorganisationen hierzulande bezogen auf Geschlecht relativ leicht analysierbar: Die betriebliche Positionshierarchie war in aller Regel auch eine Geschlechterhierarchie; Männer waren „oben", Frauen „unten". Es herrschte eine starke innerorganisationelle Segregation. Auch in „geschlechtsgemischten" Bereichen waren subtile Differenzbildungen zu beobachten: Eine Arbeit war nicht die gleiche, ob nun ein Mann oder eine Frau sie tat, und wie sie getan wurde, wurde bei Mann und Frau unterschiedlich beurteilt. Dies wurde insbesondere bezogen auf Führungspositionen diskutiert (vgl. die Darstellung dieser Debatte bei Müller 1999a und die vertiefende Analyse bei Goos/Hansen 1999).

Heute ist zwar immer noch in vielen Bereichen eine deutliche Geschlechtersegregation der Arbeitsmärkte zu beobachten. „Geschlecht" hat seinen Status als „Platzanweiser" noch nicht verloren, dieser kommt aber nicht mehr immer und überall, und vor allem nicht immer in gleicher Weise zum Tragen. Die gesellschaftspolitische Großlandschaft hat sich dahingehend gewandelt, dass Diskriminierung aufgrund des Geschlechts formal nicht mehr als Legitimation von Ungleichheit akzeptiert ist. Die Verteilung von Tätigkeiten und Positionen vor dem Hintergrund geschlechtsdifferenter Fähigkeits- bzw. Unfähigkeitsbegründungen ist in Arbeits- und Bildungsorganisationen aller Art verpönt. Ob „Geschlecht" trotzdem zu einer wichtigen und als legitim betrachteten Begründung für eine Personalentscheidung wird, ist offener geworden und hängt von einer Vielzahl von Bedingungen ab, die nicht alle kontrollierbar sind[8].

Das sogenannte „weibliche" - also: „andere" als die gängigen - Fähigkeiten diejenigen seien, die auf dem Arbeitsmarkt der Zukunft gebraucht würden, ist eine in den 1990er Jahren diskutierte These. In den damit einhergehenden Debatten finden wir sowohl die Position, es sei empirisch zur Genüge belegt, dass Frauen die besseren Führungskräfte seien, und zwar bezogen auf eine grosse Bandbreite von Fähigkeiten (Assig 2001; siehe hierzu kritisch Goos/Hansen 1999) wie auch die Diskussion, es handele sich nicht um die Eröffnung wirklicher Chancen für Frauen, sondern um die Verschärfung eines Konkurrenzkampfes unter Männern (vgl. zusammenfassend Müller 1999a): Kaum ein Manager wird heute nicht angeben, partizipations- und netzwerkorientiert zu führen, sich auch um die menschlichen Belange seiner Mitarbeiterinnen und Mitarbeiter zu kümmern, nicht nur rational, sondern auch emotional intelligent zu sein etc. In Managementkursen werden darüber hinaus männlichen Führungsnachwuchskräften Fähigkeiten des Alltagsleben antrainiert, die Frauen „von sich aus" - so wird immer noch unterstellt - schon mitbringen. Zeitungsartikel über Unternehmen, die ihre Beschäftigten - gerade auch den Führungskräftenachwuchs - ins Sozialpraktikum schicken, damit sie „die andere Seite der Gesellschaft" kennenlernen (Frankfurter Rundschau 25.01.01), sind keine Seltenheit, und für Personalentwicklungs- und Vermittlungsagenturen tut

---

8 Hierfür hat sich in der Organisationsforschung der Begriff „Kontingenz" angeboten, der von Wilz (2002) als „kontingente Kopplung" auf den möglichen Einfluss von Geschlecht in Entscheidungssituationen bezogen worden ist: Geschlecht kann, aber muss nicht ein ausschlaggebender Faktor sein; es kommt vielmehr darauf an, mit welchen anderen Entscheidungskriterien es in welchem Kontext zusammentrifft.

sich hier ein neues Feld auf. Das Kennenlernen der eigenen „weicheren" Seiten, die Entwicklung emphatischer Fähigkeiten und die Übernahme von Verantwortung ohne sofortige Kosten-Nutzen-Berechnung erscheinen so als Elemente, die, ihrer Geschlechtlichkeit scheinbar entkleidet, für Manager beiderlei Geschlechts eine sinnvolle Sache sind.

Wie steht es aber umgekehrt mit sogenannten „männlich" konnotierten Fähigkeiten, wenn Frauen sie aufweisen? Auch hier scheint auf der Ebene der Geschlechterstereotype einiges in Bewegung geraten zu sein. „Grosse" Frauen der Wirtschaft gibt es mittlerweile auch, wenn auch vornehmlich im Ausland. Wie verbreitet ist dieses Phänomen aber über spektakuläre Lichtgestalten hinaus? Skeptisch beurteilt Hildegard Maria Nickel die These, die Zukunft gehöre der wissensintensiven Dienstleistung, und da seien Qualifikationen gefragt, die quasi ein „upgrading" von sozialer Kompetenz darstellten und somit Frauen zugute kommen würden (Nickel 2000:252)[9]. Ob nämlich die Zuschreibung dieser Zukunftsfähigkeiten (auch) an Frauen erfolge, sei mehr als fraglich, solange kein entsprechender geschlechterpolitischer Gestaltungswille erkennbar sei.

---

9   Nickel bezieht sich hier als Beispiel auf die Zukunftskommission der Friedrich-Ebert-Stiftung, die als neue Basisqualifikationen benennt: Abstraktionsfähigkeit (nicht nur Handhabung von Symbolen und Informationen, sondern auch Neuordnung, kreative Anwendung und Verbindung abstrakter Symbole zu konkreten sozialen Gehalten); Systemdenken (Zusammenhänge, Wechselbeziehungen und Ursachen erkennen und verarbeiten); Offenheit und intellektuelle Flexibilität (Aneignung neuen Wissens dessen schneller Bezug auf wechselnde Anforderungen und Situationen); Kooperationsfähigkeit; Globalisierungsqualifikation (Nutzung weltweit verfügbaren Wissens, internationale Bewegungsfähigkeit inkl. Sprachkenntnisse und Verständnis für fremde Kulturen) (siehe Nickel a.a.O.:252).

Die neuere Frauen- und Geschlechterforschung hat einige Befunde erarbeitet, denen zufolge es für das Verständnis von vorfindbaren Geschlechter-
konstellationen in Organisationen hilfreich sein kann, die jeweilig
vorherrschende Organisationskultur auch als Geschlechterkultur zu sehen.
In ihrer Untersuchung von Arbeitsorganisationen in der Schweiz gelangt
Brigitte Liebig (2000) z.B. zu vier Typen von Organisationskultur, die sich
bezogen auf Geschlechterfragen unterscheiden: Sie nennt sie „männlicher
Traditionalismus", „betrieblicher Kollektivismus", „normativer Individualismus" und „pragmagischer Utilitarismus".

Die Kultur des „männlichen Traditionalismus" ist ihren Ergebnissen zufolge
typisch für industrielle Unternehmen, deren betriebliche Ordnung auf einer
langen Tradition homogen männlicher Zusammenarbeit und Berufskultur
beruht (Liebig 2000:51). Die Geschlechterdifferenz dient als allgemeines
Ordnungsmuster und ist grundsätzlich sexualisiert. In dieser Kultur gelten
Frauen und Männer als grundlegend verschieden. Die Zusammenarbeit mit
gleichgestellten Frauen ist für Männer in dieser Kultur eine verunsichernde
Vorstellung, da mangelnde kommunikative Verständigung zwischen den
Geschlechtern vorausgesetzt wird. Gleichwohl können sich männliche
Beschäftigte in dieser Kultur durchaus Frauen vorstellen, und zwar in traditionell weiblich stereotypisierten Bereichen. Kontakte zu Kunden, insbesondere auch zu schwierigen, werden Frauen als besonderer Leistungsbereich
zugeschrieben ebenso wie das Beschaffen von Informationen, die eigentlich
geheimgehalten werden sollen, weil „man" gegenüber einer Frau leichter ins
Plaudern kommt. In dieser Organisationskultur erscheint Gleichstellung als
illegitime Privilegierung von Frauen.

Der zweite Typus, der „betriebliche Kollektivismus", hat als Grundthema die
Leugnung von jeglicher Heterogenität. „Wir haben weder Probleme mit
Frauen noch mit Ausländern" ist der Grundtenor von Äußerungen in dieser
Kultur. Auch diesen Typus fand Liebig vorwiegend in der Industrie. Im Unter-

schied zur Kultur des „männlichen Traditionalismus" sind hier durchaus Frauen vorhanden, auch in höheren Positionen. Hochqualifizierte Frauen werden als „besondere Frauen" in Führungskader integriert. Zugleich wird eine Grenzziehung vorgenommen zwischen „unseren Frauen" und allen Frauen außerhalb des Betriebs. „Unsere Frauen" sind vernünftig und „reif" und haben mit Gleichstellungspolitik und Feminismus nichts am Hut; Gleichstellungsprobleme gibt es ohnehin nur außerhalb des Betriebs.

Der dritte Typus, „normativer Individualismus", scheint zunächst eine ganz andere Welt zu sein. Er findet sich nach Liebig hauptsächlich in der new economy, und sein Leitthema ist die Souveränität des einzelnen und die Selbstverwirklichung durch Berufsarbeit. Ein um Status unbekümmerter, lockerer Umgang und eine kollegiale Atmosphäre werden betont; in ihnen drückt sich nach Auffassung der befragten Beschäftigten der „Respekt vor dem Individuum" aus (a.a.O.:56). Die Gleichberechtigung aller Beschäftigten ungeachtet ihres beruflichen Ranges, ihrer Nationalität oder ihrer Geschlechtszugehörigkeit besitzt hohen Stellenwert. Dabei werden Geschlechterdifferenzen anerkannt und „weibliche Denkstrukturen" als produktive Verunsicherung eingefahrener Denkweisen aufgewertet. Die fortschrittliche Haltung wird allerdings durch (vermutete) traditionelle Kundenerwartungen in ihrer Umsetzung begrenzt: der Kunde erwarte 100 % Präsenz, weshalb ein Jobsharing in Führungspositionen nicht möglich sei. Ferner zeigt sich, dass die so sehr geforderte Gleichstellung unabhängig von Geschlecht, Nationalität und Status zur Frage des individuellen Engagements von Frauen umdefiniert wird. Die Doppelbelastung berufstätiger Mütter erscheint so als Frage des persönlichen Leistungswillens nach dem Motto: „Wir schaffen die betrieblichen Bedingungen für Chancengleichheit, sie muss die persönlichen schaffen". In dieser flexiblen und auf berufliche Selbstverwirklichung hin orientierten Kultur haben es also diejenigen schwer, die aufgrund ihrer Lebensbedingungen daran gehindert sind, in einer betrieblichen „Arbeitsfamilie" den hohen Anforderungen an zeitlicher

Flexibilität und ständiger Präsenz nachzukommen. Die Betonung traditioneller Kundenerwartungen kann auch verdecken, dass innerhalb eines Unternehmens mit der Kultur des „normativen Individualismus" noch recht traditionelle Vorstellungen bezogen auf die Unteilbarkeit von Führungsverantwortung herrschen.

Der vierte Typus schließlich, den Liebig „pragmatischer Utilitarismus" nennt, findet sich im Dienstleistungsbereich. In dieser Kultur gelten das Verhältnis der Geschlechter im Betrieb und der Leistungsauftrag des Unternehmens als eng miteinander verzahnt; auch werden die Organisation und ihre Umwelt als miteinander in Wechselwirkung verbunden betrachtet. Unternehmen mit dieser Organisationskultur haben schon eine „Tradition" mit Auseinandersetzungen um Gleichstellung; Gleichstellung ist in ihnen vom „Frauenthema" zum „Männerthema" geworden, d.h. im Bewusstsein der Entscheidungsträger verankert. Es wird abgelehnt, Geschlechterdifferenzen zu betonen und weibliche Fähigkeiten aufzuwerten; Leitlinie ist die „Normalisierung" der Zusammenarbeit der Geschlechter auf allen betrieblichen Ebenen. Dies eröffnet als interessante Perspektive auch die Vorstellung einer Vielfalt von Verhaltensmustern sowohl für Frauen wie für Männer ohne die Festlegung eines Geschlechts auf eine bestimmte Auswahl von Verhaltensmöglichkeiten. Die „Lebensqualität" und die Verbindlichkeiten am Arbeitsplatz und im Privatleben gelten als miteinander verschränkt; die Zulassung vorteilhafter Vereinbarungsmöglichkeiten von Beruf und Familie gilt als wichtiger Faktor für Effizienz und Produktivität. Die MitarbeiterInnen werden als „interne Kunden" betrachtet, deren Zufriedenheit dem Unternehmen zugute kommt. Auf diesem Hintergrund ist auch die Integration von Frauen in Führungskadern durchsetzbar gewesen. Hierbei zeigen sich durchaus Konflikte; Modelle zur Teilzeitarbeit in Führungspositionen, die bereits entwickelt sind und in Anspruch genommen werden können, werden von einem Teil der Führungskräfte heftig bekämpft.

Dieses Beispiel vermittelt einen Eindruck davon, in wieweit die Geschlechter-verhältnisse in Arbeits- und Bildungsorganisationen in Bewegung geraten sind und wie Organisationen damit umgehen. Es bietet sich das Gedanken-experiment an, diese anhand von Geschlechterfragen entwickelte Typologie auch auf „Ethnizität" - in den Beispielen auch ein paar mal erwähnt - oder noch andere, bisher diskursiv weniger entwickelte Aspekte von Diversity zu beziehen, wie Alter, Behinderung oder sexuelle Orientierung.

Ein aktuell diskutiertes Beispiel der „Verschränkung" von „Arbeit" und „Leben" ist die Vereinbarkeitsthematik von Familie und Beruf, die unter dem Label „work-life-balance" neue Karriere macht. Es zeigt sich in der Literatur, dass die Spielräume, die Unternehmen ihren Beschäftigten lassen, um „work-life balance" zu praktizieren, sehr unterschiedlich sind. Der Gedanke, Erleichterungen der Vereinbarkeit des Lebens in der Arbeit und des Lebens außerhalb der Arbeit aus Gründen der Effizienz und Qualitätssicherung zu unterstützen, ist seit einiger Zeit in der Diskussion und verschränkt ökono-mische mit kulturellen Aspekten.

So macht Lewis 1997 am Beispiel familienfreundlicher Politik in deutlich, dass die Veränderung von Geschlechterkultur wie die Veränderung von Arbeitsbedingungen hin zu „work-life-balance" grundlegende Veränderungs-ansprüche an Kultur und Struktur von Organisation stellen. Die beiden von ihr genannten Hauptbarrieren sind das Gefühl der Berechtigung oder des berechtigten Anspruchs (entitlement) und die soziale Konstruktion von Zeit, Produktivität und Verbindlichkeit. Die erste Barriere entsteht dann, wenn eine familienfreundliche Politik nicht als Anspruch, sondern als Vergünsti-gung konstruiert wird. Eine Konzession an eine Gruppe, die „normalen" Arbeitsanforderungen nicht genügen kann, lässt sich in den vorhandenen Reflexionsmodus mühelos integrieren, stellt aber keinen Anstoß zum Refle-xionswandel dar (vgl. hierzu ausführlich Müller 1999b).

Die zweite Barriere befindet sich oft in einer Einschätzungsdifferenz von männlichen Managern und weiblichen Teilzeitbeschäftigten. Männliche Manager sind der Meinung, reduzierte Arbeitszeit bedeute auch reduzierte Motivation; teilzeitbeschäftigte Frauen hingegen setzen reduzierte Arbeitszeit mit höherer Motivation und Produktivität gleich. Das männliche Modell stellt sich als eine Art Nullsummenspiel der Verbindlichkeit dar: Eine Person hat in diesem Modell nur ein begrenztes Quantum an Verbindlichkeit zu vergeben, und sie kann dieses Quantum nur einmal aufteilen. Weibliche Teilzeitbeschäftigte hingegen haben eine Aufmerksamkeit dafür entwickelt, dass die Gleichsetzung von langer Arbeitszeit mit Produktivität, Verbindlichkeit und persönlicher Wertvorstellung eine Konstruktion ist (Lewis 1997:18).

Organisationskulturen unterscheiden sich somit auch danach, inwieweit sie Verpflichtungsbalancen zulassen. Organisationen, die gleich positiv Verbindlichkeiten gegenüber multiplen Rollen zulassen, bringen Lewis zufolge geringen Stress und hohe Energie hervor; andere die nach Verbindlichkeiten unterscheiden, welche mehr oder aber weniger legitim sind, bringen Stress, Angst, Befangenheit und Gefühle der Knappheit von Energie und Zeit hervor. Beschäftigte, die mehr Kontrolle über ihre Familienpflichten bzw. deren Erfüllungsmöglichkeiten haben, sind Stress freier und produktiver. In einer Studie von Bailyn et al. (1993) wurde als Ergebnis formuliert, dass systemische Interventionen und Innovationen, die in Zusammenarbeit von Managern und Arbeitsgruppen der Beschäftigten für die Integration von Beruf und Familie entwickelt wurden, zu besseren Balancen bezogen auf die Vereinbarkeit und zugleich zu besseren Geschäftsergebnissen führten. Dies galt insbesondere für die Verkürzung von Lieferzeiten, die Steigerung der Produktqualität und den Kundenservice - und dies trotz der Verkleinerung des Betriebes und des wachsenden Wettbewerbsdrucks.

Diese Gedanken geben wichtige Hinweise zur Restrukturierung von Organisationen und den in ihnen vorherrschenden kulturellen Konstruktionen. Sie verweisen aber auch darauf, dass Organisationen sowohl Betroffene gesellschaftlicher Rahmenbedingungen als auch Akteure sind, die diese Rahmenbedingungen mitbestimmen. Hier kommen dann wieder generelle Trends der Umstrukturierung der Wirtschaft ins Spiel.

Es liegt auf der Hand, dass die Gestaltungsspielräume in Organisationen für die Entwicklung von Diversity-Strategien geeignet sein müssen. Solche Strategien erfordern umfassende Lernprozesse, Humanressourcen und Zeit. Es ist jedoch fraglich, inwieweit diese Bedingungen erfüllt sind und auch in Zukunft gegeben sein werden.

In seiner Dissertation hat Jürgen Schulte, selbst Leiter Organisation/ Personal, u.a. betriebliche Praktiker des Personalwesens danach befragt, inwieweit diese in ihrer beruflichen Tätigkeit mit Paaren zu tun haben, die entweder beide im gleichen Unternehmen in einer Aufstiegsposition arbeiten, oder aber mit Beschäftigten, die Bestandteil eines Paares sind, in dem beide Beteiligten Karriere machen. Bei den Befragten aus zehn Unternehmen wird deutlich, dass eine hohe Mobilitätsbereitschaft direkt hinter guter Qualifikation gefordert wird. Dabei wird Mobilität „nicht als formale Voraussetzung gesehen, sondern stellt einen wesentlichen Entwicklungsschritt dar, um eine zusätzliche Qualifikation im Bereich der sozialen Kompetenz zu gewinnen" (Schulte 2002:155). Je höher die angestrebte berufliche Position, desto größer werden im allgemeinen auch die Mobilitätsanforderungen gesehen sowie die Notwendigkeit von Auslandserfahrungen (ebd.).

Ist dies also zum einen ein Element von Diversity - Führungskräfte in weltweit operierenden Unternehmen sollten vorab bereits Erfahrungen in unbekannten Kontexten gesammelt haben - so stellt sich die Frage nach Diversity von Organisation und Personaleinsatz im Unternehmen, wenn es sich bei den hochqualifizierten Beschäftigten, von denen Mobilitätsbereitschaft verlangt wird, um Partner eines dual-career couples handelt. Während die befragten Experten zum einen der Meinung sind, in der jüngeren Generation sei eine gleichbleibende oder eher steigende Mobilitätsbereitschaft zu beobachten, ist der dauerhafte Berufswunsch beider Partner eines Paares in den Augen der Personalexperten ein neuer mobilitätshemmender Faktor (Schulte 2002:163). „Aus Expertensicht stellt der Wunsch nach Berufstätigkeit beider Partner das zur Zeit grösste Mobilitätshindernis dar" (ebd.).

Interessanterweise zeigt sich jedoch auch, dass die Unternehmen ihre Mobilitätsanforderungen nach Möglichkeit so umsetzen, dass die Interessen der Beschäftigten bzw. die Vereinbarkeit mit individuellen Planungen berücksichtigt werden; dies wird besonders für den Zeitpunkt der Versetzung oder Entsendung betont. Eine allgemeine Politik der Unternehmen bezogen auf Dual-career couples ist noch nicht auszumachen, sondern vielmehr erweist sich die betrieblich gezeigte Flexibilität als stark abhängig vom „Wert" des betroffenen Mitarbeiters. Wenn an ihm starkes Interesse besteht, sind Entgegenkommen und Unterstützung bezogen auf seine Partnerschaftssituation möglich; gibt es hingegen eine Vielzahl vergleichbarer Mitarbeiter, die für eine entsprechende Position zur Verfügung stehen, bleiben Partnerschaftsfragen „reine Privatsache" (a.a.O.:175).

Vor diesem Hintergrund noch eingeschränkter Bereitschaft der Unternehmen, sich der veränderten Lebenssituation von Führungs- und Führungsnachwuchskräften zu stellen, finden sich jedoch interessante und gar nicht wenige Beispiele für jeweils individuell gefundene Lösungsformen. So finden sich Fälle, in denen eine außerhalb des Betriebs beschäftigte Frau eines Mitarbeiters, der versetzt werden soll, am neuen Standort eine Stelle in der Firma angeboten wurde. Zwei Partner, die bereits im gleichen Unternehmen beschäftigt waren, konnten bei der anstehenden Versetzung beide zum gleichen Standort wechseln; da es jedoch informelle Nepotismusregeln gab, wurden sie in zwei Tochterfirmen am gleichen Standort versetzt. Allerdings gibt es auch Fälle, in denen die Partnerschaftsproblematik so durch die Versetzung des Partners anwuchs, dass die Versetzung abgebrochen wurde.

Ähnlich wie unsere eigenen Ergebnisse zum Umgang mit Diversity nahe legen, wächst auch bezogen auf den Teilaspekt von Dual-career couples die Aufmerksamkeit in dem Ausmaß, wie die befragten Expertinnen und Experten mit der Thematik bereits konfrontiert waren. Derjenige Personalleiter, der die meisten dieser Fälle bisher zu regeln hatte, sieht auch mit Abstand den größten Handlungsbedarf, während Experten, die eine Bewältigung der Dual-career-Thematik ausschließlich als Privatangelegenheit der betroffenen Paare sehen, keine von ihnen bisher bearbeiteten Einzelfallbeispiele nennen konnten (Schulte 2002:193).

Festzuhalten ist jedoch, dass die befragten Unternehmen, vor allem die Großkonzerne, durch ihren internen Arbeitsmarkt entsprechend Einfluss nehmen können und über Optionen für Lösungsmöglichkeiten verfügen (Schulte 2002:194). Die Frage scheint eher zu sein, ob sie diese auch nutzen. Soziale, organisatorische und technische Netzwerke sind im Prinzip vorhanden und könnten zur Lösung dieser Thematik eingesetzt werden. Allerdings würde eine tragfähige Lösung des Dual-career couples - Problem eine vorausschauende Befassung mit dieser Frage erfordern; es müsste eine „Aufmerksamkeitsstruktur" etabliert werden, die sich z.B. in eincm Katalog möglicher Unterstützungsmassnahmen ausdrückt.

Wie diese Überlegungen zeigen, ist Geschlecht in unterschiedlicher Form und verschiedenartiger gedanklicher und sprachlicher Fassung in Organisationen von Bedeutung; auch zeigen sich eine Reihe von Bezügen zu Diversity. „Geschlecht" wird heute in Arbeits- und Bildungsorganisationen unterschiedlich „konstruiert"[10]; zu fragen ist, inwieweit Diversity auch als geschlechterpolitische Strategie gelten kann. Hiermit befasst sich der folgende Abschnitt.

5   Geschlecht und Diversity

Diversity Management ist durchaus als eine Chance zu begreifen, heute sichtbare Schwachpunkte klassischer Frauenförderung zu überwinden und neue Ansätze zur Geschlechtergerechtigkeit in Unternehmen zu beschreiten. Allerdings sind diesem Konzept auch Grenzen gesetzt, die zum einen aus dessen unternehmenspolitischer Orientierung und zum anderen aus seiner Mehrdimensionalität entspringen. In der Kombination beider Aspekte liegt die Möglichkeit, dass Diversity prinzipiell nicht immer frauenförderliche Konsequenzen haben muss.

10   „Wir werden nicht als Mädchen geboren - wir werden dazu gemacht", der Titel eines 1977 erschienenen Buches von Ursula Scheu, macht deutlich, dass Geschlecht nicht als natürlich oder als invariant betrachtet wird, sondern als Resultat von Erziehung und kulturellen Einflussnahmen (nach Becker-Schmidt/Knapp 2000:31 f.). Auf diese Einsicht gründete die lange Zeit einflussreiche Geschlechtsrollentheorie, die aber heute in der Soziologie (nicht aber beispielsweise in Personalentwicklungs- und Beratungskonzepten) als obsolet gilt. Die jüngsten theoretischen Diskussionen um Geschlecht als Konstruktion hingegen zielen auf die Prozessualität des Geschlechterverhältnisses ab. Bezogen auf die Welt der Erwerbsarbeit bedeutet dies beispielsweise, dass die Arbeitenden nicht nur täglich ihr Geschlecht in die Arbeit mitbringen, sondern durch institutionelle Rahmenbedingungen - Arbeitszeitmuster, Entlohnungsstrukturen, vertikale und horizontale Segregation des Arbeitsmarktes - wie auch auf der Ebene der täglichen Interaktion im Arbeitsleben zu Männern und Frauen „gemacht" werden bzw. sich selbst in einem ständigen Prozess von Wechselwirkungen dazu machen. Geschlecht erweist sich in dieser Perspektive als zentrales Ordnungsmuster von Gesellschaft und Miteinander, ja als allererstes Ordnungsprinzip unserer Wahrnehmung überhaupt. Wir können nicht wahrnehmen, ohne zugleich zu klassifizieren und damit unserer Wahrnehmung eine Struktur zu geben, um aus dem Wahrgenommenen Sinn zu machen (vgl. hierzu Tyrell 1986; Hagemann-White 1988).

In der Systematik frauenförderlicher Konzepte lässt sich Diversity Management den unternehmenspolitischen Ansätzen zuordnen (Hansen 2001; Hansen/Dolff 2000). Im Unterschied zu den gesellschaftlich und normativ orientierten Konzepten begreifen sich die unternehmenspolitischen Konzepte als strategische Ansätze, die einen Beitrag zur Verbesserung der Situation von Frauen bzw. zur Geschlechtergerechtigkeit leisten und gleichzeitig zur Veränderung der Organisation im Sinne der Organisationsentwicklung beitragen wollen. Sinnvoll sind frauenfreundliche Aktionen der Organisation, dem paradigmatischen Rahmen der Konzepte folgend, also nur insoweit, als sie dem längerfristigen Organisationsinteresse entsprechen und in Erwerbsorganisationen damit deren betriebswirtschaftliche Ziele stützen.

Eine generelle Akzeptanz von Vielfalt als Wert oder eine prinzipiell frauenfreundliche Haltung kann mit einem Diversity Management verbunden sein, muss dies aber nicht immer. Allerdings wird im Sinne eines ganzheitlichen Managements eine derartige Verankerung in der Unternehmenskultur nötig sein, um authentisch zu handeln und nachhaltig erfolgreich zu sein. Argumentieren wir in dem oben eingeführten Schema (mit den Bereichen Adaption, Ziel-Erreichung, Integration und Latente Strukturerhaltung) bedeutet die Verankerung des Diversity Managements in der Unternehmenskultur, dass die Funktion der latenten Struktur-Erhaltung erfüllt sein muss, um dem Diversity Management eine nachhaltig wirksame Basis zu verleihen, die es auch wirtschaftliche „Schlechtwetter-Perioden" überdauern lässt. Insofern empfiehlt es sich, die Konzepte, die in der Wirtschaft realisiert werden, sehr kritisch auf diese normative Verankerung hin zu überprüfen, die zumindest anschlussfähig für Diversity sein muss. Eine feste normative Basis muss nicht unbedingt bereits dann vorliegen, wenn das Diversity Management startet. Sie kann sich auch durch eine gezielte „Win-Win-Strategie" in Organisationen entwickeln, wenn diese in reflexiven organisationalen Lernprozessen im Sinne eine „double-loop"-Lernens mündet, das Ziele und Werte in

Frage stellt und sie neu unter Einbeziehung des Diversity-Gedankens definiert (vgl. Soe 2003:14f.).

Diversity kann prinzipiell eine Triebkraft zur Veränderung der Organisationskultur sein, wenn sich ein entsprechendes Spannungsverhältnis zwischen
den Subsystemen aufbaut (vgl. Aretz 1999) und die Organisation die Kraft
besitzt, ihre Werte grundlegend in Frage zu stellen und ihre Kultur zu verändern (siehe hierzu auch Bissels et al. 2001). Dies wird sich aufgrund des
Kontinuitätsstrebens und Beharrungsvermögens von Kultur bei stark ausge-
prägten Kulturen allerdings nur gegen Widerstände und sehr langsam durchsetzen lassen. Pragmatischerweise ist daher davon auszugehen, dass ein
erfolgreiches Diversity Management sich eher entwickeln wird, wenn die
Wertschätzung personeller Vielfalt sich kompatibel zu den Werten der Organisation verhält, im Sinne der Integrationsfunktion situativ angemessen ist,
d.h. von der Organisation „verkraftet" werden kann, ihrer strategischen
Ausrichtung entspricht und von wichtigen Akteuren getragen wird. Zusammenfassen lässt sich damit sagen, dass bereits auf der strategischen Ebene
eine mittelfristige Verlässlichkeit des Diversity Managements gesichert
werden kann, von der auch in Deutschland vor allem Frauen profitieren
werden; zumindest stehen diese bei den von uns identifizierten und in
diesem Band dokumentierten deutschen Best Practices meist im Fokus (vgl.
Eszter Belinszkis Gespräche bei Daimler Chrysler, Deutsche Bank, Ford,
Deutsche Lufthansa, Procter & Gamble in diesem Band).

Diversity Management beinhaltet als eine der relevanten Dimensionen die
Geschlechterfrage. Diese bildet zwar nicht, wie in anderen frauenfreundlichen Konzepten, den Ausgangspunkt von Überlegungen und Maßnahmen.
Insofern ist Koall zu zustimmen, die konstatiert: „Diversity hat nicht die poili-
tische Reichweite der gegenwärtigen Diskussionen zum Gender Mainstreaming." (Koall 2002:3) Aber wie ein Schirm spannt sich das „Learning and
Effectiveness-Paradigma" des Diversity-Ansatzes auch über die Frauen. Sie

sind nicht „die Anderen", sondern durch ihre Geschlechtszugehörigkeit ein Aspekt personeller Vielfalt, allerdings nicht der einzige und, wie die Erfahrungen aus den USA zeigen, nicht immer im Vordergrund. Denn Diversity Management orientiert sich immer an den dringendsten Erfordernissen des Unternehmens, die mit der gesellschaftlichen Situation häufig, aber nicht immer eng verknüpft sind. So kann es sein, dass das Hauptaugenmerk anderen Kerndimension wie der Ethnizität oder auch organisationsbezogenen Dimensionen wie der interdisziplinären bzw. funktionsbereichsübergreifenden Zusammenarbeit zugewendet wird, wenn im Unternehmen - oder innerhalb dessen dominanter Gruppe - Konsens dahingehend besteht, dass hier der größte strategische Handlungsdruck besteht (vgl. die Ausführungen von Hansen im vorliegenden Band). In Gesprächen mit (farbigen) Frauen in den USA fanden wir häufig den Hinweis darauf, dass weiße, hochqualifizierte Frauen die Gewinnerinnen der Diversity-Anstrengungen der letzten Jahre waren und dass daher in der aktuellen Situation der Dimension „race" besondere Aufmerksamkeit geschenkt werde, um den farbigen Frauen und Männern entsprechende Chancen zu verschaffen. Hier wird nicht das Konzept verworfen, sondern seine Stoßrichtung verändert.

Frauen stehen zur Zeit im Mittelpunkt vieler Diversity-Konzepte in Deutschland, wie auch die Beiträge in unserem Band zeigen. Warum ist das so? Die Bedeutung der Zielgruppe Frau kann sich aus normativen Überzeugungen heraus speisen, wird in der Wirtschaft aber vor allem durch strategische Überlegungen bestimmt. Frauen sind ein ökonomisch interessantes Marktsegment, wie der „Popcorn-Report" deutlich macht:

> „Das ist eine ganz schöne Menge Kaufkraft und eine ständige Zunahme an Einflussmöglichkeiten. Und deshalb wollen Marketingstrategen sich auf ihre weibliche Zielgruppe einschießen. Nur dass es da einen größeren Stolperstein gibt: Zwar weiß man, dass man die Frauen erreichen soll, doch weiß man nicht, wie man

ihnen etwas vermarkten kann. Großes Problem? Große Chance."
(Popcorn/Marigold 2001: 18)

Hierzu bedarf es einer guten Kenntnis, einer direkten Verbindung zur Zielgruppe und eines frauenfreundlichen Images - Aspekte, die in den USA und später auch in Deutschland zur hohen Relevanz der Gender-Dimension geführt haben. Dies entspricht der oben erläuterten Logik der Adaption im Rahmen des Marktzugangs-Ansatzes. Doch Frauen sind nicht nur auf den Absatzmärkten eine wichtiger Faktor, sondern gewinnen mit zunehmend „besserer" - im Sinne einer hochwertigen und durch die Unternehmen direkt verwertbaren - Qualifikation ein auf dem zukünftig enger werdenden Arbeitsmarkt für Fach- und Führungsnachwuchskräfte an Bedeutung (vgl. die Ausführungen von Engelbrech in diesem Band). Und dabei geht es nicht nur die Rekrutierung und Bindung qualifizierter MitarbeiterInnen, sondern auch um die bessere Nutzung der dort liegenden Potenziale - um „soziale Effizienz", die durch eine Individualisierung der Personalpolitik und ein Eingehen auf die Bedürfnisse der Mitarbeiterschaft erreicht werden soll (Hornberger 2002:553). Schließlich steigert gesellschaftlicher Druck die Relevanz einer bestimmten Dimension von Diversity ganz erheblich, wie Erfahrungen aus den USA zeigen. Dort stellen Diskriminierungsverbote und materielle Anreize zur Förderung von „women and minorities" schon seit langem einen wichtigen Motor für Diversity-Konzepte in Unternehmen und im öffentlichen Bereich dar (vgl. die Ausführungen von Caines).

Betriebliches Diversity Management wird Gleichstellungspolitik also nur begrenzt ersetzen wohl aber ergänzen können und sollen. Es bedarf aus frauenpolitischer Sicht weiterhin des Engagements der Betroffenen - auch innerhalb der Betriebe und Organisationen. Denn wie unsere Best Practices in diesem Band zeigen, basieren die erfolgreichen Konzepte auf Initiativen der „diversen" Mitarbeiterschaft, die sich in Netzwerken zusammenschließt, Anregungen, Forderungen und Konzepte erarbeitet, sich die Räume aktiv erschließt, die diese Organisationen ihnen öffnen. Neben den Frauen melden auch Männer ihre Bedürfnisse nach „Work-Life-Balance" an, entstehen Netzwerke von Schwulen und Lesben, die ihre Interessen artikulieren, erkennen vorausschauende Personalplaner ebenso wie Marketing-Strategen, dass die Dimension Alter immer höhere praktische Relevanz erlangt, und wird die Zusammenarbeit zwischen Ethnien und Landeskulturen in vielen Organisationen zu einem praktischen Problem, dessen effektive Lösung wirtschaftliche Chancen in sich birgt.

Innerhalb seiner, durch seine Verortung im ökonomischen System zu erklä-renden, Grenzen weist der Gedanke des Diversity Managements spezifische Stärken auf, die ihn aus geschlechterpolitischer Sicht als Chance insbesondere zur Beseitigung des Glas-Decken-Phänomens kennzeichnen lassen (vgl. die Ausführungen von Hansen). Ziel eines Diversity Management, das einem „Learning and Effectiveness"- Ansatz folgt, ist es, Organisationen fähig zur produktiven Aufnahme von Vielfalt zu machen, sie also als erfolgreiche Organisation weiterzuentwickeln: „Building a House for Diversity", wie Thomas und Woodruff es sehr bildhaft ausdrücken (Thomas/Woodruff 1999). Im Mittelpunkt des Diversity Managements steht die Forderung nach der Lernbereitschaft aller im Unternehmen, auch der dominanten Gruppe, welche gleichfalls als Aspekt der Diversität im Unternehmen interpretiert wird und damit ebenso dem Diversity Management unterliegt.

Damit geht Diversity über die anderen unternehmenspolitischen Konzepte (Geschlechtergerechte Personalpolitik, Total E-Quality, Frauenorientiertes Personalmarketing) hinaus, welche die Forderung nach Organisationsentwicklung zwar gleichfalls, allerdings in weicherer Form aufstellen. Diese Konsequenz empfinden wir als konzeptionelle Stärke; gleichzeitig könnte hierin aber auch eine Ursache für die unbefriedigende Akzeptanz des Diversity Managements in der (deutschsprachigen) Unternehmens-Praxis liegen. Interessant an diesem Ansatz ist ferner, dass Organisationsmitglieder nicht, wie dies die anderen Ansätze zumindest implizit nahe legen, auf das „Frausein" oder „Mannsein" festgelegt, sondern in einem Spannungsfeld unterschiedlicher Dimensionen von Diversity gesehen werden und ihr Verhältnis zueinander damit wesentlich differenzierteren Analysen zugänglich wird.

In den folgenden Abschnitten werden mit Ethnizität und Alter zwei weitere Aspekte beleuchtet, die in der Diversity-Diskussion bedeutsam sind.

6   Ethnizität, Alter ... und was noch?

„Ethnizität" wird in der Diversity-Diskussion in einem Atemzug mit „Geschlecht" genannt und als Personenmerkmal gehandhabt, das ebenso wie dieses als Ansatzpunkt für Strategien im Umgang mit personeller Vielfalt genommen werden kann. Bei näherer Betrachtung stellt sich heraus, dass auch dieser Begriff weniger eindeutig ist, als er zunächst scheint.

Beck-Gernsheim hat in einem neueren Aufsatz (2002) eindrucksvoll aufgezeigt, auf wie irreführende und widersprüchliche Art bereits die gesetzlichen Bestimmungen den Begriff „Ausländer" bestimmen. Wie bei „Geschlecht", sind auch bei der „Konstruktion" von Ethnizität Institutionen am Werke. Die Binarität, die bei „Geschlecht" die Leitlinie der Konstruktion ist - wir sind entweder männlich oder weiblich, die Welt der Gegenstände, Praktiken, Verhaltensweisen und Arbeitsplätze wird ebenso polar aufgeteilt in diesem Denkmodell - wird bezogen auf Ethnizität entlang von Differenzbildungen wie „Ausländer versus Inländer", „wir und die anderen", „das Bekannte - das Fremde", hergestellt. Diese Differenzbildungen sagen aber wenig darüber aus, wie „bekannt" oder „fremd" Personen in einem Land sind. Jugendliche aus türkischen Migrantenfamilien, deren Eltern seit Jahrzehnten in der Bundesrepublik leben und die selbst in Deutschland geboren sind, sind ausländerrechtlich möglicherweise Türken, obwohl sie kein Wort türkisch sprechen. Einwanderer aus der Russischen Föderation, die deutsche Blutsverwandte als Vorfahren haben, sind ausländerrechtlich Deutsche, obwohl sie möglicherweise kein Wort deutsch sprechen[11].

Im Überlappungsbereich von institutionellen Praktiken und Alltagshandeln liegen Untersuchungen über die Erfahrungen von Migrantinnen und Migranten im neuen Land, hier: Deutschland. Gutiérrez Rodríguez (1996) beschreibt am Beispiel einer intellektuellen Migrantin aus der Türkei, die als gebildete und eigenwillige Bürgerstochter aus großstädtischem Milieu nach Deutschland kommt, Prozesse der Ethnisierung: Nach einiger Zeit in Deutschland fühlt sie, die nie ein ausgeprägtes türkisches Nationalbewusstsein hatte, sich deutlicher als Türkin als in ihrer Heimat, sie fühlt sich „zur Türkin gemacht".

Eine noch wenig im Zusammenhang mit Globalisierung und Diversity diskutiertes Phänomen ist die weltumspannende Migration von Haushaltsarbeiterinnen (Rerrich 2002). Globalisierungstendenzen im Arbeitsbereich Privathaushalt sind noch nicht umfassend dokumentiert, aber lt. Rerrich weisen bereits die bisher vorliegenden, eher punktuell ansetzenden Studien auf Wanderungsbewegungen von Haushaltsarbeiterinnen hin, die alle Kontinente betreffen. Als Beispiele führt sie an: Philipininnen putzen in Italien, Deutschland, Kanada, Hongkong, Singapur, Malaysia und Saudi Arabien; Jamaikanerinnen, Latein-Amerikanerinnen, Irinnen und Engländerinnen betreuen Kinder in New York. Mexikanerinnen verrichten Haushaltsarbeit in Kalifornien und Israel. Nordafrikanerinnen arbeiten in Haushalten in Frankreich, Spanien und Italien, Brasilianerinnen und Dominikanerinnen in

---

11   Dies erschwert zum Beispiel die Erforschung von vergleichenden Fragestellungen wie „Vergleich des Auftretens innerfamilialer Gewalt in deutschen und in Migrantenfamilien" oder „Kriminlität deutscher und ausländischer Jugendlicher" ungemein.

Spanien und Deutschland und Peruanerinnen in Italien; in Deutschland sind ferner häufig osteuropäische Frauen in Haushalten anzutreffen.

Ein Problem bei der Erfassung des Ausmaßes dieser Tätigkeiten ist der Umstand, dass diese Arbeit häufig als Schwarzarbeit verrichtet wird. An Fallbeispielen zeigt Rerrich ferner auf, dass viele der „illegalen" Hausarbeiterinnen durchaus auch Mischformen von Tätigkeiten aufnehmen, die z.B. Putzen, Prostitution, Essensdienst und Bügeln in einer Reinigung (Rerrich 2002: 17), umfassen. Dies bedeutet nach Meinung der illegalen Arbeitskräfte, dass sie ihre prekären und unsicheren Möglichkeiten zum Geldverdienen in der westlichen Welt bzw. in der Welt der Wohlhabenden soweit nutzen, wie es eben geht.

Hochqualifizierte, gutbezahlte Frauen in westlichen Ländern werden in ihrem Haushalt ersetzt durch manchmal auch hochqualifizierte, häufig aber formal unqualifizierte arme Frauen aus dem Süden und neuerdings dem Osten der Welt. Zugespitzt können wir formulieren: Die wachsende Mobilität und Flexibilität der Männer im modernen Erwerbsleben hat auf die Frauen übergegriffen; die Mobilität und Flexibilität der modernen gutqualifizierten Frau im Erwerbsleben wird weniger ermöglicht durch eine Umverteilung unter den Geschlechtern, als vielmehr unter Frauen, mit Hilfe der weltweiten Mobilität und Flexibilität des illegalen „Bodenpersonals der Globalisierung" (Rerrich 2002; vgl. hierzu kritisch Lutz 2002).

Wir können somit davon ausgehen, dass Diversity in Hinblick auf ethnische Vielfalt im deutschen Arbeitsleben heute Realität ist, auch wenn dies noch wenig beachtet oder als Gestaltungsaufgabe betrachtet wird. Noch weniger beachtet ist allerdings die Diversity-Dimension „Alter".

Auch hier gilt: Arbeitskräfte sind nicht einfach alt, sondern werden zu Alten „gemacht" - und das nach Branchen und Positionen in sehr verschiedener

Weise. Worauf es uns hier aber ankommt ist, dass es in der derzeitigen (Frühjahr 2003) Situation kaum vorstellbar erscheint, dass ab dem Jahre 2010 die Unterbeschäftigung dramatisch zurückgehen und eher Arbeitskräftemangel eintreten wird (IAB, hier zit. nach Tichy/Tichy 2001:76; vgl. auch ausführlicher Engelbrech in diesem Band). Ab 2010 wird das Potential der Erwerbspersonen jährlich um 1,1 % schrumpfen, ab 2020 beschleunigt sich der Rückgang sogar auf 1,8 % pro Jahr. Bereits in zehn Jahren werden die 40- bis 50jährigen die grösste Altersgruppe in den Unternehmen stellen, und die 20- bis 30jährigen immer weniger werden (a.a.O.77). Tichy/Tichy formulieren polemisch: Die deutsche Wirtschaft hat sich spätestens dann in eine „Grey Economy" gewandelt. Auch ältere Arbeitnehmer, so meinen Tichy/ Tichy, werden dann bessere Chancen haben, schnell vermittelt zu werden; den Unternehmen werde nichts anderes übrig bleiben, als ihre Ressentiments gegenüber älteren Mitarbeitern abzulegen.

Nach einer Berechnung der Vereinten Nationen ist Deutschland heute mit einem Durchschnittsalter von 39,7 Jahren das Land mit der drittältesten Bevölkerung der Welt; im Jahre 2050 wird es mit einem Durchschnittsalter von 50,9 das Land mit der zehntältesten Bevölkerung sein; schneller altern beispielsweise Spanien, die Tschechische Republik, Italien, Griechenland, Hongkong, Rumänien, die Slowakei und Bulgarien. Nordamerika ist auch im Jahre 2050 mit 42,1 Jahren Durchschnittsalter eine relativ „junge" Region; gemessen daran, dass das Durchschnittsalter heute 30,6 Jahre in Nordamerika beträgt, ist aber auch dort der Trend deutlich. Ferner mehren sich skeptische Stimmen, die die starke Beschleunigung der US-amerikanischen Wirtschaft in ihren Auswirkungen auf Lebensweisen und demographische Entwicklung für hoch problematisch halten (Reich 2002).

Diese Veränderungen erfordern eine möglicherweise noch größere Umorientierung der Organisationen, als wie es bezogen auf Integration von Frauen der Fall war und immer noch ist. Wie die Daten der OECD zeigen, sind in

Deutschland über 60jährige auf dem Arbeitsmarkt kaum noch vertreten. Mit Ausnahme von Japan liegt der Anteil von 60jährigen am Arbeitskräftepotential in den OECD-Staaten unter 10 %, in Deutschland unter 5 % (OECD 2000). Die demographischen Daten zeigen aber recht zwingend, dass der deutsche Arbeitsmarkt (wenn auch nicht er allein) nicht darum herumkommt, mehr ältere Arbeitskräfte zu aktivieren, statt sie wie bisher auszugrenzen. Die heute frühzeitig aus dem Blickwinkel der Arbeitsorganisationen entschwindenden Fünfzigjährigen sind möglicherweise die Sechzigjährigen, die im Jahre 2010 eine der wenigen realen Reserven des Arbeitsmarktes darstellen. Um die Nutzung dieser Reserve möglich zu machen, muss die Wirtschaft von ihrer bisher „jugendzentrierten" Personalpolitik abgehen (Tichy/Tichy, a.a.O.:306)[12].

7   Vorläufiges Fazit

Frauen und - mit Abstand dahinter - Migrantinnen und Migranten scheinen sich langsam in Organisationen als hoch geschätzte Potenziale durchzusetzen; dieses Bild legt die Diversity-Literatur nahe. Diese Tendenz entspricht sowohl den Bedürfnissen von Minoritäten als auch gesellschaftlichen Trends und entspricht gleichzeitig den Unternehmensinteressen. Gilbert und Ivancevich kommen dazu zu einer Einschätzung, die wir durchaus teilen:

> „Diversity should be a priority because it is good in itself and because it enhances organizational performance and increases the quality of organizational life. As such, it is one of several priorities or subgoals, that [...] ultimately lead to better performance."
> (Gilbert/Ivancevich 2000:94)

---

12   Ein weiteres dringendes Erfordernis ist verstärkte Zuwanderung nach Deutschland (siehe United Nations 1999), worauf wir hier aus Platzgründen nicht näher eingehen können. Siehe aber den Beitrag von Engelbrech.

Weitaus schwieriger scheint es mit Alten und Behinderten zu sein[13]. Dabei ist es nach wie vor branchenspezifisch durchaus unterschiedlich, ab wann jemand als „alt" gilt. „Alter" wie auch „Behinderung" können, worauf die Frauen- und Geschlechterforschung aufmerksam gemacht hat, ebenso wie Geschlecht und Ethnizität als soziale Konstruktionen gesehen werden. In der IT-Branche gilt ein Alter ab 35 als alt. Bei anderen technischen Berufen scheint das Alter um ca. 50 Jahre kritisch zu sein. Bei Politikern und Professoren hingegen wird mit zunehmendem Alter eher ein wachsender „Wert" des Humankapitals unterstellt[14]. Allererste Problematisierungen der noch vorherrschenden Jugendorientierung in Arbeits- und Bildungsorganisationen sind in der öffentlichen Diskussion erkennbar.

Nach unseren empirischen Ergebnissen entwickelt sich zur Zeit hingegen aus der Dimension Behinderung wenig gesellschaftlicher oder wirtschaftlicher Druck, mit dem Ergebnis, dass die Dimension in den Unternehmen nicht priorisiert wird[15]; das lässt sich bereits daran erkennen, dass die sog. „Behindertenquote" nicht einmal von öffentlichen Unternehmen und in noch weit geringerem Maße von privaten Unternehmen erfüllt wird. Dies belegt unsere These, dass Diversity Management kein Ersatz für eine umfassende gesellschaftliche Gleichstellungspolitik sein kann, die gesellschaftlich benachteiligte Gruppen und darunter auch Frauen umfasst, deren Arbeits- oder Konsumkraft den Unternehmen keinen kurz- oder mittelfristig verwert-

---

13   Nicht behandelt haben wir hier das Merkmale „sexuelle Orientierung"; dieses gewinnt international und im EU-Kontext an Bedeutung, ist aber im deutschen Diversity-Diskurs noch am Anfang der Entwicklung. Siehe aber Stuber 2000
14   Und ob als „behindert" lediglich der gelten soll, der wegen einer Lähmung oder eines Sehschadens nur bestimmte Tätigkeiten ausüben kann, oder aber der, der in einer Spitzenposition sein konservatives Weltbild bis hin zur Engstirnigkeit perfektioniert, soll hier auch dahingestellt sein.
15   Auch Sonderprogramme zur Integration Behinderter schaffen bisher nur wenig Abhilfe. Siehe Richter et al 1995

baren Nutzen verspricht (siehe hierzu auch den Beitrag von Schröder). Nicht zufällig wird in der US-Amerikanischen und deutschen Diversity-Literatur [16] die Dimension der sozialen Herkunft bzw. Klassenzugehörigkeit ebenso wie in den Best Practices weitgehend ausgeblendet.

Die wirtschaftliche Bedeutung von Diversity basiert allerdings nicht nur auf einem verpflichtend ausgerichteten Stakeholder-Ansatz. Diversity stellt zunächst einen realen Wert dar durch verbesserte Leistungsfähigkeit der Human-Ressourcen, bildet aber vor allem einen symbolischen Wert, der unter strategischen Shareholder-Aspekten dann auch direkt verwertet wird. Diversity steht für Innovationsfähigkeit, Modernität, Weltoffenheit und wertvolles Humankapital - Eigenschaften, die zu einer Höherbewertung durch Analysten führen können. Insofern kann es nicht erstaunen, dass global agierende, proaktive Unternehmen dieses Konzept für sich entdeckt haben. In diesen Unternehmen bildet Diversity Management einen Aspekt der Organisationsentwicklung.

Diversity und Diversity Management sind Konzepte, die unter dem Aspekt der Geschlechtergerechtigkeit große Bedeutung besitzen. Die Vielfalt der Unterschiedlichkeit bereichert die geschlechterpolitische Diskussion und zeigt Parallelen in der gesellschaftlichen Konstruktion von Geschlecht, Ethnizität, Alter usw. Sie bricht die Dualität von Weiblichkeit und Männlichkeit auf und weist uns auf die gleichzeitige Zugehörigkeit zu mehreren Identitätsgruppen hin. Diversity Management kann und soll Gleichstellungspolitik und Gender Mainstreaming ergänzen, nicht aber ersetzen. Insofern sollten diese Konzepte nicht als Alternativen diskutiert werden. Fruchtbar erscheint uns

---

16   Anders in U.K. Kirton und Greene stellen vor dem Hintergrund des UK-Kontextes fest: „Class is also an important factor." (Kirton/Greene 2000: 8). Aber auch Ely und Thomas nehmen die „social class" in den Kreis der relevanten demografischen Variablen auf (Ely/Thomas 2001:230)

vielmehr, aus den Erfahrungen von Frauenförderung und Gleichstellungspolitik zu lernen, um diese Erfahrungen im Diversity Management zu nutzen und zusätzlich neue Wege zur Herstellung von Geschlechtergerechtigkeit zu entwickeln.

Literatur

Aretz, H.J., / Hansen, K. (2002) Diversity und Diversity-Management im Unternehmen. Eine Analyse aus systemtheoretischer Sicht, Münster et al.

Aretz, H-J. / Hansen, K. (2003) Erfolgreiches Management von Diversity. Die Multikulturelle Strategie zur Verbesserung einer nachhaltigen Wettbewerbsfähigkeit, in: Zeitschrift für Personalforschung, 1, S. 9 - 36

Assig, D. (2001) Frauen in Führungspositionen. Die besten Erfolgskonzepte aus der Praxis, München

Bailyn, L., (1993) Breaking the Mold: Women, Men and Time in the New Corporate World, New York

Beck, U., Risikogesellschaft: Auf dem Weg in eine andere Moderne, Frankfurt/M 2000 (Nachdr.)

Beck-Gernsheim, E. (2002) Im Irrgarten der Ausländerstatistik, in: Mittelweg 36. Zeitschrift des Hamburger Instituts für Sozialforschung, 11. Jg., Okt./Nov. 24-40

Becker-Schmidt, R. / Knapp, G.-A., Feministische Theorien zur Einführung, Hamburg 2000

Bissels,S. / Sackmann, S./Bissels, Th. (2001) Kulturelle Vielfalt in Organisationen. Ein blinder Fleck muss sehen lernen, in: Soziale Welt Jg. 52, 403-426

Bloom, H. (2002) Can the US Export Diversity?, Across the Board, March 2002 (available via HelenBloom@compuserve.com)

Cagatey, Nilüfer et al. (1995) (Hg.), Gender, adjustment and macroeconomics 23 (11), Schwerpunktheft „World Development"

Castells, M., (2001) Der Aufstieg der Netzwerkgesellschaft, Opladen

Collins, D. (2000) Management Fads and Buzzwords. Critical-practical perspective, London, New York

Corporate Leadership Council (1999) Corporate Executive Board, Literature Review: Increasing the representation of women in senior management, London, June

DAWN (1995) Development Alternatives from Women for a New Era, Rethinking social development: DAWN´s vision., in: Cagatey et al. (Hg.) 2001-2004

Deal, T. E., Kennedy, A. A. (1999) The New Corporate Cultures. Revitalizing the Workplace after Downsizing, mergers, and Reengineering, Cambridge (Mass.)

Dörre, K. (2001) Das deutsche Produktionsmodell unter dem Druck des Shareholder Value, in: Kölner Zeitschrift für Soziologie und Sozialpsychologie, 4, 675 - 704

Deutscher Bundestag (2002) (Hrsg.), Schlussbericht der Enquête-Kommission „Globalisierung der Weltwirtschaft", Opladen

Ely, R. J. / Thomas, D. A. (2001) Cultural Diversity at Work The Effects of Diversity Perspectives on Work Group Processes and Outcomes, in: Administrative Science Quarterly, 46, 229 -273

Frankfurter Rundschau, 25.01.2002, Aus der Chefetage kommen Samariter auf Zeit. Immer mehr Unternehmen schicken ihre Beschäftigten ins Sozialpraktikum, damit sie die andere Seite der Gesellschaft kennen lernen, Artikel von Markus Brauck

Geissler, B. / Gather, C./Rerrich, M. S. (2002) (Hrsg.), Weltmarkt Privathaushalt. Bezahlte Haushaltsarbeit im globalen Wandel, Berlin

Gilbert, J. A / Ivancevich, J. M. (2000) Valuing Diversity: A Tale of two organizations, in: Academy of Management Executive, 1, 93 - 105

Goos, G. / Hansen, K. (1999) Frauen in Führungspositionen. Erfahrungen, Ziele, Strategien, Münster et al.

Gottschall, K. / Pfau-Effinger, B. (2002) (Hrsg.), Zukunft der Arbeit und Geschlecht. Entwicklungspfade und Reformoptionen im internationalen Vergleich, Opladen

Gutiérrez Rodríguez, E. (1996) Frau ist nicht gleich Frau, nicht gleich Frau ... . Über die Notwendigkeit einer kritischen Dekonstruktion in der feministischen Forschung, in: Fischer, U. et al. (Hrsg.), Kategorie: Geschlecht? Empirische Analysen und feministische Theorien, Opladen, 163-190

Hagemann-White, C. (1988) Wir werden nicht zweigeschlechtlich geboren ..., in: dies.,/Rerrich, M. S. /Hrsg.), FrauenMännerBilder. Männer und Männlichkeiten in der feministischen Diskussion, Bielefeld

Hansen, K. (2001) Frauenförderliche Konzepte in Unternehmen, Wissenschaft und Politik, in: Frauenbeauftragte der Universität Mainz (Hrsg.), Hochschulreformen für und mit Frauen?, Mainz, 21 - 33

Hansen, K. / Aretz, H.J. (2002) „Diversity Management" - eine Herausforderung für deutsche Unternehmen, in: Knauth, P., Wollert, A. (Hrsg.): Human Resource Management. Neue Formen der betrieblichen Arbeitsorganisation und Mitarbeiterführung, Loseblattwerk, 35. Ergänzungslieferung, Köln

Hansen, K., / Dolff, M. (2000) Von der Frauenförderung zum Management von Diversity, in: Kottmann, A., Kortendiek, D., Schildmann, U. (Hrsg.), Das undisziplinierte Geschlecht, Opladen 151 - 173

Kanter R. M. (1977), Men and Women of the Corporation. Minorities and Majorities; Contributions to Practice, New York

Kirton, G. / Greene, A. (2000) The dynamics of managing diversity o. O. (Butterworth-Heinemann)

Koall, I. (2002) Grundlegungen des Weiterbildungskonzeptes Managing Gender&Diversity /DiVersion, in: Koall, I., Bruchhagen, V., Höher, F. (Hrsg.), Vielfalt statt Lei(d)tkultur, Münster et al., 1 -26

Lenz, I. (2000) Globalisierung, Geschlecht, Gestaltung?, in: dies., Nickel, H., Riegraf B., a.a.O. 16-48

Lewis, S. (1997) ‚Family Friendly' Employment Policies: A Route to Changing Organizational Culture or Playing About at the Margins?, in: Gender, Work and Organization, 4,1,13-23

Liebig, B. (2000) Organisationskultur und Geschlechtergleichstellung, in: Zeitschrift für Frauenforschung & Geschlechterstudien, 18. Jhg., Heft 3, 47-66

Linnehan, F., Konrad, A. M. (1999) Diluting Diversity. Implications For Intergroup Inequality in Organizations, in. Journal of Management Inquiry 4, 399 - 414

Lutz, H. (2002) In fremden Diensten. Die neue Dienstmädchenfrage als Herausforderung für die Migrations- und Genderforschung, in: Gottschall/ Pfau-Effinger (Hrsg.), a.a.O. , 161-182

Müller, U. (1999a), Zwischen Licht und Grauzone. Frauen in Führungspositionen, in: ARBEIT. Zeitschrift für Arbeitsforschung, Arbeitsgestaltung und Arbeitspolitik, 8. Jahrgang, Heft 2, Opladen

Müller, U. (1999b) Geschlecht und Organisation. Traditionsreiche Debatten - aktuelle Tendenzen, in: Nickel, H. u.a. (Hrsg.), Transformation - Unternehmensreorganisation - Geschlechterforschung, Opladen, 53-75

Müller, U. (2002) Geschlecht im Management - ein soziologischer Blick, in: Wirtschaftspyschologie 1, 5 - 10

Nickel, H. (2000) Ist Zukunft feministisch gestaltbar? Geschlechterdifferenz (en) in der Transformation und der geschlechtsblinde Diskurs um Arbeit, in: Lenz, I./Nickel, H./Riegraf, B. (Hrsg.): Geschlecht - Arbeit - Zukunft, Münster, 243-268

OECD (2000) Reforms for an Aging Society, New York

o.V. Mit Culture Value zu Gewinn und Weltfrieden, in: Frankfurter Allgemeine Zeitung, 24. März 2003, 28

Popcorn, F., Marigold, L. (2001) EVAluation. Die neue Macht der Weiblichkeit, München

Randeria, S. (1999) Jenseits von Soziologie und soziokultureller Anthropologie: Zur Ortsbestimmung der nichtwestlichen Welt in einer zukünftigen Sozialtheorie, in: Soziale Welt, Jg. 50, 373-382

Reich, R. (2002) The Future of Success. Wie wir morgen arbeiten werden, München/Zürich, Original New York 2000

Rerrich, M. S. (2002) „Bodenpersonal im Globalisierungsgeschehen". „Illegale" Migrantinnen als Beschäftigte in deutschen Haushalten, in: Mittelweg 36. Zeitschrift des Hamburger Instituts für Sozialforschung, 11. Jg., Okt./Nov. 2002, 4-23

Richter, G/Stackelbeck, M., unter Mitarbeit von Imre, C. (1995) Evaluation des Sonderprogramms „Aktion Integration", sfs - Beiträge aus der Forschung Bd. 82, Dortmund

Schmidt, G. (1999) Kein Ende der Arbeitsgesellschaft: Arbeit, Gesellschaft und Subjekt im Globalisierungsprozess, Berlin

Schulte, J. (2002) Dual-career couples. Strukturuntersuchung einer Partnerschaftsform im Spiegelbild beruflicher Anforderungen, Opladen

Schwartz, F. N. (1993)Frauenkarrieren. Ein Gewinn für Unternehmen, Frankfurt/Main, New York

Seo, M.-G. (2003) Overcoming emotional Barriers, Political Obstacles, and Control Imperatives in the Action-Science Approach to Individual and Organizational Learning, in: Academy of Management Learning and Education, 1/2003, 7 - 21.

Stichweh, R. (2000) Die Weltgesellschaft: soziologische Analysen, Frankfurt/M

Stuber, Michael (2000) Erfolgsfaktor Homosexualität. Pressemeldungen 1-10, mi.st-consulting, Köln

Tichy, R./Tichy, A. (2001) Die Pyramide steht kopf. Die Wirtschaft in der Altersfalle und wie sie ihr entkommt, München/Zürich

Thomas, D. A./Ely, R. J. (1996) Making Differences Matter: A New Paradigm for Managing Diversity. Harvard Business Review, September-October, 79-90.

Thomas, R. R. (1996) Redefining Diversity, New York

Tyrell, H. (1986) Geschlechtliche Differenzierung und Geschlechterklassifikation, in: Kölner Zeitschrift für Soziologie und Sozialpsychologie, 38. Jg., 450-489

United Nations (1999) The World at Six Billion, New York 12.10.

Wilz, S. (2002) Organisation und Geschlecht, Opladen

Kapitel 1
GESELLSCHAFTLICHER RAHMEN

Gerhard Engelbrech
Diversity und Chancengleichheit.
Eine neue Herausforderung erfolgreicher Personalpolitik

I   Ausgangslage

In mittel- und längerfristiger Sicht steht dem deutschen Arbeitsmarkt sowohl quantitativ wie auch qualitativ ein einschneidender Wandel bevor. Dies betrifft einerseits die Arbeitsnachfrage, also die zahlenmäßige Entwicklung der Arbeitsplätze, deren Arbeitsbedingungen und Arbeitsanforderungen. Aber auch das Angebot an Arbeit ändert sich: Insbesondere nach 2010 nimmt die Zahl der inländischen Erwerbspersonen deutlich ab. Die Folge ist, dass sich das Potenzial nicht nur quantitativ erheblich vom gegenwärtigen unterscheiden wird, sondern auch im Hinblick auf die Geschlechter-, Alters-, Nationalitäten- sowie die Qualifikationsstruktur. Daraus ergibt sich bereits gegenwärtig Handlungsbedarf für alle Akteure des Arbeitsmarktes und wird zu einer neuen Herausforderungen für die Betriebe.

Die folgenden Projektionen zeigen erwartete Entwicklungstrends auf dem Arbeitsmarkt. Dabei werden alternativ mögliche Reaktionen der Nachfrage- und Angebotsseite einbezogen. Zur Abfederung der demographischen Entwicklung am Arbeitsmarkt spielen Frauen eine bedeutende Rolle. Dies gilt einerseits sowohl quantitativ, also im Hinblick auf die Erwerbswünsche und -möglichkeiten von Frauen, wie auch deren Qualifikation und betrieblichen

Gerhard Engelbrech ist wissenschaftlicher Mitarbeiter im Arbeitsbereich Soziologische Arbeitsmarktforschung am Institut für Arbeitsmarkt- und Berufsforschung der Bundesanstalt für Arbeit in Nürnberg.

Anforderungen. Andererseits ist aber auch aktives Handeln der Betriebe gefordert. Wie betriebliche Personalpolitik durch Diversity in Form von Chanengleichheitsstrategien erfolgreich auf die erwarteten Veränderungen reagieren kann, wird am Beispiel von Unternehmen dargestellt, die bereits vorbildlich die spezifischen Interessen und Gegebenheiten von Männern und Frauen berücksichtigen und in den Arbeitsablauf miteinbeziehen.

2 Quantitative Entwicklung von Nachfrage und Angebot an Arbeit bis 2040

2.1 Erwerbspersonenpotential

Aufgrund der Bevölkerungsentwicklung kommt es zukünftig in Deutschland zu einem drastischen Rückgang der Personen im erwerbsfähigen Alter. Ursache hierfür sind die deutlich niedrigeren Geburtenraten der gegenwärtig unter 30 Jahre alten Bevölkerung gegenüber der älteren Generation. Mit dem Nachrücken dieser schwächer besetzten Kohorten nimmt die gesamtdeutsche Bevölkerung (ohne Zuwanderungen) im erwerbsfähigen Alter (15 - 65 Jahre) zwischen dem Jahr 2000 und 2040 von 57 Mio. auf ca. 34 Mio., also um 23 Mio. bzw. 42%, ab. Die Folge ist somit in mittel- und vor allem längerfristiger Sicht, dass das jetzt noch über der Nachfrage nach Arbeit liegende Beschäftigungspotenzial zurückgeht.

2.2 Arbeitsplatzentwicklung

Nach aktuellen IAB-Vorausschätzungen (Schnur/Zika 2002) setzt sich die Beschäftigungszunahme der letzten vier Jahre - wenn auch verhaltener - bis 2015 fort, so dass in diesem Zeitraum von einem leicht steigenden Angebot an Arbeit um ca. 1,2 Mio. Arbeitsplätzen ausgegangen wird. Darüber hinausgehende Projektionen sind auf Grund derzeit nicht abschätzbarer Entwicklungen wenig gesichert. Deshalb wird im Folgenden als Hilfskonstruktion für eine längerfristige Betrachtung die Zahl der Arbeitsplätze von 2015 bis 2040 als konstant angenommen.

2.3   Bilanz von Arbeitsangebot und Arbeitsnachfrage

Für eine Bilanzierung mit der erwarteten zukünftigen Nachfrage nach Arbeit werden dem Arbeitsangebot eine Status-Quo-Referenz-Variante sowie zwei weitere Varianten mit denkbaren Entwicklungen für diesen Zeitraum gegenüber gestellt. Diese beiden Varianten berücksichtigen drei Entwicklungen, die sich parallel zum demographisch bedingten Rückgang des Beschäftigungspotenzials abzeichnen bzw. ihm entgegenwirken können: Die weitere Öffnung des Arbeitsmarktes für ausländische Zuzüge, die Erhöhung der Lebensarbeitszeit der inländischen Beschäftigten und die Mobilisierung von derzeit nicht berufstätigen Frauen. Unter Berücksichtigung dieser Alternativen zeichnet sich folgende Arbeitsmarktbilanz ab (Fuchs/Thon 1999, Abbildung 1):

- Bei konstanter Quote des Erwerbspersonenpotenzials, ohne Nettozuwanderungen und einem „leichten" Anstieg der Beschäftigungsmöglichkeiten bis 2015 wird es - rein rechnerisch - bereits ab 2008 zu einem Arbeitskräftemangel kommen (Kurve II.). Diese Schere zwischen Arbeitsangebot und -nachfrage öffnet sich dann weiter, so dass bis 2020 knapp 6 Mio. und 2040 ca. 16 Mio. Arbeitskräfte in Gesamtdeutschland fehlen würden.

- Unter der Annahme, dass mehr Frauen für den Arbeitsmarkt mobilisiert und auch beschäftigt werden können, verschiebt sich der Zeitpunkt des rechnerischen „Arbeitskräftemangels" nach hinten. So wird in Kurve III. zum Einen die Annahme zu Grunde gelegt, dass sich die Potenzialerwerbsquote verheirateter Frauen mit Kindern weiter in Richtung kinderloser Frauen bzw. Männern erhöht. Dies bedeutet z.B.

eine Zunahme der Erwerbsbeteiligung der 40 bis 45jährigen Frauen von derzeit 75% auf 93% bis zum Jahr 2040. Damit könnte das Erwerbspersonenpotenzial noch bis 2013 höher als die Zahl der Arbeitsplätze liegen.

- Wird zum Anderen zusätzlich von einer Anhebung der Erwerbsbeteiligung Älterer ausgegangen, die die Zahl der 55- bis 65jährigen Erwerbstätigen bis 2030 um 600.000 Personen erhöht und wie gegenwärtig mit jährlich 100.000 ausländischen Nettozuwanderungen gerechnet, liegt das Erwerbspersonenpotenzial noch bis 2015 über der Arbeitsnachfrage. Danach sinkt das Beschäftigungspotenzial rasant unter das Niveau vorhandener Arbeitsplätze. Bis 2020 würde dann bereits ein rechnerisches Erwerbspersonendefizit - im Vergleich zur Arbeitsnachfrage - von ca. 2 Mio. und bis 2040 von ca. 10 Mio. bestehen.

- Erst wenn es gelänge, die Erwerbsbeteiligung von Frauen der der Männer anzugleichen (Kurve IV.), bei gleichzeitiger jährlicher Verdoppelung der Nettozuwanderungen (jährlich +200.000) und Mobilisierung älterer Arbeitnehmer wie in Kurve III., könnte das Erwerbspersonenpotenzial noch bis 2023 über der Nachfrage nach Arbeit liegen. Diese Variante würde z.B. eine stetige Erhöhung der Potenzialerwerbsquote von Frauen in mittleren Altersgruppen bis 2040 auf 98% bedeuten. Aber auch bei dieser Variante läge das Erwerbspersonenpotenzial bis 2040 um 6 Mio. unter der Zahl vorhandener Arbeitsplätze.

Abbildung I:Entwicklung des Erwerbspersonenpotenzials und der Beschäftigungsmöglichkeiten bis 2040 - Gesamtdeutschland

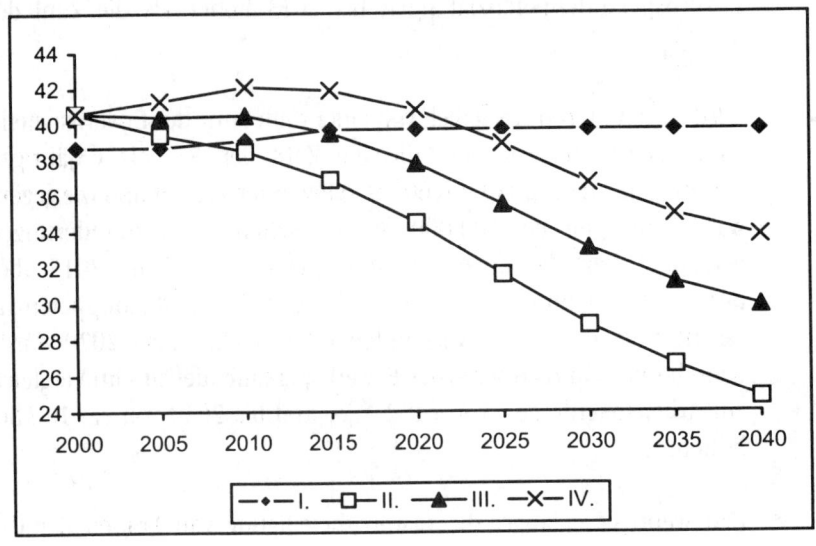

(in Mio. Personen)

I.   Arbeitsangebot[1]
II. Konstante Erwerbsqouten ohne ausl. Nettozuwanderungen
III. Untere Erwerbsquotenvariante[2] - 100.000 ausl. Nettozuwanderungen p.a.
IV. Obere Erwerbsquoten-Variante[3] - 200.000 ausl. Nettozuwanderungerungen p.a.

---

1   Inländerkonzept - ohne Datenrevision des Stat. Bundesamtes. Modellgestützte Werte, empirische Datenbasis des Projektionsmodells sind die Jahre 1991 bis 1995.
2   Anstieg der Potentialquote unter 45-jähriger Frauen bis 2040 auf 93%, Anhebung der 55- bis 65-jähriger bis 2030 um 600.000 Personen

Quelle: Schnur/Zika, Gute Chancen für moderaten Aufbau der Beschäftigung, IAB-Kurzbericht Nr. 10, 16.5.2002; Fuchs/Thon, Nach 2010 sinkt das Angebot an Arbeitskräften, IAB-Kurzbericht Nr. 4, 20.5.1999

3 Mobilisierung des weiblichen Erwerbspersonenpotenzials und Konsequenzen für Betriebe

Jede der drei Entwicklungsmöglichkeiten, die sich parallel zum rückläufigen Beschäftigungspotenzial abzeichnen und ihm entgegenwirken können, verändern die Beschäftigtenstruktur der Betriebe:

So stellt sich neben den quantitativen Effekten zusätzlicher ausländischer Zuwanderer die Frage, inwieweit diese auch den Qualifikationsanforderungen des deutschen Arbeitsmarktes entsprechen können. Denn einerseits zeigt sich, dass die bereits hier lebenden Ausländer im Vergleich zur deutschen Bevölkerung deutlich geringer qualifiziert und anteilmäßig mehr als doppelt so häufig arbeitslos sind. Andererseits kann eine gezielte Zuwanderung qualifizierter Arbeitskräfte, wie die Greencard-Aktionen zeigen, nur beschränkt gesteuert bzw. gefördert werden.

Eine extensivere Nutzung des vorhandenen Beschäftigungspotenzials durch Verlängerung der Lebensarbeitszeit kann einerseits erfolgen durch die Heraufsetzung des Rentenalters zur Erhöhung der Erwerbsbeteiligung Älterer. Dies wird zwar aus quantitativen und qualitativen Gründen zunehmend von allen Parteien gefordert. Die Anhebung des Rentenalters stößt - wie die Entwicklung der letzten Jahre zeigte - aber auf Grenzen des faktischen individuellen Verhaltens und der gesundheitlichen Einschränkungen älterer Arbeitnehmer. Die weitere Möglichkeit durch kürzere Ausbildungszeiten die Lebensarbeitszeit und damit das Beschäftigungspotenzial zu erhöhen, scheint weniger wahrscheinlich. Denn gesamtgesellschaftlich kürzere Ausbildungszeiten würden die erforderliche weitere Anhebung des Qualifikationsniveaus verhindern und den betrieblichen Anforderungen wenig entgegenkommen.

Für die Mobilisierung eines zusätzlichen weiblichen Beschäftigungspotenzials sprechen zumindest die politischen und individuellen Bestrebungen zu mehr Chancengleichheit von Frauen. Denn hier bestehen immer noch deutliche Defizite: So liegt die Erwerbsbeteiligung von Frauen gegenwärtig noch deutlich unter der der Männer und auch im europäischen Vergleich befinden sich deutsche Frauen im unteren Drittel der EU-Mitgliedsländer. Dabei stellt sich die Frage, ob Frauen auch tatsächlich dem demographischen Rückgang entgegenwirken und das Beschäftigungspotenzial längerfristig erhöhen können. Dies hängt vor allem davon ab, inwieweit

- deren Qualifikation dem nachgefragtem Tätigkeitsprofil entspricht (Kap. 3.1) und

- deren Erwerbsorientierung und -möglichkeiten trotz familialer Pflichten eine verstärkte Integration in den Arbeitsmarkt erlauben (Kap. 3.2).

Diese beiden Fragen werden im Folgenden an Hand vorhandener empirischer Ergebnisse näher beleuchtet.

3.1 Qualifikationsanforderungen und zukünftige Beschäftigungsmöglichkeiten von Frauen

Die zukünftigen Beschäftigungsmöglichkeiten von Frauen werden - wie im Folgenden dargestellt - unterstützt

- von der erwarteten Entwicklung der Tätigkeitsfelder und den im Vergleich zu Männern darauf besser abgestimmten beruflichen Voraussetzungen von Frauen

- von der - anders als bei jungen Männern - weiter zunehmenden Bildungsbeteiligung junger Frauen und

- von dem sich bereits abzeichnenden Fachkräftebedarf sowohl bei derzeitigen Männer- aber auch bei Frauentätigkeiten.

Für den Wandel der Wirtschaftsstruktur und der Tätigkeiten bringen Frauen bessere Voraussetzungen als Männer mit

Insgesamt zeigte sich bereits in den letzten Jahren, dass sich Frauen zunehmend am Arbeitsmarkt behaupten wollten und auch konnten (Engelbrech/ Jungkunst 2001a). Das lag vor allem daran, dass mehr Frauen als Männer bessere Voraussetzungen im Hinblick auf Arbeitszeit und Qualifikationsprofil für den wirtschaftlichen Strukturwandel mitbrachten. Während somit Männer seit 1991 ca. 1,4 Mio. Arbeitsplätze verloren, konnten Frauen per Saldo 1,2 Mio. Arbeitsplätze hinzugewinnen - wenn auch überwiegend in Teilzeit (Abbildung 2). Entscheidend für die - zumindest quantitativ - bessere Situation von Frauen in der Arbeitsmarktkrise der 1990er Jahre war einerseits der deutliche Beschäftigungseinbruch bei den männerdominierten produktionsorientierten Tätigkeiten. Andererseits kamen Arbeitsplätze vor allem für Frauen im Dienstleistungsbereich dazu. Mit dem erwarteten anhaltend positiven Trend im Dienstleistungssektor ist auch zukünftig zu erwarten, dass sich die positive Entwicklung für Frauen fortsetzt.

Abbildung 2: Veränderungen der Erwerbstätigenzahlen in Deutschland von 1991 bis 2000 nach Geschlecht (einschl. Auszubildende), Personen in 1000

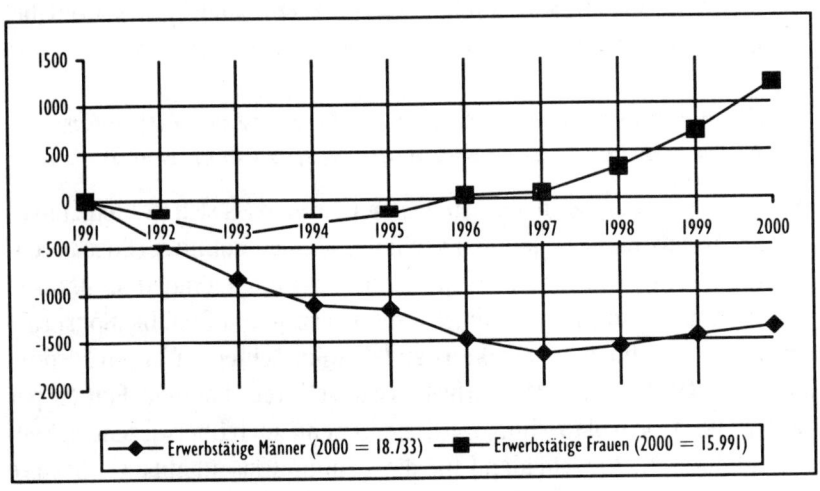

Quelle: Beiträge zur Arbeitsmarkt- und Berufsforschung 258, 2002

Nach geschlechtsspezifisch vorliegenden Projektionen werden in Gesamtdeutschland zwischen 1995 und 2010 per Saldo 1,3 Mio. Arbeitsplätze für Frauen überwiegend im Teilzeitbereich entstehen und 1,8 Mio. Vollzeitarbeitsplätze für Männer wegfallen (Abbildung 3). Vor allem durch den Ausbau des Kranken- und Pflegebereichs, aber auch durch die Expansion qualifizierter Handels- sowie Beratungstätigkeiten kommt es vorwiegend bei Frauen zu einer Beschäftigungszunahme (Abbildung 4). Für Männer fallen in größerem Umfang Vollzeitarbeitsplätze bei Hilfstätigkeiten im Produktionsbereich sowie bei Lager- bzw. Transporttätigkeiten weg. Damit werden zwar in den nächsten Jahren die qualitativ unterschiedlichen Beschäftigungsmöglichkeiten zwischen Männern und Frauen nicht aufgehoben und das weibliche Qualifikationspotenzial wird zum Teil nur unzureichend genutzt. Mit dem demographisch bedingt stark rückläufigen Potenzial an Männern nach 2010 müssen die Betriebe dann aber stärker als bisher auf qualifizierte Frauen zurückgreifen. Dafür sind aber bereits gegenwärtig Weichenstellungen seitens der Betriebe notwendig, die dem zusätzlich benötigten weiblichen Beschäftigungspotenzial auch Möglichkeiten für andere und qualifizierte Tätigkeiten eröffnen.

Abbildung 3: Arbeitsplatzgewinne und -verluste bis 2010*) in Deutschland - Veränderungen gegenüber 1995, Erwerbstätige in 1000 (ohne Auszubildende)

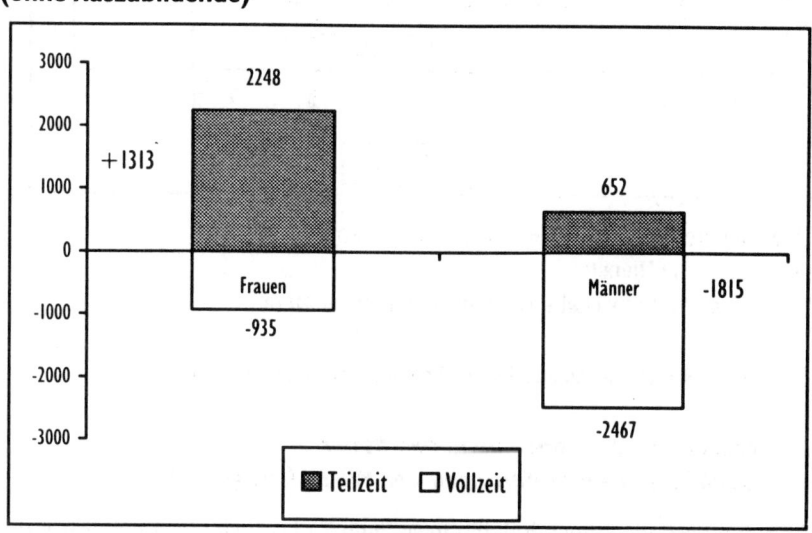

*) Bei Trendfortschreibung der Wirtschaftsstrukturentwicklung und Vollzeit/Teilzeit-
  Relation

Quelle: Eigene Berechnungen aus der IAB/Prognos-Projektion (BeitrAB 227), 1999

Abbildung 4: Veränderungen der Beschäftigungsmöglichkeiten - Alte Bundesländer, 1995 bis 2010, Personen in 1000 (ohne Auszubildende)

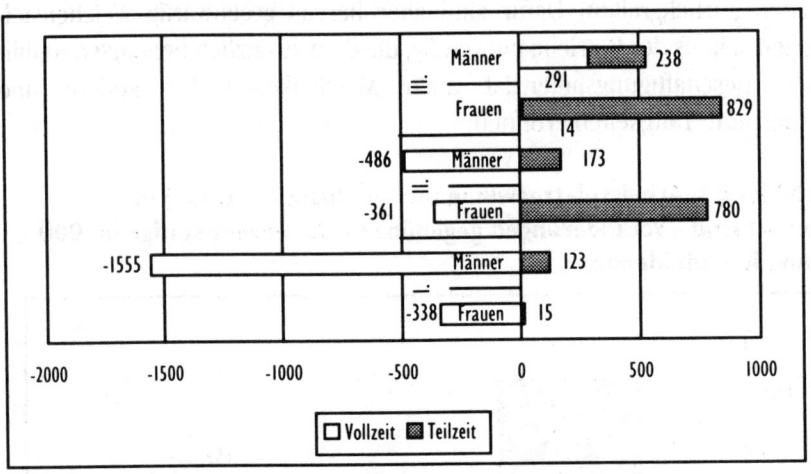

I. Maschinen einrichten, Gewinnen/Herstellen, Reparieren
II. Allgemeine Dienste
III. Forschen, Entwickeln, Organisation, Management

Quelle: Eigene Berechnungen aus der IAB/Prognos-Projektion (BeitrAB 227, 1999)

Frauen werden zunehmend den hohen
Qualifikationsanforderungen der Wirtschaft gerecht

Neben den Veränderungen bei den jeweiligen Tätigkeitsfeldern bekommt die Höhe des Qualifikationsniveaus für die gegenwärtigen und zukünftigen Beschäftigungsmöglichkeiten zunehmende Bedeutung. Während 1976 nur 7% der westdeutschen Beschäftigten einen Universitäts- oder Fachhochschulabschluss hatten, waren dies 1998 bereits 16% (Reinberg, Hummel 2002).

Auf die höheren Qualifikationsanforderungen reagierten Frauen bereits in den letzten Jahren mit zunehmenden Humankapitalinvestitionen. Dies gilt sowohl in qualitativer wie in quantitativer Sicht. Einerseits zeigt sich, dass Frauen qualifizierter das Schulsystem durchlaufen bzw. verlassen. Beispiele hierfür sind bessere Noten, geringeres schulisches Scheitern, weniger Bedarf an (Sonderschul-)Förderung. Andererseits machen mittlerweile in Gesamtdeutschland mehr junge Frauen als Männer das Abitur und erlangten 1999 mit 131.000 - gegenüber 90.000 männlichen Jugendlichen - häufiger eine Fachhochschul- oder Hochschulreife. Mit einer Zunahme der weiblichen Studienanfänger in den 90er Jahren um 5.000 gegenüber einer Abnahme männlicher Studienanfänger um 57.000 beginnen junge Frauen mittlerweile ebenso oft ein Studium wie junge Männer (Statistisches Bundesamt 2001).

Als Folge der ausschließlich weiblichen Bildungsexpansion profitieren Frauen mit Hochschulabschluss bereits gegenwärtig relativ mehr als Männer von der Beschäftigungsentwicklung. Ausgehend von einem niedrigeren Beschäftigungsniveau akademischer Frauen im Jahr 1991 fiel deren Beschäftigungswachstum mit 51% mehr als doppelt so hoch aus wie das männlicher Akademiker.

Mit geringer Arbeitslosigkeit und zunehmender Erwerbstätigkeit von Hochschulabsolventinnen verliert damit der häufig gehörte Vorwurf, dass Frauen mit ihrer geschlechtstypischen Fächerwahl am Bedarf der Wirtschaft vorbei studieren, an Bedeutung. Dies gilt einerseits für tradierte frauendominante Studiengänge, mit denen sich zunehmend Flexibilitätsspielräume im Anschluss an das Studium ergeben. Andererseits passen sich Frauen bei der Berufswahl - insbesondere in den letzten Jahren - stärker den Anforderungen des Arbeitsmarktes an. Während sich bei den Hochschulabsolventinnen in den 1990er Jahren noch kaum fächerspezifische Veränderungen zeigten, nahmen in der zweiten Hälfte der 1990er Jahre immer mehr Frauen auch ein Studium in den bisherigen Männerdomänen, wie Wirtschaftswissenschaften, Ingenieurwesen, Informatik und Naturwissenschaften auf (Abbildung 5). Wenngleich der Anteil der Frauen in diesen bislang männerdominanten Fächern überwiegend noch deutlich niedriger als der der Männer ist und im Laufe des Studiums mit einem drop out von 20% bis 30% zu rechnen sein wird, werden in Zukunft mehr Frauen einen Abschluss in diesen Fachrichtungen haben. Setzt sich dieser Trend zu veränderter Ausbildungswahl fort, bringen Frauen häufiger bessere Voraussetzungen zur Besetzung zukünftig vakant werdender Männertätigkeiten mit.

Abbildung 5: Veränderung der weiblichen Studienanfänger nach Studienbereichen mit den größten Zuwächsen zwischen WS 1993/1994 und WS 1999/2000 in % und in Absolutzahlen

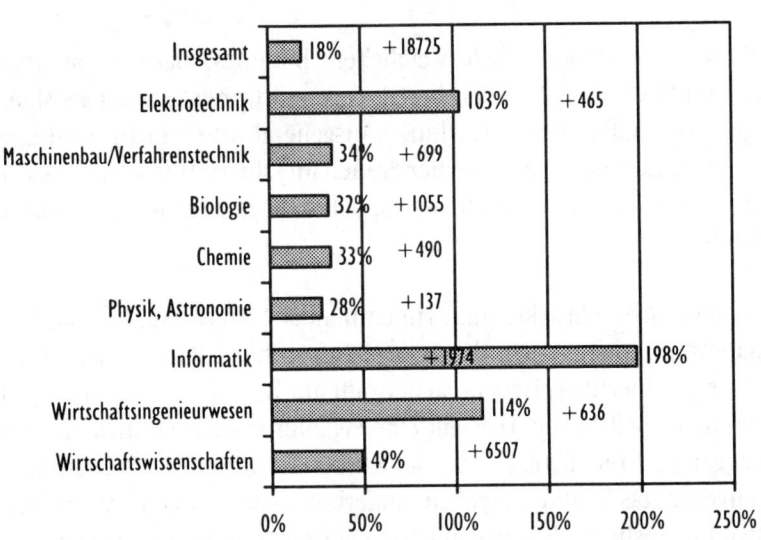

Quelle: Statistisches Bundesamt: Bildung im Zahlenspiegel 1996 + 2001

Vom gegenwärtigen und erwarteten Fachkräftebedarf sind
zunehmend auch Frauenbereiche betroffen

Zwar spielt in der gegenwärtigen öffentlichen Diskussion der Mangel an Ingenieuren, Informatikern und Mathematikern eine bedeutende Rolle. Tatsächlich blieben in diesen Berufen im 1. Halbjahr 2000 auch 37.000 Stellen unbesetzt. Dennoch gab es mit 377.000 die meisten offenen Stellen für Fachkräfte mit abgeschlossener Lehre oder vergleichbarer schulischer Ausbildung (Kölling 2002). Wie die Analyse der unbesetzten Stellen nach Betriebsgröße zeigt, deutet sich damit aber auch ein Arbeitskräftemangel in typischen Frauenberufen an. Denn vor allem Kleinbetriebe hatten Probleme mit der Besetzung offener Stellen. In den Betrieben mit unter 20 Beschäftigten sind mehr als die Hälfte aller offenen Stellen zu finden und in Betrieben mit bis zu 4 Beschäftigten konnten mit 36% aller möglichen Einstellungen vergleichsweise häufig vorgesehene Neueinstellungen nicht realisiert werden. Damit sind vom Arbeitskräftemangel überwiegend Betriebe betroffen, in denen überdurchschnittlich häufig Frauen beschäftigt sind. Bei der zukünftig weiter rückläufigen Nachfrage nach Arbeit sind somit insbesondere Kleinbetriebe auf ein zusätzliches weibliches Beschäftigungspotenzial angewiesen. Anders als Großbetriebe mit starren Organisationen könnten die Stärken bei Betrieben mit einem überschaubaren Personaleinsatz in deren häufig größeren, auf spezifisch weibliche Gegebenheiten abgestimmten Flexibilitätsspielräumen liegen und damit für Frauen attraktiver werden. Dies würde Kleinbetriebe auch konkurrenzfähiger gegenüber Großbetrieben machen.

4.2   Erwerbswünsche von Frauen und Hemmnisse der Erwerbsbeteiligung

Wie die Bilanzierung von erwartetem Arbeitsangebot mit unterschiedlichen Modellrechnungen zur zukünftigen Entwicklung des Beschäftigungspotenzials zeigte, kann durch zunehmende Integration von Frauen in die Arbeitswelt dem demographischen Rückgang der Erwerbspersonen zumindest mittelfristig entgegengewirkt werden. Damit stellen sich zwei Fragen:

- Wollen sich Frauen auch stärker am Erwerbsleben beteiligen?

- Wenn ja, wie können bislang nicht erwerbstätige Frauen für den Arbeitsmarkt mobilisiert werden?

Frauen wollen häufiger arbeiten als dies gegenwärtig der Fall ist

Auf Grund unterdurchschnittlicher Erwerbsbeteiligung rücken vor allem Mütter mit betreuungsbedürftigen Kindern als zusätzliches Beschäftigungspotenzial in den Blickpunkt. Denn von den Frauen mit Kleinkindern sind lediglich 24% im Westen und 33% im Osten Deutschlands erwerbstätig (Abbildungen 6 und 7). Mit zunehmendem Alter der Kinder nimmt zwar die Erwerbsbeteilung der Mütter zu. Dennoch sind sie vor allem im Westen im Vergleich zu Frauen mit älteren oder keinen Kindern bzw. zu Männern überdurchschnittlich häufig mit geringerer Arbeitszeit beschäftigt. Lediglich 7% der verheirateten westdeutschen Frauen mit Kindergartenkinder und 13% mit Grundschulkindern arbeiten in Vollzeit (Engelbrech 2001).

Nach ihren Wünschen befragt, wollen aber auch Frauen mit Kindern mehr arbeiten. Trotz betreuungsbedürftiger Kleinkinder wünschen sich 89% der verheirateten westdeutschen und 96% der ostdeutschen verheirateten Frauen mit unter drei jährigen Kindern nicht nur für ihren Partner, sondern auch für sich eine Beschäftigung. U.a. bedingt durch tradierte gesellschaftliche Rollenerwartungen und antizipierter defizitärer Betreuungssituation präferiert insbesondere im Westen der überwiegende Teil der Mütter eine verkürzte Arbeitszeit. Ähnliches gilt für Frauen mit Kindergarten- oder Grundschulkindern. Die Diskrepanzen zwischen realisierter und gewünschter Beschäftigung zeigen aber selbst unter den gegenwärtig unzureichenden Möglichkeiten außerhäuslicher Kinderbetreuung ein nicht unerhebliches Potenzial an weiblichen Arbeitskräften. Für eine in Zukunft stärkere Nutzung dieses Potenzials sind aber neben den politischen auch die betrieblichen Rahmenbedingungen zu verbessern.

Abbildung 6: Erwerbstätigkeit von verheirateten Frauen mit Kindern und deren Erwerbswünsche in Westdeutschland, im Jahr 2000 (Anteile in Prozent)

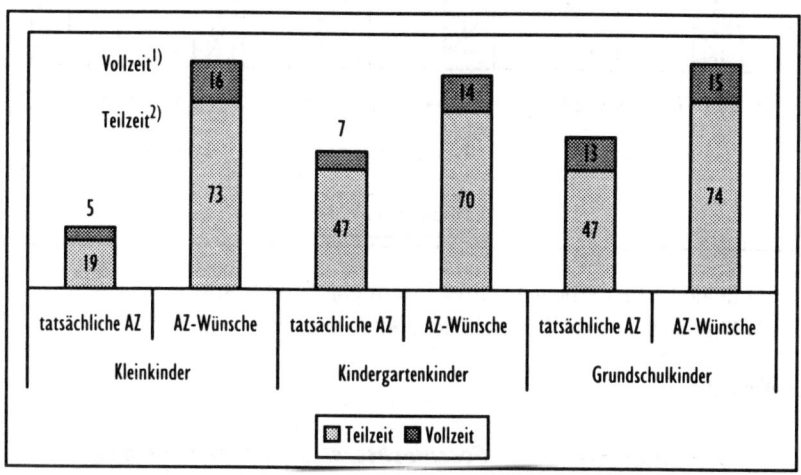

1) Beide Partner arbeiten Vollzeit bzw. mehr als Teilzeit.
2) Ein Partner arbeitet Teilzeit, der andere Vollzeit.

Quelle: IAB-Kurzbericht 7, 2001

Abbildung 7: Erwerbstätigkeit von verheirateten Frauen mit Kindern und deren Erwerbswünsche in Ostdeutschland, im Jahr 2000 (Anteile in Prozent)

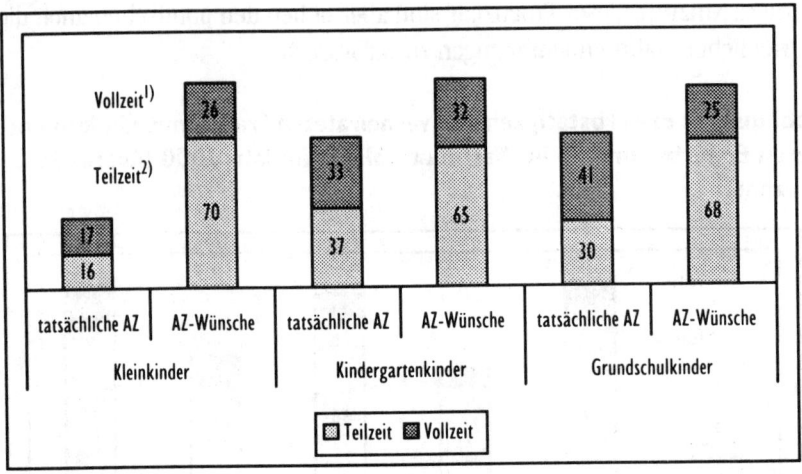

1) Beide Partner arbeiten Vollzeit bzw. mehr als Teilzeit.
2) Ein Partner arbeitet Teilzeit, der andere Vollzeit.

Quelle: IAB-Kurzbericht 7, 2001

Die Veränderung der Geschlechterstruktur wird zur neuen Herausforderung für die Betriebe

Eine Voraussetzung für eine Erhöhung des weiblichen Erwerbspersonenpotenzials ist der Ausbau außerhäuslicher Betreuungsmöglichkeiten für Klein- sowie Kindergarten- und Grundschulkindern. Hier ist vor allem die Politik gefordert. Mit der zunehmenden Beschäftigung von Frauen müssen sich aber auch Betriebe neuen Herausforderungen stellen:

Die Erhöhung des Frauenanteils an den Beschäftigten bedeutet, dass die Betriebe zukünftig absolut und relativ mehr Frauen als bisher beschäftigen.

Damit werden Betriebe zunehmend mit Problemen konfrontiert, die sich im Zusammenhang mit der Vereinbarkeit von Familie und Beruf ergeben. Eine vorausschauende betriebliche Personalpolitik wird somit Arbeitsablauf und - organisation stärker auf die beruflichen Möglichkeiten der weiblichen Beschäftigten abstimmen müssen.

Das heißt, es muss ein Arbeitsumfeld geschaffen werden, das es einerseits auch Müttern mit Kleinkindern erlaubt, Diskontinuitäten im Berufsverlauf zu minimieren, um die Entwertung von Humankapital möglichst gering zu halten. Hierzu gehört vor allem mehr betriebliche Flexibilität beim Arbeitseinsatz im Hinblick auf Zeiten und Orte. Denn insbesondere flexiblere Arbeitszeiten für sich, aber auch für den Partner werden von Frauen als wichtige Hilfestellung zur besseren Bewältigung der Alltagsprobleme und der Berufstätigkeit gesehen (Engelbrech/Jungkunst 2001b).

Andererseits wird bei zunehmender Erwerbsorientierung und besseren Beschäftigungsmöglichkeiten von Frauen sowie weiterer Erosion von klassischen Vollzeitarbeitsplätzen ein stärkeres Engagement der Männer für die Kinderbetreuung möglich und nötig sein. Diese Veränderungen müssen für die Organisation des betrieblichen Alltags selbstverständlicher werden. Nur durch ein rechtzeitiges Umdenken der Betriebe auf die aufgezeigten Entwicklungsrichtungen können sie in längerfristiger Sicht qualifiziertes Personal sichern und damit ihre Wettbewerbsfähigkeiten aufrechterhalten.

5   Veränderte Beschäftigungsstrukturen und Chancengleichheit als Diversity-Strategie: Eine win-win-Politik für Betriebe und Frauen

Mehr Beschäftigungsmöglichkeiten für Frauen, weitere Aufstiegschancen sowie mehr Möglichkeiten Beruf und Familie zu vereinbaren sind nicht mehr nur Forderungen von Frauenverbänden und Gewerkschaften. So wurde bereits seit Ende der 1980er Jahre auch seitens der Arbeitgeber die Förderung von Chancengleichheit „als wichtige Aufgabe betrieblicher Personalpolitik" gesehen (Bundesvereinigung der Arbeitgeberverbände 1989). Diese „Entdeckung" der Personalpolitik wird in der aktuellen Vereinbarung zwischen der Bundesregierung und den Spitzenverbänden der Wirtschaft vom Juni 2001 als Handlungsanweisung konkretisiert:

> „Die Spitzenverbände werden Arbeitgeber und Unternehmen informieren, beraten und unterstützen. Sie werden Konzepte und Modelle zur Verwirklichung von Chancengleichheit und Familienfreundlichkeit als nachahmenswerte Beispiele präsentieren…"

Auch in der betrieblichen Praxis bekommen die - im Vergleich zu früher - besser ausgebildeten und stark erwerbsorientierten Frauen als Innovationspotenzial zunehmende Bedeutung. Dies gilt nicht nur in längerfristiger Sicht zur Deckung des erwarteten Fachkräftemangels, sondern auch unter aktuellen betriebswirtschaftlichen Effizienzerwägungen. Welche innerbetrieblichen Kosten-Nutzen-Erwartungen sich Unternehmen von einer an Chancengleichheit orientierten Personalpolitik erwarten können, wird im folgenden an Hand von Fallstudien in 50 Unternehmen, die nachweislich eine vorbildliche Personalpolitik betreiben, aufgezeigt[1]. In diesen Unternehmen wurden Interviews über Motive und erwarteten Nutzen durchgeführt[2]. Dabei zeigte sich, dass Betriebe in der Personalpolitik häufig unterschiedliche Wege gehen und andere Motive haben. Während bei Groß-

---

1   Die Aussagen dieser Unternehmen konnten in der Zwischenzeit durch Interviews einer weiteren Zahl von Best Practice Betrieben weitgehend bestätigt werden.

2   Dabei handelte es sich um die Betriebe, die zwischen 1997 und 2000 mit dem TOTAL E-QUALITY Prädikat ausgezeichnet wurden. Nach der Anzahl ihrer Beschäftigten waren dies 30 Großunternehmen, 15 mittelständische und 5 Kleinbetriebe. Etwa die Hälfte kam aus dem Dienstleistungsbereich, insbesondere IT- und Weiterbildungsunternehmen sowie Banken, gefolgt von der chemischen Industrie und der Metall- und Elektrobranche. Aus der öffentlichen Verwaltung war drei Kommunen vertreten.

betrieben, insbesondere Tochtergesellschaften amerikanischer Unternehmen, Chancengleichheit in deren Diversity-Programme integriert ist, gibt es je nach Betriebsgröße und Branche unterschiedliche institutionelle Rahmenbedingungen. Ähnlich heterogen sind auch die Motive der Unternehmen. Die Motive werden sowohl von internen wie auch externen Erwartungen bestimmt. Am häufigsten wurden von den Betrieben genannt:

- Zunehmende Bedeutung der Qualifikationen von Frauen für eine vorausschauende Personalentwicklung

- Verbesserung des Betriebsklimas und Erhöhung der Produktivität

- Verbesserung des Firmenimages nach außen

- Persönliches Engagement von Geschäftsleitung bzw. Vorstand

Inwieweit die Kosten-Nutzen-Kalküle in der Realität eintraten, wird im Folgenden an Hand betrieblicher Beispiele dargestellt (Busch/Engelbrech 2000).

5.1   Betriebliche Kosten von Chancengleichheits-Strategien

Vergleichbar den Ergebnissen anderer Untersuchungen (Hansen/Goos S.251ff) werden von den analysierten Unternehmen keine betrieblich bedeutsamen unmittelbaren oder mittelbaren Kosten ihrer an den geschlechtsspezifischen Gegebenheiten orientierten Personalpolitik genannt. Dies gilt selbst für die Großbetriebe mit Stabsstellen oder Abteilungen zur Förderung von Frauen bzw. zur Umsetzung von Chancengleichheit, für die zum Teil ein Budget in sechsstelliger DM-Höhe zur Verfügung steht. Der Verwaltungs- und Organisationsaufwand wird als überschaubar und Bestandteil personalpolitischer Routine eingestuft. Aus diesem Grund verzichten die Unternehmen überwiegend auch auf ein Controlling ihres geschlechterdifferenzierten und an Chancengleichheit orientierten Personal-marketings. Insgesamt stimmen die Unternehmen überein, dass sich ihre Aktivitäten „rechnen", wenngleich eine Quantifizierung weiterhin als schwierig angesehen wird.

So dient ein zusätzliches personengruppenspezifisches Angebot an Weiterbil-dungsveranstaltungen der Verbesserung des allgemeinen Arbeitsablaufs und die anfallenden Kosten werden durch Effizienzgewinne überkompensiert. Ähnliches gilt für andere Maßnahmen, bei denen nach Aussagen der Betriebe die - im folgenden aufgezeigten - Nutzeneffekte gegenüber den Kosten über-wiegen. Insgesamt trafen bei den Betrieben die Erwartungen, die sie in ihre Personalpolitik gesetzt haben, ein. Von allen Betrieben wird berichtet, dass das Thema Chancengleichheit und darauf abzielende Maßnahmen sich etabliert haben und zunehmend als selbstverständlich von der weiblichen, aber auch männlichen Belegschaft aufgenommen werden.

Als Bestandteil der Unternehmensphilosophie sowie eines „modernen" Firmenimages werden die personengruppenspezifischen Aktivitäten zur Umsetzung von Chancengleichheit überwiegend als innerbetriebliches Signal gesehen. Die Wirkungen der Personalpolitik nach außen sind insbesondere im Dienstleistungsbereich in Einzelfällen erkennbar, bleiben bei produzie-renden Betrieben aber weiterhin wenig sichtbar und sind schwer messbar. Zunehmend wird aber seitens der Betriebe daran gearbeitet, Maßnahmen ihrer Personalpolitik nach außen transparent zu machen, das Interesse der Öffentlichkeit für das Thema Chancengleichheit im Betrieb zu wecken bzw. zu erhöhen und das Unternehmen mit dem Produkt in Zusammenhang zu bringen (Krell 1998).

5.2 Betrieblicher Nutzen von Chancengleichheits-Strategien

Wirkung nach innen

Alle Unternehmen berichteten über eine Verbesserung des Betriebsklimas als Folge gruppenspezifischer Aktivitäten zur Chancengleichheit. Dies resultiert zum einen aus der Wertschätzung, die Mitarbeiterinnen aus einer stärkeren Beachtung ihrer Person sowie ihrer Wünsche und Möglichkeiten ableiten. Zum anderen erfahren Mitarbeiterinnen ihren Einsatz vermehrt als wichtig im Gesamtgefüge des Unternehmens. Beides fördert nicht nur Engagement beim Arbeitseinsatz und Intensität der Arbeitsleistung, sondern auch die Bereitschaft zur Selbständigkeit, Verantwortung und kooperativer Zusammenarbeit.

A) Bessere Potenzialnutzung durch mehr betriebliche Flexibilität bei *individuellen* geschlechtsspezifischen Gegebenheiten

Die Vorteile ihrer Aktivitäten zur besseren Vereinbarkeit von Familie und Beruf sehen die Betriebe nicht nur für ihre Mitarbeiterinnen, sondern auch für sich selbst. Dies gilt sowohl für Regelungen individueller, an den Interessen weiblicher Mitarbeiter orientierter Arbeitszeitgestaltung wie auch für Maßnahmen zur Verkürzung der Berufsunterbrechung aus familialen Gründen und der anschließenden Wiedereingliederung. Zusätzlicher organisatorischer Aufwand für stärker an individuellen Möglichkeiten ausgerichteter Arbeitszeiten werden als Teil allgemeiner Flexibilisierungsbestrebungen der Unternehmen gesehen (Seifert 1999).

Effizienter Personaleinsatz durch flexible Arbeitszeiten und Arbeitsorte

Nach Aussagen aller analysierten Unternehmen verbessern flexible, an den Möglichkeiten der Mitarbeiterinnen orientierte Arbeitszeiten die Arbeitsintensität, die Motivation wie auch die Arbeitszufriedenheit. So zeigen die Erfahrungen in den prämierten Betrieben, dass flexiblere, aber auch kürzere Arbeitszeiten in der Tendenz zu effizienterer Arbeit, höherem Output sowie besserer Qualität der Produkte und Dienstleistungen führen. Dies gilt in der Tendenz auch für Mitarbeiter/-innen die zeitweise von zu Hause aus arbeiten und steht in Einklang mit anderen Studien, wonach von den Betrieben die erwartete Produktivitätssteigerung als häufigster Grund für die Einführung der Telearbeit genannt wird (Brachinger 2000).

Als Beispiele für betriebliche Vorteile von flexiblen, an den individuellen Bedürfnissen der Mitarbeiterinnen orientierten Arbeitszeitregelungen wurden genannt:

- Hohe Identifikation mit dem Betrieb sowie dessen Zielen und damit starkes Engagement der Mitarbeiterinnen.

- Verringerung familienbedingter Fehlzeiten und Verhinderung von sonst nicht vermeidbaren unvorhersehbaren Arbeitsausfällen bei akuten Problemen mit den Kindern.

- Stressfreieres und damit konzentrierteres Arbeiten von Frauen mit Kindern durch Arbeitszeitvereinbarungen in Abstimmung mit den Kinderbetreuungsmöglichkeiten und mit der Berufstätigkeit des Partners.

- Erreichung von Mitarbeiterinnenpotenzialen durch Erleichterungen der Erwerbsbeteiligung von Frauen mit Kleinkindern, die unter starren Arbeitszeiten nicht verfügbar wären.

- Zeitlich kundenorientierter und damit produktiver Einsatz der Belegschaft als Folge der Ausdehnung des Gleitzeitrahmens, Verzicht auf starre Kernanwesenheitszeiten und größere Wahlmöglichkeiten für den Arbeitseinsatz der Mitarbeiterinnen. Daraus ergeben sich für einige Betriebe zusätzliche Möglichkeiten zur Ausweitung von Öffnungszeiten auf freiwilliger Basis.

- Individuelle Absprachen zur Lage der Arbeitszeiten und zum Arbeitsort helfen den Betrieben die Fluktuation ihrer Mitarbeiterinnen zu reduzieren und trotz familialer Belastungen qualifizierte Mitarbeiterinnen zu halten.

- Entlastung der Arbeitsorganisation durch Beteiligung der Mitarbeiterinnen und der Mitarbeiter bei der Arbeitszeitgestaltung. Dies gilt insbesondere auf der Ebene kleinerer Betriebseinheiten, wenn die Verantwortung für den Arbeitsablauf auf zeitsouveräne Gruppen bzw. bei Job-Sharing auf die jeweiligen Mitarbeiter/-innen übertragen wird.

Neben den individuellen Regelungen zur Arbeitszeitgestaltung zeigte sich bei ostdeutschen Betrieben mit starken strukturbedingten Beschäftigungseinbrüchen, dass auch die Einführung einer allgemeinen Verkürzung der Arbeitszeit für Männer und Frauen Qualitätsvorteile bringen kann. Gelingt damit eine Vermeidung bzw. Verhinderung flächendeckenden Arbeitsplatzabbaus, können einerseits qualifizierte Mitarbeiterinnen im Betrieb gehalten werden, die sonst bei größeren Entlassungswellen in Folge von Kriterien der Sozialauswahl ausscheiden müssten. Andererseits kann mit kürzeren Arbeitszeiten für alle der Einsatz der Mitarbeiter/-innen effizienter gestaltet werden.

Kostenersparnis und Produktivitätserhalt durch Reduzierung familienbedingter Ausfallzeiten

Ähnlich wie bei der Flexibilisierung von Arbeitszeiten führt eine stärkere Thematisierung des Erziehungsurlaubs bzw. der Elternzeit im Betrieb dazu, die damit verbundene zeitweilige Unterbrechungszeit zum selbstverständlichen Bestandteil für die Arbeitsorganisation zu machen. Auch beim Erziehungsurlaub bzw. der Elternzeit gelingt die betriebliche Umsetzung und die Bewältigung der damit verbundenen organisatorischen Erfordernisse besser durch individuelle Absprachen und Regelungen unter Einbeziehung der jeweiligen Mitarbeiter/-innen innerhalb kleinerer Betriebseinheiten. Betriebliche Hilfestellung bei der Kinderbetreuung, sei es durch Vermittlung von Betreuungsplätzen oder von Betreuungspersonen, tragen dazu bei, Unterbrechungszeiten zu verkürzen und Qualifikationsverlust zu vermeiden.

Auf Grund ihrer Aktivitäten zur Verkürzung der Unterbrechungszeiten nannten die prämierten Betriebe überwiegend folgende positiven Auswirkungen:

- Durch flexible und verkürzte Arbeitszeiten während der Kinderbetreuungsphasen konnten das betriebliche Humankapital gesichert und Requalifizierungskosten, die nach längerer Unterbrechung anfallen, vermieden werden.

- Bei erforderlichen Neueinstellungen konnten bei einer Übernahme von Ersatzkräften nach der Rückkehr von Erziehungsurlauberinnen Einarbeitungszeiten, -kosten und -risiken für Betriebe vermieden werden.

- Bei Frauen mit kürzeren Unterbrechungszeiten bleibt die Identifikation mit dem Betrieb erhalten. Mit betrieblichem Entgegenkommen nimmt das Commitment sowie Engagement und die Identifikation mit den betrieblichen Zielen zu.

Betriebskontakte während längerer familienbedingter Ausfallzeiten als Instrument effizienter Personalpolitik

Fehlende Betreuungsmöglichkeiten führen insbesondere bei Frauen mit mehreren Kindern dazu, dass trotz vielfältiger betrieblicher Aktivitäten zur Reduzierung diskontinuierlicher Berufsverläufe längere Unterbrechungszeiten erforderlich werden. Sowohl Groß- wie auch Klein- und Mittelbetriebe bieten eine Reihe von Maßnahmen, die über die gesetzlichen Regelungen des Erziehungsurlaubs bzw. der Elternzeit hinausgehen sowie Angebote zum Qualifikationserhalt während oder nach der Familienphase an. Dies erleichtert einerseits Frauen den Anschluss ans Berufsleben. Andererseits erwarteten sich die Betriebe folgende Vorteile von Berufsrückkehrerinnen mit längeren Unterbrechungszeiten:

- Mit regelmäßigen Betriebskontakten während der Unterbrechung wird die Information über das Betriebsgeschehen und die Identifikation ehemaliger Mitarbeiterinnen mit dem Betrieb aufrechterhalten. Dies erleichtert einen motivierten und engagierten Wiedereinstieg in den Beruf sowie die betriebliche Integration.

- Auch nach mittel- oder längerfristiger Unterbrechung bleiben die ehemaligen Mitarbeiterinnen dem Betrieb bekannt. Bei der Wiederbeschäftigung entfallen Bewerbungs- und Rekrutierungskosten. Dies gewährleistet einen betrieblich effizienten Einsatz und hilft Einstellungsrisiken externer Bewerberinnen zu vermeiden.

- Nach längeren Unterbrechungszeiten sind die für die Vereinbarkeit von Familie und Beruf schwierigsten Zeiten häufig vorbei. Wiedereinsteigerinnen haben danach überwiegend kontinuierliche Berufsverläufe, geringe Fehlzeiten und niedrige Fluktuation.

- Kontakte ehemaliger Mitarbeiterinnen zum Betrieb und betriebliche Weiterbildungsangebote während der Unterbrechung erhalten ein Potenzial häufig kurzfristig verfügbarer und betriebsspezifisch qualifizierter Vertretungskräfte. Damit werden Engpässe bei Erkrankungen, in Urlaubszeiten und Kapazitätsüberlastungen vielfach vermieden.

- Bei betrieblicher Unterauslastung werden Frauen in der Familienphase in Einzelfällen auch als potenzielle Kapazitätspuffer von Unternehmen gesehen, die betriebliche Kosten sparen helfen.

B) Bessere Potenzialnutzung durch institutionalisierte Veränderungen *organisatorischer* geschlechtsspezifischer Gegebenheiten

Weiterhin bestehen in der betrieblichen Praxis mittelbare oder unmittelbare Hemmnisse, die der gleichberechtigten Teilhabe von Frauen in der Arbeitswelt und damit der optimalen Nutzung weiblicher Humanressourcen entgegenstehen. Ursache dafür sind häufig tradierte Barrieren in der betrieblichen Organisation. Um diese Hemmnisse zu überwinden, wurden vom überwiegenden Teil der prämierten Betriebe Maßnahmen institutionalisiert, um die faktische Umsetzung von Chancengleichheit bei der Personalrekrutierung und damit den produktiven Personaleinsatz zu fördern (David 1998).

Effiziente Personalplanung durch geschlechtsspezifische Analysen

Bei einer Reihe der Betriebe zeigte sich beim Ausfüllen der Checkliste für das Prädikat, dass die geschlechtsspezifische Personalstatistik bislang unzulänglich war. Für die Transparenz der aktuellen und mittelfristigen Personalentwicklung sowie der effizienten Umsetzung der Aktivitäten zur Förderung der

Chancengleichheit ist die Kenntnis personalpolitischer Basisdaten aber zwingende Notwendigkeit. Die Transparenz der Personalentwicklung wird nicht nur als ein Beleg für vorhandene Defizite bzw. erreichte Ziele gesehen, sondern hilft weibliche „Lebensplanung" besser in den Betriebsablauf zu integrieren, zukünftige Probleme frühzeitig zu erkennen, präventive Maßnahmen zur Qualifikationssicherung vorzubereiten und die Fluktuation von Mitarbeiterinnen in der Familienphase zu verringern. Damit werden wichtige Voraussetzungen zur Sicherung der betriebsspezifischen Humankapitalinvestitionen geschaffen, längerfristige Personalentwicklungsplanung ermöglicht und „hire and fire"-Kosten vermieden.

Bessere Nutzung weiblicher Mitarbeiterpotenziale

Mit der Vorgabe Männer und Frauen entsprechend ihrer Quote an den Bewerbungen zu persönlichen Vorstellungsgesprächen einzuladen, konnte in Unternehmen ein zusätzliches Bewerberinnen-Potenzial erschlossen werden. Durch dieses Verfahren sind Frauen bei den Stellenbesetzungen häufiger erfolgreich und die Betriebe können qualifiziertes Personal rekrutieren. Diese positiven Erfahrungen hatten in einer Reihe von Unternehmen Bestrebungen zur Folge, in allen betrieblichen Einheiten bei der Stellenbesetzung auf ein ausgewogenes Geschlechterverhältnis zu achten.

Vor allem durch veränderte Personalauswahlverfahren gelang es zusätzliche Nachwuchs- und Fachkräfte zu gewinnen. Durch Überprüfung, Objektivierung und Neuorientierung der auf männliche Karrieren zugeschnittenen Auswahlkriterien (z.B. Entmystifizierung von Dienstalter), Schulung von Beurteilern mit revidierten Prüfkatalogen (gender training), Einrichtung von Assessmentcentern sowie mit Hilfe paritätisch besetzter Personalauswahlkommissionen schneiden Frauen erfolgreicher als vorher ab. Damit steht den Betrieben ein zusätzliches qualifiziertes externes Bewerberinnenpotenzial zur Verfügung.

Nutzen aus einer gezielten Aktivierung von qualifizierten Frauen, die entweder wegen familialer Verpflichtungen ihre Karriereplanung zurückstellen oder nur ein eingeschränktes Spektrum tradierter Berufswege wählen, erwarten vor allem Betriebe mit Nachwuchsproblemen. Beispielsweise zeigen die Erfahrungen expandierender Klein- und Mittelbetriebe, dass ein Engagement der Unternehmen zur Förderung von Frauen im traditionell frauenatypischen Computer- und Technikbereich durchaus erfolgreich sein kann. Dem bestehenden Fachkräftemangel kann durch gezieltes Personalmarketing bei Frauen und kontinuierlicher Weiterbildung begegnet werden. Flexible Rahmenbedingungen für Arbeitszeit und -ort sowie Angebote zur Kinderbetreuung sorgen für ein dauerhaftes Engagement der Mitarbeiterinnen während und über die Familienphase hinaus.

Eine effizientere Potenzialnutzung bereits vorhandener Mitarbeiterinnen gelang mittelbar mit dem Einsatz frauenfördernder personalpolitischer Instrumente. Sowohl durch die, an die Möglichkeiten der Frauen angepassten Weiterbildungsangebote wie auch mit Hilfe spezifischer Frauenseminare werden vorhandene Mitarbeiterinnen für qualifizierte Tätigkeiten kostengünstiger als dies bei Neueinstellungen der Fall wäre, aktiviert. Weiterhin kann in einigen Großbetrieben und Kommunen die innerbetriebliche Bildungsbeteiligung von Frauen durch die Einführung geschlechtsspezifisch paritätisch besetzter Weiterbildungsausschüsse gefördert werden. Zusätzlich flankierend unterstützt wird die betriebsinterne Gewinnung weiblicher Fach- und Führungskräfte durch das Engagement von Gleichstellungsstellen bzw. Frauenbeauftragten. Dies betrifft vor allem die frauenspezifische Ausrichtung von Qualifizierungsangeboten. Aber auch die Zusammenarbeit mit den Personalabteilungen beim Bemühen über Job-Rotation bzw. Job-Enrichment das bisherige Aufgabengebiet von Frauen zu erweitern, erleichtert es Betrieben „risikolos" und ohne zusätzliche Kosten weibliche Fach- und Führungskräftepotenziale zu erschließen.

Als erfolgversprechende betriebsspezifische Maßnahmen unmittelbarer individueller Förderung und Aufstiegsplanung erwiesen sich in der Vergangenheit regelmäßige Mitarbeiterinnengespräche zur beruflichen Entwicklung. Vor allem durch die Einbeziehung der jeweils spezifischen familialen Situation der Frauen wird erreicht, dass qualifizierte Frauen auch in den Familienphasen den Betrieben erhalten bleiben. Darüber hinaus setzen insbesondere Großbetriebe zunehmend auf individuelles oder abteilungsweites Coaching sowie inner- und zwischenbetriebliches Mentoring bei aufstiegsorientierten Frauen. Damit wird einerseits - wie z.B. beim abteilungsweiten Coaching - das qualifizierte weibliche Potenzial nicht vernachlässigt, sondern gleichermaßen gefördert wie das der Männer. Andererseits sind individuelles Coaching und vor allem Mentoring erfolgreiche Instrumente zur gezielten Förderung aufstiegsorientierter Frauen. Beide Instrumente erweisen sich bei den aufstiegsorientierten und den dann im Vergleich zu Männern betriebstreueren Frauen für die Unternehmen als effiziente Maßnahmen für die erfolgreiche Führungskräftegewinnung und -sicherung.

Effiziente Umsetzung der Unternehmensziele

Bei den analysierten Großbetrieben hat sich gezeigt, dass die dauerhafte Umsetzung personalpolitischer Unternehmensziele und die Umgehung innerbetrieblicher Widerstandspotenziale erfolgreich war, wenn

- die an Chancengleichheit orientierte Personalpolitik vom Management aktiv mitgetragen und nach unten verbindlich weitergegeben,

- die personalpolitischen Aktivitäten durch betriebliche Vereinbarungen oder Leitlinien institutionalisiert und

- eine dafür verantwortliche Stabsstelle eingerichtet wurde.

Nach Auskunft der Betriebe stehen bei der Umsetzung innovativer Personalpolitik Mitarbeiter/-innen strukturellen betrieblichen Veränderungen vielfach skeptisch gegenüber. Bei frauenfördernden Maßnahmen gilt dies in
erster Linie für Männer, die Benachteiligungen befürchten. Aber auch
Frauen reagieren häufig zurückhaltend, selbst wenn die Aktivitäten auf eine
Verbesserung ihrer beruflichen Situation abzielen (Hennersdorf 1998).
Dieser Skepsis kann desto besser entgegen getreten werden, je verpflich-
tender personalpolitische Neuerungen als Top-Down-Strategien durchgesetzt
und je institutionalisierter die Maßnahmen, z.B. in Form von Leitlinien etc.,
im Betrieb wurden. Dies wird zusätzlich durch die zentrale Einrichtung einer
zuständigen und verantwortlichen Stelle unterstützt. Dadurch können
„gender mainstreaming" Effekte - also die Transformation der Chancengleichheitspolitik in alle Betriebsbereiche - besser kontrolliert, initiiert und
gefördert werden.

Folgendes Beispiel macht dies deutlich: Vertritt in der öffentlichen Verwaltung das politische Kontroll- und Mitentscheidungsorgan (z.B. Stadtparla-
ment bei der Stadtverwaltung) die Chancengleichheitspolitik offensiv, dann
durchdringt dieses politische Bewusstsein vertikal und horizontal alle
Ebenen der Organisation. Auswahlkriterien, die Frauen bei der Stellenbesetzung unmittelbar benachteiligen können, sind kaum noch denkbar. Chancengleichheit wird innerbehördlich zum Selbstverständnis und damit der
qualifikationsadäquate Personaleinsatz gesichert.

Sowohl die Durchführung der öffentlichen Verwaltungsreform wie auch die
Implementierung von „Leitbildern" in privatwirtschaftliche Unternehmen
zeigen, dass chancengleichheitsorientierte Personalpolitik in Steuerungsmo-
dellen erfolgreich integriert werden kann. Eine wichtige Voraussetzung
hierfür war in der Praxis ein von Männern und Frauen paritätisch besetztes
Gremium zur konkreten Umsetzung allgemeiner Richtlinien. Hierin werden
verbindliche Regelungen wie Zielvereinbarungen zur geschlechtsspezifi-

schen Stellenbesetzung explizit vorgesehen. Die Folge ist eine Reorganisation der Auswahlkriterien bei der Stellenbesetzung weg von den ausschließlich fachlichen und zunehmende Bedeutung sozialer Qualifikationen. Damit können Bewerber und Bewerberinnen mit einem breiten Spektrum an Qualifikationen und damit vielfältigem Wissens- und Erfahrungshorizont gewonnen werden.

Effizienter Arbeitsablauf in allen betrieblichen Bereichen

Nach Aussagen der Betriebe sind Frauen teamfähiger als Männer, für Gruppengespräche offener und beweglicher im resortspezifischen Denken. So wird Männern zwar häufiger eine ad hoc Lösungsfindung zugeschrieben. Dagegen arbeiten Frauen insgesamt prozessorientierter und haben häufiger längerfristig zu erwartende Probleme im Auge. Auf Grund anderer geschlechtsspezifischer Rollenzuschreibung sind Frauen auch für unterschiedliche Tätigkeitsbereiche flexibler einsetzbar, während Männer zum Teil - unabhängig von veränderten betrieblichen Anforderungen - starr auf ihrer traditionellen Männerrolle bestehen.

Als weiterer Effekt heben die befragten Unternehmen die Ergänzung der verschiedenen Kompetenzen und Fähigkeiten von Männern und Frauen hervor. Der Arbeitserfolg in gemischten Teams erhöht sich nach Aussagen von Personalverantwortlichen aufgrund der unterschiedlichen beruflichen Herkunft von Männern und Frauen. Es kommt zu einer anderen Blickrichtung innerhalb des Arbeitsprozesses, mehr ganzheitlichem Denken und Herangehen sowie zu einer fachübergreifenden, besseren Wahrnehmung von Problemen. Auch das weniger auf Konkurrenz, sondern mehr auf Problem- und Lösungsfindung abzielende Vorgehen von Frauen wird als bedeutsamer positiver Effekt der Teamarbeit hervorgehoben.

Vor allem herrscht - auch nach Aussagen von männlichen Mitarbeitern - in gemischten Teams ein kollegialer Umgangston und damit ein effizienzförderndes Betriebsklima. Weiterhin werden von den analysierten Betrieben die Auswirkungen eines guten Betriebsklimas auf die Verringerung der Fluktuationsrate deutlich hervorgehoben. Dadurch sparen die Unternehmen Kosten ein, die mit der Neubeschaffung und Einarbeitung von Fachpersonal einhergehen. Die Folge ist, dass reine Männerteams sowohl seitens der Geschäftsführung wie auch der Mitarbeiter/-innen häufig nicht mehr erwünscht sind.

Mit zunehmender Projektarbeit werden aus betrieblicher Sicht die Vorteile von gemischten Teams deutlich. Gemischte Teams sind besser im Stande eigenverantwortlich zu arbeiten und - wie Beispiele aus der Computerbranche zeigten - ermöglichen häufig einen reibungslosen Arbeitsablauf. Weiterhin gilt für gemischte Teams, dass das Risiko diskontinuierlicher weiblicher Berufsverläufe gleichmäßiger auf die Gruppen als bei reinen Frauen- oder Männerteams verteilt ist. Das heißt aber auch, dass Probleme mit Fehlzeiten bei Unterbrechungen von Frauen und beim Einsatz von Ersatzkräften überwiegend innerhalb der Gruppe geregelt werden müssen.

Zunehmend wird in den analysierten Unternehmen die Diskussion über spezifische Fähigkeiten von Frauen geführt und außerfachliche Qualifikationen gewinnen an Bedeutung. Dies gilt insbesondere bei IT-Tätigkeiten, für die mittlerweile z.b. in knapp zwei Dritteln aller Stellenanzeigen Anforderungen an Soft-Skills gestellt werden (Scheuring 2000). Auch die untersuchten Betriebe bestätigen, dass der bewusste Einsatz von Frauen für Tätigkeiten, bei denen „soft skills" benötigt werden, die innerbetriebliche Kommunikation fördert und den Arbeitsablauf reibungsloser gestaltet.

Wirkungen nach außen

Arbeitnehmerinnen und Konsumentinnen sind zunehmend kritischer und beziehen auch Aspekte der Unternehmenskultur und -ethik bei der Stellensuche wie auch bei ihren Kaufentscheidungen mit ein. Weiterhin gewinnen seit einiger Zeit in den Unternehmen neue Managementkonzepte an Bedeutung und das Thema Chancengleichheit wird zum Teil ein wichtiges Element für das Firmenimage. Neben den Produkten oder Dienstleistungen rückt dabei die Darstellung des Betriebes in der Öffentlichkeit als fortschrittliches und sozial engagiertes Unternehmen stärker in den Mittelpunkt. Dies geschieht in der Regel integriert im Rahmen der bisherigen Image- und Public-Relation-Strategien. Nennenswerte zusätzliche Kosten treten nicht auf.

A) Erschließung zusätzlicher Mitarbeiterinnenpotenziale

Maßnahmen zur Umsetzung von Chancengleichheit haben innerbetrieblich häufig erkennbare unmittelbare personalpolitische Effekte und gehören in der betrieblichen Praxis der prämierten Unternehmen zum selbstverständlichen Denken und Handeln. Dagegen treten die Wirkungen einer positiven Außendarstellung zur Attrahierung zusätzlicher qualifizierter Mitarbeiterinnen in der Regel nur mittelbar in Erscheinung. Dennoch wird Personalmarketing überwiegend als ein umfassendes Konzept gesehen, das „Unternehmenskultur, Unternehmensidentität, Unternehmenskommunikation und Unternehmensimage" (Hansen, Goos 1997) umfasst.

Erfolge ihrer Außendarstellung bestätigten Betriebe durch folgende Effekte:

- Erhöhung betrieblicher Attraktivität für qualifizierte Bewerberinnen durch das Erscheinungsbild eines „modernen" Unternehmens.

- Gewinnung engagierten weiblichen Nachwuchses für traditionell atypische Tätigkeiten im technischen und IT-Bereich.

- Attrahierung fehlender Fachkräfte auch aus der Altersgruppe von Frauen mit bzw. im Anschluss an Kinderbetreuungsaufgaben.

Die wenig operationalisierbaren positiven Erfahrungen der Betriebe werden durch Ergebnisse von Konsumentinnenbefragungen (Engelbrech/Lorenz, 1999) untermauert. Hier zeigte sich eine allgemeine Tendenz bei Frauen, dass eine „derart gerechte Personalpolitik wichtig ist und dass insbesondere junge Frauen bei ihren eigenen Bewerbungen bei Firmen auf solche Kriterien achten würden".

B) Erschließung neuer Märkte durch stärkere Kundinnenorientierung

Neben der Wirkung betrieblicher Personalpolitik für die Erschließung neuer Mitarbeiterinnenpotentiale, geht auch ein Teil der prämierten Unternehmen von externen Effekten für die Nachfrage ihrer Produkte oder Dienstleistungen aus. Dies sind derzeit vor allem kundinnenorientierte Betriebe im Weiterbildungsbereich sowie Unternehmen, die stark von öffentlichen Aufträgen abhängen. Aber auch Unternehmen mit überwiegend auf weibliche Verbraucher ausgerichteten Produkten nehmen die Personalpolitik in ihre Public-Relation-Strategien auf.

Höhere Attraktivität des Betriebes für potenzielle Kundinnen

Von den Betrieben wird überwiegend bestätigt, dass sich ein hohes Engagement der Mitarbeiterinnen und ein gutes Betriebsklima auch im Kontakt mit Kunden und Kundinnen sowie externen Kooperationspartner/-innen positiv auswirkt. Innerbetriebliche Effekte vorbildlicher Personalpolitik übertragen sich somit nach außen. Insbesondere von Unternehmen mit ausgeprägtem und häufig personengebundenem Kundenkontakt, wie zum Beispiel bei Dienstleistern im EDV-Bereich, wird ein Zusammenhang zwischen Mitarbeiter- bzw. Mitarbeiterinnenzufriedenheit, einer geringen Fluktuationsquote und dem mittel- und längerfristigen Markterfolg gesehen. Dies gilt vor allem, wo Kunden und Kundinnen eine Ansprechperson erwarten, die mit ihren Wünschen und Gepflogenheiten bestens vertraut ist.

Nach anfänglicher Skepsis sowohl männlicher als auch weiblicher Kunden können von Betrieben, die mehrheitlich Frauen mit flexiblen Arbeitszeiten und in selbständiger Projektarbeit beschäftigen, zunehmend positive Wirkungen nach außen dringen. Mit der Umsetzung einer an Chancengleichheit orientierten Personalpolitik wird das Image eines modernen, innovativen, auf die Kundeninteressen flexibel und zuverlässig reagierenden Unternehmens verbunden. Ähnliche Aussagen kommen von Betrieben mit einem hohen Frauenanteil in allen Hierarchiestufen, die personenbezogene Dienstleistungen, insbesondere im Weiterbildungsbereich, anbieten. Potenzielle Teilnehmerinnen an Weiterbildungsmaßnahmen fühlen sich durch den hohen Mitarbeiterinnenanteil stärker angesprochen, die Abbruchquoten sind niedrig und der Maßnahmeerfolg überdurchschnittlich.

Bessere zielgruppenspezifische Angebote

Insbesondere die prämierten Unternehmen, die sich mit ihrem Produktangebot speziell weiblichen Verbrauchern zuwenden oder zuwenden wollen, begannen damit, ihre Chancengleichheitsaktivitäten, z.B. in Stellenanzeigen, durch die Verwendung des TOTAL E-QUALITY Logos auch nach außen darzustellen. Diese Form der Imagewerbung wird von Betrieben in unterschiedlichen Branchen aufgegriffen. Als schwierig erweist sich dabei die direkte Verbindung zwischen Betrieb und Produkt. Dies gilt vor allem in den Bereichen, in denen die Zuordnung eines Produktes zu einem Unternehmen, wie z.B. bei Zulieferbetrieben, nicht unmittelbar ersichtlich ist. Insgesamt scheint aber die Außendarstellung zur gezielten Ansprache von Kundinnen an Bedeutung zu gewinnen.

Neben der Imagewerbung mit betrieblicher Personalpolitik wird sowohl im technischen wie auch im Kundenbetreuungsbereich der Einfluss von Frauen bei der Entwicklung von Produkten und dem Angebot an Dienstleistungen hervorgehoben. Frauen können stärker die weibliche Sichtweise einbringen, die Bedürfnisse potenzieller Kundinnen besser erkennen und damit effektiver auf deren Interesse sowie deren Nachfrage abzielen. Dies wird insbesondere von der Autoindustrie und von Banken betont. Ähnliches gilt aber auch für Veranstaltungsangebote im Weiterbildungsbereich, insbesondere bei speziellen Frauenkursen. Als Folge einer erweiterten und spezifizierten Produkt- und Dienstleistungspalette erhoffen sich die Betriebe eine höhere Konkurrenzfähigkeit und die Erschließung neuer Märkte.

Vor allem an Beispielen der kommunalen Verwaltungen, die enger im gesellschaftspolitischen Bereich tätig sind, wird der Einfluss interner Chancengleichheitsaktivitäten auf eine stärkere „Kundinnenorientierung" nach außen sichtbar. So sprechen die Aktivitäten von Gleichstellungsstellen und Frauenreferaten unmittelbar ratsuchende Frauen an und verbessern die Angebote für Frauen. Aber auch mittelbar zeigen sich Wirkungen: Durch die Übernahme frauenpolitischer Themen in anderen Verwaltungsbereichen gelang es besser auf das weibliche „Klientel" einzugehen. Das hatte z.B. im Bildungsbereich zur Folge, dass mädchendominante Schulzweige stärker ausgebaut und damit die traditionellen Angebote für junge Frauen erhöht wurden. Ähnliche Anstrengungen erfolgten bei der betrieblichen Ausbildung, die mit mädchenspezifischer „Werbung" eine Erhöhung des Zustromes junger Frauen erreichen konnte. Weiterhin wurden im kommunalen Bereich junge Frauen insbesondere bei der Jugendarbeit gefördert. Dies führte u.a. dazu, dass Jugendheime zunehmend von Mädchen besucht werden und nicht mehr reine „Jungen"-Heime sind. Auch im öffentlichen Nahverkehr werden Frauen als Kundinnen, z.b. bei der Einrichtung von Park and Ride-Plätzen, besser angesprochen und stärker berücksichtigt.

Wettbewerbsfähigkeit bei öffentlicher Auftragsvergabe

Eine besondere Zielgruppe der Außendarstellung sind öffentliche Auftraggeber. Zu den Unternehmen, die bei der Zusammenarbeit mit öffentlichen Auftraggebern von einer positiven Außenwirkung berichten, gehören in erster Linie Bildungsträger als Bezieher öffentlicher Fördermittel sowie Betriebe, die sich um öffentliche Aufträge bemühen. Der Erfolg hängt in hohem Maße von der jeweiligen politischen Ausrichtung oder den gesetzlichen Vorgaben der finanzierenden Kommune, des Landes oder der Bundesbehörde ab. So können innerbetriebliche Aktivitäten zur Umsetzung von Chancengleichheit neben einem kostengünstigen Angebot zusätzliche Pluspunkte bei der Auftragsvergabe bzw. der Förderung einbringen und die Wettbewerbsfähigkeit erhöhen. Voraussetzung ist die glaubhafte Darstellung der an Chancengleichheit orientierten Personalpolitik nach außen.

Insgesamt scheinen Frauen als Konsumentinnen und Kundinnen stärker in das Blickfeld der Betriebe zu rücken. Neben der Produktorientierung an den Bedürfnissen von Frauen wird das Image der Betriebe als erfolgversprechende Marketingkomponente gesehen. Dies wurde in der Vergangenheit überwiegend versäumt und wird in Befragungsergebnissen bei Frauen deutlich, wonach kaum ein Unternehmen genannt wird, das über ein positives Image Verbraucherinnen anspricht (Engelbrech/Lorenz 1999). Nach Aussagen von Frauen kann dies über eine gezielte Darstellung einer vorbildlichen, an Chancengleichheit orientierten Personalpolitik gelingen. Die Außendarstellung betrieblicher Personalpolitik wird einen Beitrag zur Imagedarstellung leisten, wenn Unternehmen Kundinnen für das Thema Chancengleichheit sensibilisieren können. Sie begeben sich damit in Deutschland auf Neuland. Die Informationspolitik wird dann erfolgreich sein, wenn die

Betriebe in ihrer Außendarstellung nicht nur allgemeine und als selbstverständlich erwartete Aussagen in die Öffentlichkeit tragen. Vielmehr müssen
die Unternehmen die Besonderheiten ihrer Personalpolitik an Hand
konkreter Maßnahmen bewusst machen und diese offensiv nach außen
darstellen.

6   Fazit

Zur Schließung der sich mittel- und längerfristig zeigenden Lücke zwischen
Arbeitsnachfrage und rückläufigem Beschäftigungspotenzial wird die stärkere Integration von Frauen in den Arbeitsmarkt sowohl aus quantitativer wie
auch aus qualitativer Sicht immer wichtiger. So werden - wie in den 1990er
Jahren - von dem sich fortsetzenden wirtschaftsstrukturellen Wandel
weiterhin mehr Frauen als Männer profitieren. Diese Tendenz verstärkt sich
zahlenmäßig nach 2010 rasant, wenn das Beschäftigungspotenzial unter die
erwartete Arbeitsnachfrage sinkt. Aber auch im Hinblick auf den bereits
gegenwärtig reklamierten Fachkräftemangel wird das Potenzial der zunehmend qualifizierteren Frauen immer wichtiger.

Damit beschäftigen Betriebe zukünftig absolut und relativ mehr Frauen als
bisher. Dies kommt aber auch den Wünschen und Interessen der Frauen
entgegen, die - selbst mit Kleinkindern - überwiegend berufstätig sein wollen.
Neben erforderlichen Veränderungen von politischen Rahmenbedingungen
werden damit auch Betriebe zunehmend mit Problemen konfrontiert, die
sich im Zusammenhang mit der Vereinbarkeit von Familie und Beruf
ergeben. Eine vorausschauende betriebliche Personalpolitik wird somit
Arbeitsablauf und -organisation stärker auf die beruflichen Möglichkeiten
und Fähigkeiten der weiblichen Beschäftigten abstimmen müssen. Wie die
Ergebnisse von Betriebsfallstudien zeigten, können dafür Diversity-Konzepte
einen wichtigen Beitrag als Chancengleichheitsstrategie leisten. Voraussetzung ist eine hohe betriebliche Flexibilität als Reaktion auf frauenspezifische

Wünsche und Möglichkeiten. Auf Grund betrieblicher Erfahrungen sind dafür institutionalisierte Rahmenbedingungen und ein starkes Commitment der Geschäftsleitung wichtige Voraussetzung.

Eine an Chancengleichheit orientierte Personalpolitik - so die Erfahrungen von „vorbildlichen" Unternehmen - ist aber nicht nur zur Deckung des längerfristigen Arbeitskräftemangels erforderlich, sondern rechnet sich auch aus betriebswirtschaftlicher Sicht. So haben die Aktivitäten zur Umsetzung von Chancengleichheit den Betriebsablauf bereichert und führten zu einem effizienteren Personaleinsatz. Beispiele hierfür sind die bessere Zusammenarbeit in gemischten Teams und Arbeitsgruppen, eine höhere Arbeitszufriedenheit von Frauen, mehr berufliches Engagement, stärkere Identifikation mit den Unternehmenszielen, weniger Stress bei der Vereinbarkeit von Familie und Beruf und ein besseres Betriebsklima. Auf Grund veränderter Personalrekrutierung und gezielter Förderung von Frauen steht den Betrieben auch insgesamt eine qualifiziertere Belegschaft zur Verfügung.

Ein Teil der Maßnahmen zur Umsetzung von Chancengleichheit, die dem internen Unternehmensimage zugute kommen, haben auch Wirkungen nach außen: Eine positive öffentliche Resonanz kann einerseits die Absatzmärkte erweitern und zusätzlich potenzielle Kundinnen erreichen. Andererseits erleichtert das Image eines familienfreundlichen Arbeitgebers die Gewinnung qualifizierter weiblicher Nachwuchskräfte. Für die bessere Einbeziehung und stärkere Mobilisierung von Frauen ist aber häufig ein Paradigmenwechsel in der Personalpolitik, den Personalauswahlverfahren und der Unterstützung erforderlich.

Literatur

Brachinger, P. (2000) Chancen der Informationsgesellschaft, in: Der Arbeitsmarkt für IT-Berufe, ibv (Informationen für die Beratungs- und Vermittlungsdienste) Nr. 19/00, Bundesanstalt für Arbeit, Nürnberg.

Bundesvereinigung der Arbeitgeberverbände (1989) Chancen für Frauen in der Wirtschaft.

Busch, C. / Engelbrech, G. (2000) „Wir brauchen die Besten!" - Warum und mit welchem Erfolg fördern Unternehmen Chancengleichheit?, Bezug: TOTAL E-QUALITY Deutschland e.V:, Bad Bocklet.

David, B. (1998) Mehr Chancengleichheit im Beruf verlangt neue personalwirtschaftliche Instrumente, in: Personalführung, Jg. 31/1998, Nr. 7, S. 60-69.

Engelbrech, G. / Jungkunst, M. (2001a) Arbeitsmarktperspektiven für Frauen bis 2010, in: WSI-Mitteilungen, Heft 5.

Engelbrech, G. / Jungkunst, M. (2001b) Erwerbsbeteiligung von Frauen - Wie bringt man Beruf und Kinder unter einen Hut?, IAB-Kurzbericht, Nr. 7.

Engelbrech, G. / Lorenz, A. (1999) Verbesserung des betrieblichen Image durch das TOTAL E-QUALITY Prädikat, Auftraggeber: BMFSFJ, unveröffentlichtes Manuskript, Nürnberg.

Fuchs, J. / Thon, M. (1999) Potenzialprojektion bis 2040 - Nach 2010 sinkt das Angebot an Arbeitskräften, IAB-Kurzbericht Nr. 4.

Hansen, K. / Goos, G. (1997) Frauenorientiertes Personalmarketing, Berlin.

Hennersdorf, S. (1998) Aufstiegsdiskriminierung von Frauen durch Mitarbeiterbeurteilung, Wiesbaden.

Krell, G. (1998) Chancengleichheit: Von der Entwicklungshilfe zum Erfolgsfaktor, in: Chancengleichheit durch Personalpolitik, Wiesbaden.

Kölling, A. (2002) Wer suchet, der findet....oder doch nicht? - Analyse der betrieblichen Suche nach Fachkräften mit Daten des IAB-Betriebspanels 2000, in: Beiträge aus der Arbeitsmarkt- und Berufsforschung, Band 256, Nürnberg.

Reinberg, A. / Hummel, M. (2002) Die Entwicklung im deutschen Bildungssystem vor dem Hintergrund des qualifikatorischen Strukturwandels auf dem Arbeitsmarkt, in: Beiträge aus der Arbeitsmarkt- und Berufsforschung, Band 245, Nürnberg.

Scheuring, R. (2000) Chancen im IT-Bereich - die konkreten Anforderungen des Stellenmarktes, in: Der Arbeitsmarkt für IT-Berufe, ibv (Informationen für die Beratungs- und Vermittlungsdienste) Nr. 19/00, Bundesanstalt für Arbeit, Nürnberg.

Seifert, H. (1999) Die „Stechuhr" hat ausgedient: flexiblere Arbeitszeiten durch technische Entwicklungen, Berlin.

Schnur, P. / Zika, G. (2002) Projektion bis 2015 - Gute Chancen für moderaten Aufbau der Beschäftigung, IAB-Kurzbericht, Nr. 10.

Statistisches Bundesamt (2001) Bildung im Zahlenspiegel, Wiesbaden.

Susanne Baer
Recht auf Vielfalt.
Zu den rechtlichen Rahmenbedingungen
des Managing Diversity

Diversity, also zu deutsch: „Vielfalt" ist ein Begriff, der die zentralen Topoi der Freiheit und der Gleichheit, die vergangene Jahrhunderte prägten, ablösen könnte. Vielfalt ist nicht nur die salonfähige Version des „Mulitkulti", sondern liefert einen Orientierungspunkt gesellschaftlicher Ethik, der heutigen Lebensbedingungen angemessen sein könnte. Vielfalt verabschiedet die Orientierung auf Charakteristika von „uns" und „euch", also auf Gruppen, und setzt auf Individualitäten, die unterschiedliche Menschen in unterschiedlichem Maße teilen. Allerdings ist Vielfalt jedenfalls in Deutschland bislang kein Rechtsbegriff. Was also hat das Recht mit „Managing Diversity" zu tun?

Dieser Beitrag skizziert, welche Regelungen eine Strategie des Management Diversity in Deutschland rahmen. Dabei ist zunächst zu klären, was genau unter Diversity verstanden wird, denn davon hängt es ab, welche Regelungen überhaupt eine Rolle spielen können. Danach fragt sich, welche Funktion Recht haben kann, wenn Diversity gemanagt werden soll. Von entscheidender Bedeutung ist wohl Recht gegen Diskriminierung, das einerseits Rahmenbedingungen setzt und andererseits als Ressource zur Verfügung steht. Damit bewegt sich Mananging Diversity in einem Feld, das sich

Susanne Baer, Dr. ist Professorin für Öffentliches Recht & Geschlechterstudien an der Juristischen Fakultät der Humboldt Universität zu Berlin.

aufgrund europäischer Vorgaben dynamischer entwickelt als andere, und als in Deutschland junges Rechtsgebiet wohl Zukunft hat.

I   Welche und wessen Diversity - welches Recht?

„Diversity" der einen ist nicht zwingend auch „Diversity" für andere. Je nachdem, welche und wessen Vielfalt „Diversity" bezeichnet, kommen auch unterschiedliche Regelungen in den Blick, die diese Vielfalt - aus juristischer Sicht - erzwingen, ermöglichen, fördern oder auch verbieten können. So kursieren unterschiedliche Vorstellungen davon, wessen Potenziale als Diversity eigentlich genutzt werden sollen. Die DGFP-Deutsche Gesellschaft für Personalführung mbH erklärt im Juni 2002:

> „Managing Diversity ist ein Managementansatz zur gezielten Berücksichtigung und bewussten Nutzung und Förderung der Vielfalt von Mitarbeitern."

Geht es wirklich nur um „Mitarbeiter", werden folglich die Kompetenzen von Mitarbeiterinnen nicht proaktiv berücksichtigt. Sollte es sich um fehlende Sensibilität für eine geschlechtergerechte Sprache handeln, so weckt dies Zweifel an der Diversity-Kompetenz der Gesellschaft. Deutschen Verwaltungen wird anders als der privaten Wirtschaft seit geraumer Zeit (im Gleichstellungsgesetz des Bundes) vorgeschrieben, dass sie auch auf der Ebene des sprachlichen Ausdrucks dafür sorgen müssen, dass Männer und Frauen, nicht nur Männer adressiert werden. Die zitierte private Gesellschaft erklärt allerdings selbst, sie fasse unter Diversity

> „nicht nur direkt wahrnehmbare Ausprägungen von „Anderssein" verstanden, wie z.B. Hautfarbe, Geschlecht, Alter und Nationalität, sondern auch solche inneren Faktoren, die kaum wahrnehmbar sind, wie etwa Kultur, Bildung, Fachkompetenz, Humor, sexuelle Orientierung, Weltanschauung, Hierarchie, Sprachkenntnisse.

Diversity umfasst alle möglichen Erscheinungsformen von Vielfalt
oder Verschiedenartigkeit."

Auch die den Ansatz begründende Literatur nimmt auf dieses breite Spektrum an Verschiedenheiten Bezug (Thomas 1991; Cox 1991; Cox/Blake 1991; vgl. auch Beiträge in Krell 1991; Bergemann 1992). Die insbesondere gegen Diskriminierung und Ausgrenzung engagierten Experten und Expertinnen des Managing Diversity betonen gerade, dass es um den Abschied auch von symbolischen Monokulturen geht (vgl. z.B. Balser 1999). Es wäre eine Verkürzung, mit Managing Diversity nur auf Herkunftskulturen im Sinne der ethnischen Vielfalt abzustellen. Es ist besonders gefährlich, wenn dann Differenzen gegeneinander ausgespielt werden, also beispielsweise Ethnie als divers gilt, Lebensformen aber nicht, oder Herkunft anerkannt wird, Geschlechterdifferenzen aber vertuscht werden. Vielmehr sind Unterschiedlichkeiten in vielfacher Hinsicht und allen Kombinationen zu berücksichtigen. Damit eröffnet sich ein ebenso breites Spektrum von Regelungen, die auf diese vielfältigen Unterschiedlichkeiten Bezug nehmen.

Diversity Management zielt allerdings nicht darauf, Unterschiedlichkeiten schlicht anzuerkennen. Als Human Ressource-Ansatz geht es Managing Diversity auch darum, diese Unterschiedlichkeiten profitabel zu nutzen. Daraus folgt, dass sich mit Unterschiedlichkeiten keine Nachteile verbinden dürfen, es also nicht zu Diskriminierung kommen darf. Folgerichtig geht es nicht um „Difference Management", mit dem nicht zuletzt Hierarchien verstärkt werden würden, sondern um einen produktiven Umgang mit der Vielfalt, die Hierarchien beseitigt[1].

---

1   Gegen eine differentielle Personalpolitik daher Krell, G./Osterloh 1993. Das betonen z.B. die Beiträge in KOBRA 2000, S.a.FOPA 2002, D. Reich mit Beiträgen von I. Koall, D. Reich.

In der deutschen Rechtssprache findet sich der Begriff der Vielfalt als solcher nicht. Er beginnt allerdings, sich im internationalen Recht zu verbreiten. So heißt es in der Erklärung zur kulturellen Vielfalt der UNESCO von 2001 zu Artikel 4 - „Menschenrechte als Garantien für kulturelle Vielfalt":

> „Die Verteidigung kultureller Vielfalt ist ein ethischer Imperativ, der untrennbar mit der Achtung der Menschenwürde verknüpft ist. Sie erfordert die Verpflichtung auf Achtung der Menschenrechte und Grundfreiheiten, insbesondere der Rechte von Personen, die Minderheiten oder indigenen Volksgruppen angehören."

Weiter normiert die UNESCO:

> „Niemand darf unter Berufung auf die kulturelle Vielfalt die Menschenrechte und Grundfreiheiten verletzen, wie sie in allgemein anerkannten internationalen Vereinbarungen festgeschrieben sind, noch ihren Umfang einschränken."

Mit der Erklärung der UNESCO ist ebenso wie mit der konzeptionellen Orientierung auf Vielfalt statt auf Unterschiede ein menschenrechtlicher Ausgangspunkt für den juristischen Blick auf Managing Diversity gelegt. Für Deutschland bietet sich eine entsprechende grundrechtliche und europarechtliche Betrachtung an. Artikel 1 des Grundgesetzes schützt die Menschenwürde, Art. 2 die individuelle Selbstbestimmung sowie Art. 3 fordert in Absatz 2 die Gleichstellung der Geschlechter und verbietet in Absatz 3 die Diskriminierung aufgrund des Geschlechtes, der Abstammung, der Rasse, der Sprache, der Heimat, der Herkunft, des Glaubens, der religiösen oder politischen Anschauungen oder der Behinderung. Seit 1997 wendet sich auch europäisches Recht mit Artikel 13 des EG-Vertrages ausdrücklich gegen Diskriminierungen aus Gründen des Geschlechts, der Rasse, der ethnischen Herkunft, der Religion oder der Weltanschauung, einer Behinderung, des Alters oder der sexuellen Ausrichtung. Die Gleichstellung von Männern und

Frauen ist außerdem in Art. 2 und 3 Absatz 2 des EG-Vertrages sowie in Art.
141 für den Sektor Erwerbsarbeit und damit zusammenhängende soziale
Sicherungen als Ziel europäischen Handelns normiert.

Die Ausgangspunkte des Diversity Management und des europäischen und
deutschen Rechts sind also identisch: verboten ist Diskriminierung, um Vielfalt zu ermöglichen. Das Recht setzt nun auf zwei Ebenen an, die für Managing Diversity von Bedeutung sind. Zum einen geht es um
Rahmenbedingungen, zum anderen um Recht als Ressource.

2   Recht als Strukturierung von Rahmenbedingungen für Managing Diversity

Das Recht spielt eine Rolle, insofern es Rahmenbedingungen betrieblichen,
unternehmerischen, überhaupt gesellschaftlichen Handelns strukturiert. Es
stellt beispielsweise die Form des Vertrages zur Vergütung, um Beziehungen
zu gestalten, oder normiert die Existenz, Kreation und Befugnisse eines
Betriebsrates als kollektiver Interessenvertretung. Dabei ergeben sich Unterschiede im Recht insbesondere im Hinblick darauf, ob es sich um Organisationen handelt, in denen öffentliches oder aber privates Arbeitsrecht gilt und
in denen kollektive Regelungen Anwendung finden oder nicht. Des weiteren
ergeben sich Unterschiede im Hinblick auf die Zielsetzung unterschiedlicher
Regelungen.

2.1   Öffentlicher Dienst und private Wirtschaft

Grundsätzlich ist der öffentliche Dienst ein Bereich der Erwerbsarbeit, der
strengeren Regeln unterliegt als der Bereich der privaten Wirtschaft. Das gilt
bislang insbesondere für Regeln gegen Diskriminierung, denn in Deutschland fehlt derzeit - anders als beispielsweise in Österreich - ein Gesetz zur
Gleichstellung von Frauen und Männern oder gegen Rassismus, Altersdiskri-
minierung oder die Diskriminierung von Homosexuellen in privaten Unter-

nehmen und Betrieben. Da die EU allerdings Richtlinien erlassen hat, die auch die Bundesrepublik dazu zwingen, solche Regeln zu erlassen[2], kann für die Zukunft davon ausgegangen werden, dass sowohl in der privaten Wirtschaft wie auch im öffentlichen Dienst und auch im gesamten Bereich der Dienstleistungen Diskriminierung umfassend verboten ist. Dies besagen seit Juli 2000 die „Richtlinie 2000/43/EG des Rates zur Anwendung des Gleichbehandlungsgrundsatzes ohne Unterschied der Rasse oder der ethnischen Herkunft"[3], und seit November 2000 die „Richtlinie 2000/78/EG zur Festlegung des allgemeinen Rahmens für die Verwirklichung der Gleichbehandlung in Beschäftigung und Beruf"[4]. Schon jetzt gilt das Verbot der geschlechtsbezogenen Diskriminierung im Arbeitsrecht nach §§ 611 a, 612 Abs. 3 BGB und das Verbot ethnischer Diskriminierung im Versicherungsrecht nach § 81 e VAG. Zudem sind Arbeitgeber und Betriebsräte ebenso wie Vorgesetzte und Personalräte nach dem Betriebsverfassungsgesetz und dem Personalvertretungsrecht ausdrücklich dazu verpflichtet, sich gegen Diskriminierung zu engagieren. Folglich ist ein für Managing Diversity entscheidender Unterschied zwischen öffentlichen und privaten Unternehmen nicht ersichtlich.

2.2 Regelungsziele

Recht im Hintergrund von Managing Diversity kann unterschiedliche Ziele verfolgen. Wichtig ist das allgemeine Ziel allen Rechts, Rahmenbedingungen für berechenbares, verlässliches Handeln zu schaffen, beispielsweise durch Verträge oder allgemeines Arbeitsrecht. Daneben stehen die spezifisch für Managing Diversity wichtigen Ziele. Recht kann Unterschiede anerkennen,

---

2   Deutschland muss bis Ende 2003 entsprechendes Recht setzen. Zur heftigen Debatte darum vgl. S. Baer 2002, 2001 sowie Nickel, R. 2001, 1999
3   RL 2000/C 337 E/33, ABl. EG L 180 v. 19.7.2000, 22 ff., abgedruckt in STREIT 2002.
4   RL 2000/78/EG, ABl. EG L 303 v. 2.12.2000, 16, abgedruckt in STREIT 2002.

Unterschiede integrieren, Unterschiede (im Sinne von Pluralität) fördern und Konflikte bewältigen, um Bedingungen für Diversity zu schaffen.

Diskriminierungsverbote und Anreize

Erstes Ziel ist es, die Bedingungen in Unternehmen diskriminierungsfrei zu gestalten.[5] Managing Diversity, so heißt es allerdings meist, sei das Ergebnis einer Übereinkunft innerhalb der Unternehmen zur Ermöglichung von diskriminierungsfreien Arbeitssituationen. Betont wird, dass freiwillige Entscheidungen getroffen würden. Das ist wichtig, um Menschen zu motivieren, sich an diese Entscheidungen auch zu halten.[6] Die Rechtslage ist allerdings differenzierter. Das erwähnte Recht gegen Diskriminierung steht jedenfalls im Hintergrund jedes freiwilligen Managing Diversity. Im Vordergrund steht allerdings, dass Menschen einsehen, mit Diversity besser handeln, und insofern zwangsweise Durchsetzung von Diskriminierungsverboten nicht mehr erforderlich wird. Diese Umstellung von Zwang auf Anreiz ist gerade im Bereich des Antidiskriminierungsrechts auch schon mehrfach erprobt. So geht es um Recht gegen geschlechtsbezogene Diskriminierung heute häufig um Anreizsteuerung und Appelle zur Befolgung „freiwilliger" Regeln. Ein Beispiel ist das Vergaberecht, das Unternehmen mit dem Zuschlag öffentlicher Aufträge belohnen soll, die sich für Gleichstellung

---

5   Missverständlich ist dabei die US-amerikanische Diskussion, da dort Gleichheitsrecht
     auf Angleichung setzt, was deutsches Recht ablehnt. Vgl. für eine Perspektive in den USA
     Thomas, D. A./ Ely, R.J. (1996): „Two perspectives have guided most diversity initiatives
     to date: the discrimination- and-fairness paradigm and the access-and-legitimacy para-
     digm. But we have identified a new, emerging approach to this complex management
     issue, which we call the learning-and-effectiveness paradigm...(which) goes beyond
     them by concretely connecting diversity approaches to work" (80), und: „Not only does
     the discrimination-and-fairness paradigm insist that everyone is the same, but, with is
     emphasis on equal treatment, it puts pressure on employees to make sure that
     important differences among them do not count ..accompanied by a tense debate ... vio-
     lating the code of assimilation upon which the paradigm is built" (81).
6   Vgl. z.B. Steppan, R. (1999).

engagieren.[7] Ein weiteres Beispiel setzt die Europäische Kommission mit den „Freiwilligen Leitlinien zur Unterstützung der Altersvielfalt im Handelssektor" aus Barcelona 2002.[8] Allerdings enthalten auch diese Leitlinien deutliche Hinweise auf zwingendes Recht. So begründet die Kommission:[9]

> „Gemäß nationalem Recht, sofern eines hierzu existiert, und gemäß europäischem Recht dürfen ältere Arbeitnehmer am Arbeitsplatz keinesfalls diskriminiert werden."

Anerkennung

Ein weiteres Ziel von Recht ist es, Unterschiede überhaupt anzuerkennen. Diese Anerkennung ist Voraussetzung für jede Zusammenarbeit zwischen einander fremden Kulturen oder in einem internationalen Team. Anerkennung beruht auf einer gesicherten eigenen kulturellen Identität, ohne diese als überlegene Identität, also die eigenen Überzeugungen als allgemeingültige Normen zu setzen (z.B. Nkomo, St. M./ Cox, T. Jr. 1996). So betonen auch die Handreichungen zum Umgang mit Multikulturalität immer wieder, dass erst anerkannt werden muss, dann müssen Grundlagen des Gemeinsamen verstanden und dann muss gehandelt werden (Amt für multikulturelle Angelegenheiten der Stadt Frankfurt 1993). Anerkennung vermittelt Recht, indem es Menschen ausdrücklich in ihren Unterschiedlichkeiten nennt, aber nicht stereotypisiert. Die europäischen Richtlinien gegen Diskriminierung verdeutlichen das: die Benennung der Faktoren sexuelle Orientierung oder Behinderung anerkennt, dass diese für Menschen wichtig sind, verbietet es aber,

---

7   Dies gilt im Landesrecht Brandenburgs und Berlins. S. a. Degen, B., Staatliche Wirtschaftsförderung und Art. 3 Abs. 2 GG, STREIT 1996, 3.

8   http://europa.eu.int/comm/employment_social/news/2002/apr/age_div_de.pdf.

9   Missverständlich insofern H. Hentschel, in KOBRA 2000, 13: „Dieser Ansatz verlässt somit den Weg der Moral, den Weg des Zwangs und den Weg der Belohnung". Kennzeichnend dagegen die Lage in den Niederlanden, wo ein Gesetz zur Förderung gleichberechtigter Teilnahme am Arbeitsmarkt für Allochtone (BEEA) von 1994 wichtiger Schritt hin zu mehr Diversität ist.

Menschen aufgrund dieser Faktoren auszugrenzen. Ebenso können Betriebsvereinbarungen oder Unternehmensleitbilder anerkennen, dass an einem Ort homo-, hetero- und bisexuelle Menschen, Menschen aus Deutschland und Italien, aus den USA und Ghana, aus Palästina und Portugal usw. zusammen arbeiten. Damit verbindet sich normative Anerkennung, die für Managing Diversity wichtig ist.

Förderung

Neben Diskriminierungsverboten, Anreizsteuerung und Anerkennung steht als weiteres Regelungsziel die Förderung. Es geht um die Förderung der Vielfalt, die in Deutschland als Förderung zur Gleichstellung bislang nur im Hinblick auf das Geschlechterverhältnis und im Hinblick auf Schwerbehinderte geregelt ist. So gelten für den öffentlichen Dienst einschließlich der Hochschulen Gleichstellungsregeln, nach denen Männer oder Frauen in Bereichen, in denen sie unterrepräsentiert sind, bei gleicher Qualifikation eingestellt werden müssen[10]. Desgleichen sind Unternehmen nach dem Schwerbehindertengesetz von 1974 verpflichtet, eine kleine Zahl Behinderter zu beschäftigen; nicht zuletzt aufgrund der Rechtsprechung ist Diskriminierungsschutz allerdings faktisch nicht vorhanden.[11]

Konfliktlösung

Schließlich lebt Managing Diversity auch davon, mögliche Konflikte, die sich auch aus der Vielfalt speisen können, zu lösen. Das Recht stellt dafür Möglichkeiten zur Verfügung, die als weitere Rahmenbedingung von Managing Diversity zu berücksichtigen sind. Klassisches Mittel der juristischen Konfliktlösung ist dabei die Gewährleistung von Rechtsschutz vor staatlichen Gerichten. Dieser ist insbesondere wichtig, wenn Konflikte soweit eskaliert

10   Einen Überblick bietet der Kommentar von Schiek u.a. (1996).
11   Umfassend dazu Schiek (2000: 162 ff.) Daneben stehen Anreie nach §§ 218, 235-238 SGB III.

sind, dass neutrale Dritte richten müssen, um keine Nachteile für Ausgegrenzte entstehen zu lassen. Nicht zuletzt aufgrund der Überlastung der Justiz werden daneben allerdings immer stärker außergerichtliche Schlichtungsverfahren als Konfliktlösungen angeboten und genutzt. Sie sind sinnvoll, solange noch die Chance auf ein konstruktives Miteinander besteht, aber abzulehnen, sobald z.b. Gewalt diese Chance zerstört. In Betracht kommen innerbetriebliche, auch vereinbarte Mechanismen, wie z.b. die Beilegung von Konflikten in moderierten Gesprächen in pluralistisch zusammengesetzten Gruppen. Es kann sich aber auch um außerbetriebliche Verfahren handeln, in denen z.b. interkulturelle Trainings eingesetzt werden, um Arbeitsbedingungen zu klären.

3   Recht als Ressource

Neben der Funktion des Rechts, Rahmenbedingungen zu strukturieren, scheint im Bereich des Managing Diversity die Funktion des Rechts wichtig, Ressource von Macht zu sein. Ging es eben um die strukturellen Aspekte, die Recht prägt, so geht es nun um den individuellen Zugriff, den Recht erlaubt. Recht stellt neben Geld, Zeit und Symbolen eine Ressource zur Verfügung, um Anerkennung oder auch Missbilligung zu verteilen. Mit dieser Ressource Recht handelt natürlich in erster Linie dem Staat, genauer: der Gesetzgeber und die Gesetze anwendende Verwaltung. Daneben verfügen aber auch Bürgerinnen und Bürger über das Mittel des Rechts, um soziale Prozesse zu steuern. So können Unternehmen wählen, welche Rechtsform sie sich geben und welchen kollektiven Spielregeln sie sich tariflich unterwerfen, oder wie sie im Detail Diskriminierungsverbote umsetzen. Desgleichen können Arbeitnehmerinnen und Arbeitnehmer wählen, ob sie Rechte einfordern und dann auch durchsetzen, die ihnen der Gesetzgeber zur Verfügung stellt.

Folglich steht Recht - in unterschiedlicher Form und mit unterschiedlichem Inhalt - allen Beteiligten eines Managing Diversity Prozesses als Ressource zur Verfügung. Dies ist von entscheidender Bedeutung, damit sich jede und jeder Einzelne vergewissern zu können, als Rechtssubjekte anerkannt und gleichgestellt zu sein. Wenn Menschen wissen, dass sie gleiche Rechte haben, erfüllen sie eine Voraussetzung dafür, gleichberechtigt miteinander arbeiten zu können. Wenn Unternehmen dafür sorgen, dass diese Rechte bekannt und durchsetzbar sind, ist ein Grundstein für Managing Diversity gelegt. Dazu dienen Fortbildungen der Personalverantwortlichen, zu denen beispielsweise auch das Beschäftigtenschutzgesetz gegen sexuelle Diskriminierung am Arbeitsplatz aufruft. [12] Dazu dienen Beschwerdeeinrichtungen einschließlich der gesetzlich vorgeschriebenen Benachteiligungsverbote[13], die eine faire Konfliktaustragung erleichtern und steuern. Sie lassen sich durch die im europäischen Recht avisierten Verbandsklagen verstärken. Schließlich dient der Förderung von Managing Diversity auch ein eindeutiges Bekenntnis von Führungskäften zu Vielfalt als wichtigem Teil einer Unternehmenskultur, das rechtlich nicht vorgeschrieben, aber in einem Management-Konzept gefordert ist.

4   Recht zwischen Individualität und Stereotypisierung

Die Ressource Recht bezieht sich ebenso wie das Recht der Rahmenbedingungen von Managing Diversity auf die Abwehr von Benachteiligung und Ausgrenzung. Daher sind hier die erwähnten Diskriminierungsverbote wichtig. Managing Diversity verlangt aber auch, Individualität anzuerkennen und zu fördern, also Menschen nicht stereotyp in Gruppen einzuordnen, die nie ganz abbilden können, was eine Person ausmacht. So könnte sich ein Konflikt zwischen tarifrechtlicher Kollektivierung und angestrebter Individualisierung ergeben.[14] Allerdings gilt das nur, wenn Diversity bedeutet, unterschiedlich zu entlohnen, was aber dem Ansatz, Hierarchien abzubauen,

---

12   § 5 Beschäftigtenschutzgesetz (für den öffentlichen Dienst).
13   Z.B. § 612a BGB, § 4 Abs. 3 Beschäftigtenschutzgesetz.
14   Grundsätzlich vgl. Roessler 1994.

eher widerspricht. Eine Spannungslage besteht allerdings zwischen einigen Argumententationen zum Gleichstellungsrecht und dem Ansatz des Managing Diversity. Auch sie entpuppen sich bei näherer Betrachtung als auflösbar.

Heutigem Gleichstellungsrecht werden sowohl individuelle als auch kollektive Komponenten zugesprochen. Individuell ausgerichtet ist das Verbot der Diskriminierung in der Erwerbsarbeit. Kollektive Anteile kann dagegen das Förderrecht haben. Werden die „Frauenförderungsregeln" im öffentlichen Dienst oder die Integrationsregelungen des Schwerbehindertenrechts nun als Förderung der Gruppe Frauen auf Kosten der Gruppe Männer konzipiert, so widerspricht dies gerade dem Bemühen des Managing Diversity, individuelle Vielfalt zur Geltung zu bringen. Vielmehr verstärkt ein solches Konzept die Differenzierung zwischen Menschen, die sich regelmäßig als soziale Hierarchisierung niederschlägt. Allerdings ist diese Konzeption nicht zwingend. Vielmehr ist Förderrecht regelmäßig darauf ausgerichtet, Individuen davor zu schützen, anhand von Stereotypen beurteilt zu werden. So versuchen Regeln, die eine Quotierung von Gremien oder Erwerbsarbeitsplätzen anstreben, die traditionelle Bevorzugung von Männern durch Missachtung der Qualifikation von Frauen zu beenden. Sie zielen also darauf, ein Stereotyp abzubauen, nicht aber darauf, neue Stereotypen („die Quotenfrau") zu begründen.

Der Europäische Gerichtshof hat diesen Ansatz, mit Förderrecht gegen Stereotypen anzugehen, ebenso betont wie das Bundesverfassungsgericht.[15] So heisst es in der euopäischen Entscheidung zum nordrhein-westfälischen

---

15   Prägend wirkte die Entscheidung zur Aufhebung des Nachtarbeitsverbotes zulasten von Frauen in BVerfGE 85, 191 (207)(1992), wo es heisst: „Überkommene Rollenverteilungen, die zu einer höheren Belastung oder sonstigen nachteilen für Frauen führen, dürfen durch staatliche Maßnahmen nicht verfestigt werden." So auch BVerfGE 15, 337 (345), 52, 369 (376 f.), 57, 335 (344). Dazu umfassend Sacksofsky 1996, Baer 1995.

Gleichstellungsrecht[16], ein Arbeitgeber müsse individuelle Gerechtigkeitser-
wägungen gerade auch zugunsten von Männnern anstellen, dürfe dabei aber
nicht auf Stereotypen zurückgreifen, die gerade Männern traditionell bevor-
teilen. Somit steht also geltendes Recht nicht im Widerspruch zum Ansatz
des Managing Diversity, sondern stützt diesen.

5   Perspektiven: Recht gegen Diskriminierung als Recht auf Diversity

Die Rechtsordnung stellt für Managing Diversity Rahmenbedingungen und
Ressourcen zur Verfügung. Von besonderer Bedeutung ist dabei Recht gegen
Diskriminierung, dass mit den Steuerungsmitteln der Anerkennung, der
Förderung, des Verbotes und des Anreizes arbeitet. Auch die bereits zitierte
Gesellschaft nennt als einen von drei Gründen für Diversity[17]:

> „Gesetzgebung und Rechtsprägung: das Verbot jeglicher Diskrimi-
> nierung, unter anderem am Arbeitsplatz, ist verankert im deut-
> schen und europäischen Verfassungsrecht. Faire und gleiche
> Behandlung aller Mitarbeiter, Personaleinstellungsquoten für
> unterrepräsentierte Mitarbeitergruppen und andere staatliche
> Regulierungsmaßnahmen verpflichten Unternehmen, Diversity
> zuzulassen und fair damit umzugehen."

Auf ihrer 31. Generalkonferenz, an der 185 Delegationen von Mitglieds-
staaten, 57 zwischenstaatliche Organisationen und über 300 Nichtregie-
rungsorganisationen teilnahmen, verabschiedete die UNESCO im November

---

16   EuGH, Rs. C-409/95, 11. November 1997 (Marschall / Nordrhein-Westfalen).
17   DGFP-Deutsche Gesellschaft für Personalführung mbH Juni 2002.

2001 in Paris die „Allgemeine Erklärung zur kulturellen Vielfalt". Dort heißt es in Artikel 2 - *„Von kultureller Vielfalt zu kulturellem Pluralismus"*:

> „... Nur eine Politik der Einbeziehung und Mitwirkung aller Bürger kann den sozialen Zusammenhalt, die Vitalität der Zivilgesellschaft und den Frieden sichern. Ein so definierter kultureller Pluralismus ist die politische Antwort auf die Realität kultureller Vielfalt. Untrennbar vom demokratischen Rahmen führt kultureller Pluralismus zum kulturellen Austausch und zur Entfaltung kreativer Kapazitäten, die das öffentliche Leben nachhaltig beeinflussen."

Managing Diversity ist also ein ebenso anspruchsvolles und komplexes wie vielversprechendes Programm. Es wird nicht überall freiwillig durchgeführt worden, denn es fordert von allen Akteuren selbskritische Zurückhaltung. Emma Oekinghaus hat 1925 für die Geschlechterverhältnisse beschrieben, was heute auch für weitere „Diversities" gilt:[18]

> „Wenn in der vorliegenden Arbeit der Versuch gemacht wird, die gesellschaftliche und rechtliche Stellung der deutschen Frau darzulegen, so kann dieser Versuch nur in dem Maße erfolgreich sein, als es dem Beobachter gelingt, sich von vorgefaßten Meinungen frei zu halten. Ein solcher Standpunkt ist den Menschen der Gegenwart - gleichviel ob Mann oder Frau - nicht leicht; denn er kämpft eben nicht nur um die Deutung des gesellschaftlichen Zustands, sondern um diesen gesellschaftlichen Zustand selber, dessen er sich freut oder unter dem er leidet. Und das Bewußtsein dieser Tatsache ist leicht dazu angetan, den Blick zu trüben."

Rechtliche Regelungen gegen Diskriminierung zwingen Akteure am Erwerbsarbeitsmarkt heute mehr denn je dazu, sich „von vorgefaßten Meinungen

---

18   Emma Oekinghaus im Vorwort zu Die gesellschaftliche und rechtliche Stellung der deutschen Frau, Jena 1925; zitiert nach Gerhard/Limbach 1988: 169.

frei zu halten", da sie nicht diskriminieren dürfen. Managing Diversity wäre eine eben auch rechtlich gestützte Möglichkeit, diese Vorgaben in die Praxis zu bringen. Damit wäre Vielfalt der normative Gesichtspunkt, auf den die gleiche Anerkennung von Würde und Freiheit zielen, den nicht zuletzt das Grundgesetz avisiert.

Literatur

Amt für multikulturelle Angelegenheiten der Stadt Frankfurt (1993) Begegnen - Verstehen - Handeln, in: Boteram, N. (Hg.) Interkulturelles Verstehen und Handeln, Pfaffenweiler,

Baer, S. (1995) Würde oder Gleichheit?, Baden-Baden

Baer, S. (2001) Recht gegen Fremdenfeindlichkeit und andere Ausgrenzungen - Notwendigkeit und Grenzen eines Gesetzes gegen Diskriminierung, Zeitschrift für Rechtspolitik 34 (11/2001), 500-504

Baer, S. (2002) „Ende der Privatautonomie" oder grundrechtlich fundierte Rechtsetzung? Zur deutschen Debatte, Zeitschrift für Rechtspolitik 35 (7/2002), 290-294

Balser, S. (1999) Abschied von der Monokultur: Diversity als Spiegel der Welt, Personalführung 5/1999.

Bergemann, N. (Hg.) (1992) Interkulturelles Management. Heidelberg

Cox, T.H. (1991) The multicultural organization, Academy of Management 5 (2/1991), 34-47

Cox, T. H./Blake, St. (1991) Manging Cultural diversity: Implications for organizational competitiveness, Academy of Management Executive 5 (3/1991), 45-56.

FOPA Feministische Organisation von Planerinnen und Architektinnen Dortmund (2002) Managing Diversity und Gender Vorteile und Chancen für die Bauwirtschaft? Ergebnisse eines Round-Table-Gespräches am 22. November 2001 in Dortmund

Gerhard, U./Limbach, J. (Hg.) (1988) Rechtsalltag von Frauen. Frankfurt/M.

KOBRA (Hg.) (2000) Managing Diversity. Ansätze zur Schaffung transkultureller Organisationen, Werkstattpapier zur Frauenförderung Nr. 14, Berlin

Krell, G. (Hg.) (1999) Chancengleichheit durch Personalpolitik, 2. Aufl. Wiesbaden

Krell, G./Osterloh, M. (Hg.) (1993) Personalpolitik aus der Sicht von Frauen - Frauen aus der Sicht der Personalpolitik, 2. Aufl. München

Nickel, R. (1999) Gleichheit und Differenz in der vielfältigen Republik. Baden-Baden

Nkomo, St. M./ Cox, T. Jr. (1996) Diverse Identities in Organisations, in: Clegg, St./ Hardy, C./ Nord W.R (Hg.) Handbook of Orgnization Studies, London, 338-365.

Roessler, B. (1994) Zwischen Befreiung und Typisierung. Zur Problematik von Gruppenidentität und Gruppenrechten, babylon 1994/14

Sacksofsky, U. (1996) Das Grundrecht auf Gleichberechtigung, 2. Aufl. Baden-Baden

Schiek, D. u.a. (1996) Frauengleichstellungsgesetze des Bundes und der Länder. Köln

Schiek, D. (2000) Differenzierte Gerechtigkeit. Baden-Baden

Steppan, R. (1999) Chancengleichheit und Diskriminierungsverbot - Diversity makes good business sense, in Personalführung, 31 (5/1999), 28-37

Thomas, D. A./ Ely, R.J. (1996) Making Differences Matter: A New Paradigm for Managing Diversity, Harvard Business Review, Sept/Okt. 1996

Thomas, R. R. Jr. (1991) Beyond Race and Gender. Unleashing the Power of Your Total Work Force by Managing Diversity. New York

Hartmut Schröder
„Managing diversity" - ein Feld für Betriebsräte

Diversity Management - ein Schlagwort schwappt aus den USA zu uns herüber. Nur ein Schlagwort - oder mehr?

Wenn man darunter versteht, Verschiedenartigkeit und Unterschiedlichkeit nicht als etwas Einzuebnendes, sondern als befruchtend, nützlich, begrüßenswert zu verstehen und als etwas, das in Managementüberlegungen einzubeziehen ist, so ist das Konzept so furchtbar neu nicht.

Bezogen auf die Arbeit von Betriebsräten ist der Umgang mit Verschiedenartigkeit ebenfalls - zumindest seit einigen Jahren verstärkt - nichts grundsätzlich Neues. Neu ist möglicherweise, dass durch das Konzept bewusster mit der Frage umgegangen wird.

Um die Bezüge zu verstehen, lohnt es sich, einen Blick zurückzuwenden auf die Geschichte der Gewerkschaften, der Betriebsratsarbeit und des Betriebsverfassungsgesetzes. Die Entwickler des Betriebsverfassungsgesetzes und die Gewerkschaften haben ihrer Arbeit in den 1950er, 1960er und 1970er Jahren ein Bild hinterlegt, das eine monolithische Arbeitnehmerschaft mit grundsätzlich gleichen Interessen annimmt.

Hartmut Schröder, Dr. ist Politikwissenschaftler und Regionalleiter der TBS, Münsterland.

Das mag zu dieser Zeit mehr oder weniger richtig gewesen sein. Aber in den letzten Jahren ist von einer verstärkten Ausdifferenzierung der Interessenlage der Arbeitnehmerschaft durch

- Individualisierung,

- partielle Entsolidarisierung,

- Verschiebung der Verhältnisse von Arbeit und Freizeit,

- verstärkte Beschäftigung von Frauen,

- wirtschaftlichen Druck und Angst vor Arbeitslosigkeit,

- zunehmende Beschäftigung von Arbeitnehmern und Arbeitnehmerinnen mit anderem ethnischen Hintergrund,

um nur einiges zu nennen, zu berichten.

Damit wird die eindeutige Repräsentanz der Interessen der Beschäftigten durch den Betriebsrat zunehmend schwierig.

Um das deutlicher zu machen, sind hier ein paar Beispiele:

- In einem produzierenden Betrieb wurde vom Betriebsrat vorgeschlagen, ein neues Schichtmodell mit kurzem Wechsel (2 Tage Frühschicht, 2 Tage Spätschicht, 2 Tage Nachtschicht, 3 Tage frei) statt der bisherigen (1 Woche Frühschicht, 1 Woche Spätschicht, 1 Woche Nachtschicht) einzuführen. Arbeitsmedizinisch wird eindeutig das System mit kurzen Wechseln präferiert. In der vom Betriebsrat eingerichteten Arbeitsgruppe, bestehend aus Beschäftigten des betroffenen

Bereiches, stellte sich rasch heraus, dass Frauen dem ersten Modell (wohl wegen des Gesundheitsaspektes), Männer eher dem zweiten Modell (wahrscheinlich wegen dadurch eher zu garantierenden Teilhabe am gesellschaftlichen Leben) zuneigten.

* In einem Metallbetrieb sollte eine Mitarbeiterkapitalbeteiligung eingerichtet werden. Dabei wurde die Frage der Absicherung des Mitarbeiterkapitals gestellt. Die jüngeren Arbeitnehmer sprachen sich dagegen, die älteren dafür aus.

* In einem weiteren Betrieb wurde die Frage der Samstagsarbeit gestellt. Die dort Beschäftigten, die aus Russland übergesiedelt waren, nahmen den Vorschlag nahezu 100%ig positiv auf, die in Deutschland Geborenen in hohem Maße negativ.

In allen Fällen stellte sich dem Betriebsrat die Frage, wie er entscheiden sollte, wenn es sich als Interessenvertretung der Beschäftigten auch weiterhin begreifen wollte.

Welches sind nun die wesentlichen Ausprägungen der Verschiedenartigkeit, mit denen sich der Betriebsrat unter dem Stichwort „Verschiedenartigkeit" auseinandersetzen muss? Welche Dimensionen muss er im Umgang mit Unterschiedlichkeit und zum Ausgleich der Ungleichheiten berücksichtigen?

* Die erste Dimension, die zu nennen wäre, ist die des Ungleichgewichts von Frauen und Männern. Über die qualitativen und quantitativen Ausprägungen braucht hier nicht noch einmal berichten zu werden. Die Instrumente, mit denen Betriebsräte, die sich dieses Themas annehmen, arbeiten können, sind

    * Frauenförderpläne

- gender mainstreaming (dieses Thema als Querschnittthema in alle anderen Arbeitsfelder zu verweben).

- Eine weitere Dimension liegt in der Schwerbehinderung; zu beobachten ist eine stetige Abnahme der Zahl der Beschäftigten aus dieser Bevölkerungsgruppe. Auch liegt ein Aktionsfeld des Betriebsrates und natürlich der Schwerbehindertenvertretung.

- Natürlich hat auch die Nationalität eine wichtige Bedeutung. Häufig spielt jedoch die Nationalität weniger als Nationalität eine Rolle, sondern vermittelt über die Sprachfähigkeit. Selbstredend liegt auch hier ein Ansatzpunkt betrieblicher Tätigkeit; vor einigen Jahren förderten Betriebsräte „Sprachlernstätten", heute werden manchmal integrierte Konzepte präferiert, die den sprachlichen und kulturellen Ansatz miteinander verbinden.

- Außerdem sind Religionen/Weltanschauungen eine Ebene der Verschiedenheit, die nicht selten zu Problemen für Betriebsräte führt und die nicht einfach zu bearbeiten sind. Hier besteht - aus meiner Sicht - bei den Interessenvertretern der Belegschaft oft Handlungsunsicherheit.

- Nicht zu vergessen ist die Interessenverschiedenheit, die sich aus der Differenz zwischen Jung und Alt ergibt. Gerade in Zeiten des Personalabbaus führt diese Verschiedenheit zu Problemen in der Entscheidung von Betriebsräten: Sollen die älteren Arbeitnehmer geschützt werden und damit leistungsstärkere Junge aus dem Unternehmen ausscheiden, auf die Gefahr hin, das Unternehmen unproduktiver zu machen? Müssen nicht gerade Ältere gehalten werden, um den Erfahrungsschatz nicht zu verlieren?

- Noch eine Ebene stellt die Verschiedenheit von Angelernten und Facharbeitern dar. Die Verbesserung der Qualifikation der Angelernten stellt sich dem Betriebsrat als „harte Nuss" dar. Dennoch ist ihm klar, dass sie geknackt werden muss, denn verbesserte Qualifikation schützt eindeutig vor Arbeitslosigkeit.

- Eine weitere Differenz, die häufig schlecht auszubalancieren ist, ergibt sich daraus, dass die Interessenlage und Verhaltensweise von Gewerblichen und Angestellten auseinandergehen. Den gewerblichen Mitarbeitern, die häufig das Rückgrat der Betriebsratsarbeit darstellen, begreiflich zu machen, dass Angestellte durch ihr „indirektes" Mitwirken am Auftragsabwicklungsprozess mehr und mehr eine zentrale Stellung einnehmen, fällt nicht leicht. Und in die Betriebsratsarbeit die Interessenlage der Angestellten aufzunehmen, schon erst gar nicht.

- Schließlich sei noch auf den Aspekt der Führungsverantwortung hingewiesen. Als Repräsentant der Belegschaft vertritt der Betriebsrat sowohl die Beschäftigten ohne, als auch einen Teil mit Führungsaufgaben (Meister usw.) . Hier nicht manche Ressentiments der Beschäftigten über die mittlere Führungsebene (Lähmschicht) bruch- und umstandslos in die Betriebsratspolitik umschlagen zu lasen, bedarf einer genaueren Betrachtung der Betriebssituation, wie sie sich für Meister usw. darstellt (Sandwich-Position).

Diese Aufgliederung zeigt, dass Interessenvertretung nicht auf der Meinung der Belegschaft aufsetzen kann.

Wie kann der Betriebsrat nun mit der komplexen Situation umgehen? Dazu bedarf es vorher einiger Erläuterungen: Betriebsratsarbeit in der klassischen Form legt

- reaktives,

- stellvertretendes,

- gefahrenbegrenzendes

Verhalten nahe. Diese Art des Handelns stellt immer weniger Betriebsräte zufrieden. Sie wollen eine Rolle einnehmen, die bestimmt wird durch

- aktives,

- beteiligungsorientiertes,

- mitgestaltendes

Handeln. Deshalb drängen sich Fragen auf, denen Betriebsräte, und insbesondere Betriebsräte mit einem „co-managenden" Ansatz - wie er oben beschrieben wurden - sich stellen müssen. Ist der Betriebsrat nur Stellvertreter der Interessen der (?) Beschäftigten oder beteiligt er Beschäftigte an seinen Entscheidungen? Wie stellt er das an? Hat der Betriebsrat unterschiedliche Interessen zu moderieren? Ist er im Konfliktfall sogar Mediator definitiv widerstreitender Interessen?

Gerade die Antwort auf die letzten beiden Fragen führt ihn ganz nah an das „managing diversity" heran. Wenn er nämlich die Verschiedenartigkeit und die sich darauf ergebende Verschiedenartigkeit der Interessen nicht als lästiges Problem betrachtet, das einzuebnen ist, sondern als Chance für fruchtbare, vielleicht sogar neuartige Lösungen, dann wäre den Ansprüchen des Konzeptes nahegekommen. Insofern stellt das Konzept „diversity" die Betriebsräte vor die Aufgaben

- die Verschiedenartigkeit (für jedes Problem im einzelnen) und die sich daraus ergebende Interessenlage zu identifizieren,

- die Interessen zu moderieren und

- entweder durch Kompromiss oder im Konsens zu einer für alle Beteiligten tragfähigen Lösung zu führen.

Das Geschilderte und Skizzierte ist, um auf den Boden der Realität zurückzuführen, natürlich nicht das, was heute bereits in allen Betrieben passiert, aber tendenziell könnte es Leitschnur des Handelns co-managender Betriebsräte werden - und damit den Ansatz von „managing diversity" auf eine - zugegeben etwas verquerte Weise - für Interessenvertretungsarbeit nutzbar machen.

Kapitel 2
FORSCHUNGSERGEBNISSE AUS EUROPA UND AUS DEUTSCHLAND

Michael Stuber
Die Umsetzung von Diversity in Europa

In einer paneuropäische Umfrage zu Diversity verfolgte die Diversity-Beratungsgesellschaft mi.st [Consulting die Fragestellung, wie Unternehmen in Europa auf die zunehmende Individualisierung und Differenzierung ihrer Belegschaften, Absatzmärkte und der Gesellschaft insgesamt reagieren. Oder anders formuliert: Die Untersuchung betrachtete, wie und in welchem Maße Strategien angewendet werden, die gezielt Vorteile aus wachsender Unterschiedlichkeit ziehen, oder die drohende Nachteile aus der Nichtbeachtung der Zunahme von Vielfalt abwenden.

Hier soll zunächst der Rahmen der Untersuchung erläutert werden, um auf dieser Basis Ergebnisse zu den unterschiedlichen Ansätzen, Zielsetzungen und Implementierungsansätzen wiederzugeben, die im Rahmen der Studie gefunden wurden. Das Research Team von mi.st [Consulting identifizierte im Jahre 2000 sechzig Grossunternehmen in Europa, die klar erkennbar Diversity als Managementkonzept anwenden. Hierfür nutzten die Forscher zahlreiche Quellen wie Internet Research, eigene Kontakte, Diversity-Ranglisten, -Auszeichnungen und -Prädikate, Netzwerke sowie das Centre for Business and Diversity (heute: Centre for Diversity and Business). Im Herbst 2000 wurden diese Organisationen eingeladen, an der Umfrage teilzunehmen. Zwanzig, davon circa je die Hälfte europäische und amerikanische

Michael Stuber, Dipl. Wirtschafts-Ing. ist Inhaber der Diversity-Beratungsgesellschaft mi.st [Consulting, Köln, www.ungleich-besser.de

Unternehmen[1], beantworteten schließlich den zwölfseitigen Fragebogen im Untersuchungszeitraum November 2000 bis April 2001:

Air Products Europe	General Motors Europe
Air Rianta	Sara Lee / D E
American Express Europe	Skandia/IF
Bausch and Lomb Europe	Kraft Foods Europe
British Airways	Lucent Technologies Europe
British Telecom	Lufthansa
Cable and Wireless	Procter and Gamble Europe
DuPont Europe	Royal Dutch Shell
Ford of Europe	Telia
GE Plastics Europe	Virgin Retail

---

1 Die Unterscheidung zwischen Europa und den USA erscheint aus mehreren Gründen relevant. Einerseits entstand Diversity als Konzept in den USA, so dass die Übertragbarkeit auf Europa grundsätzlich zu hinterfragen ist. Andererseits von der Umsetzung von Diversity bekannt, dass eben diese amerikanische Herkunft eine Form von Ablehnung generiert. Schließlich wird immer wieder gefragt, welche Definitionen, Ansätze und Implementierungsstrategien in einem europäischen Umfeld (im Unterschied zu den USA) überhaupt effektiv sind, um Unterschiedlichkeit als Erfolgsfaktor zu gestalten.

Als erste Grundlagenstudie zu Diversity-Ansätzen und -Implementierungs-strategien in Europa konzentrierte sich die Untersuchung auf den Bereich der Wirtschaft. Nicht-gewinn-orientierte Organisationen einschließlich des öffentlichen Bereiches blieben ausgeklammert. Mit Blick auf die Resonanz auf die Umfrage erscheint die überproportionale Teilnahmebereitschaft von skandinavischen und britischen Unternehmen sowie europäischen Tochter-unternehmen von US-Konzernen markant[2]. Gleichzeitig fällt auf, dass vor allem französische und deutsche Unternehmen wenig Interesse an einer Studie zu diesem Thema zeigten während in Italien, Spanien und einigen kleineren Ländern ohnehin kaum potentielle Teilnehmer identifiziert werden konnten. Dies mag an der geringen Auseinandersetzung mit „Viel-falt" in diesen Ländern liegen, oder aber an einer geringeren Bereitschaft, Informationen zu entsprechenden Aktivitäten nach außen zu tragen.

In den folgenden Abschnitten werden nun die wichtigsten Ergebnisse der Umfrage vorgestellt, wobei der Akzent nicht auf den Einzelergebnissen liegt, sondern das Gesamtbild und die grundlegenden Entwicklungsrichtungen im Vordergrund stehen. Dabei stellt die Unterscheidung von amerikanischen Unternehmen in Europa und europäischen Firmen einen zentralen Aspekt dar, der Rückschlüsse auf mögliche verschiedene Diversity-Kulturen eröffnen soll. Wie schon der Fragebogen folgt auch diese Ergebnispräsenta-tion dem folgenden Aufbau:

• Was heißt Diversity für die Organisation? - Definitionen des Begriffs

---

2   Diese Bereiche waren bereits in der Grundgesamtheit der sechzig kontaktierten Unternehmen stark repräsentiert. Sowohl ihre Bereitschaft zur Teilnahme als auch die tatsächliche Teilnahme waren jedoch deutlich stärker ausgeprägt in anderen Umfeldern.

- Warum erscheint Diversity wichtig? - Die Wirtschaftlichkeitsbetrachtungen

- Welche Ziele werden mit Diversity verfolgt?

- Welche Ansätze zu Diversity existieren? - Konzepte und Strategien

- Welche ganzheitlichen Verknüpfungen bestehen? - Bezüge zu Marketing, Personalmanagement und Nachhaltigkeit

I   Definitionen von Diversity in Europa

Die Analyse der Antworten auf eine offene Fragestellung zu den jeweiligen Begriffsbestimmungen zeigte drei wesentliche Verständnislinien für Diversity in Europa.

I.   Mit dem Begriff Diversity wird Verschiedenheit, Andersartigkeit oder Individualität des einzelnen Menschen beschrieben. Diese allgemeine Definition umfasst und anerkennt die Unterschiedlichkeit, die zum Beispiel aus verschiedenen Geschlechtern oder Kulturen resultiert. Dieses Grundverständnis wird in der Folge noch näher zu beleuchten sein.

II.   Ein zweiter Blickwinkel beleuchtet Diversity als Teil des Führungsinstrumentariums eines Unternehmens, mit Hilfe dessen sich Wertsteigerungen und Effizienzverbesserungen erreichen lassen, beispielsweise die bessere Nutzung multi-nationaler Teams oder die einfachere Integration akquirierter Unternehmen oder Bereiche.

III.   Ein drittes, ganzheitliches und integriertes Verständnis verweist auf die fundmentale Natur des Umgangs mit Andersartigkeit und

Verschiedenheit, wonach Diversity grundsätzlich und stets in allen Unternehmensprozessen, Strukturen und Inhalten zu berücksichtigen ist.

Alle diese unterschiedlichen Definitionsaspekte wurden bei den befragten Firmen identifiziert - teilweise auch bei ein und demselben Unternehmen. Die Mehrzahl der befragten Firmen legte jedoch den Schwerpunkt auf die Sichtweise, Diversity als Instrument zur Steigerung des Erfolges in ihrem jeweiligen Kerngeschäft einzusetzen. Vor allem internationale Unternehmen wenden Diversity an, um eine optimale Nutzung vielfältiger Qualifikationen sowie unterschiedlicher Arbeitsmarkt- und Absatzmarktsegmente zu erreichen. Dies ist vor allem mit Blick auf das Verhältnis von Diversity und „Soziale Verantwortung" (Corporate Social Responsibility) als Teilaspekt von Nachhaltigkeit von Interesse. Es zeigt nämlich, dass der vorherrschende Ansatz keineswegs ein sozialer, sondern ein wirtschaftlicher ist. Die Zuordnung von Diversity zu Nachhaltigkeit erscheint vor diesem Hintergrund nachrangig, wenngleich eine Wechselwirkung vorhanden ist, die beide Themen positiv beeinflussen kann.

Mit Blick auf die historische Verknüpfung von Diversity und Chancengleichheit (für Frauen und Männer) sowie angesichts einer häufig vermuteten „Themenorientierung" (Kultur, Alter, Behinderung etc.) wurde dieser Aspekt in der Umfrage gesondert beleuchtet. Etwa siebzig Prozent der Teilnehmer erwähnten das Modell der sechs Kerndimensionen als Aktionsrahmen für Diversity: Alter, Behinderung, Ethnizität, Geschlecht, Religion und sexuelle Orientierung. Eine vertiefende Frage ergab indes, dass diese Faktoren, obschon gleichberechtigt in die jeweilige Definition eingeschlossen, nicht gleichermaßen in der aktiven Umsetzung berücksichtigt werden. Lediglich knapp vierzig Prozent der Befragten schlossen auch alle Kerndimensionen in die Implementierung von Diversity ein.

An dieser Stelle erschien uns eine Differenzierung von amerikanischen und europäischen Unternehmen von besonderem Interesse. Eine Vermutung bestand nämlich darin, dass US-Konzerne aufgrund der längeren Diversity-Tradition und vor dem Hintergrund des „Inclusion"-Ansatzes sowie wegen der Kultur von „Political Correctness" zu einer breiten, umfassenden Definition neigen, die mehr Themen bzw. Gruppen einschließt als europäische Ansätze. Das Gegenteil zeigte sich. Europäische Konzerne erwähnten mehr Diversityaspekte als europäische Tochterunternehmen von US-Konzernen. Eine Erklärung hierfür mag darin bestehen, dass letztere (noch) keine Notwendigkeit (oder Verpflichtung) darin sehen, Vielfalt in Europa in der gleichen (breiten) Weise zu bearbeiten, wie sie dies auf ihrer Seite des Atlantiks selbstverständlich tun.

Interessant sind weiterhin die bestehenden Definitionen der befragten Unternehmen mit Blick auf die jeweilige Entwicklungsstufe von Diversity. So weist die Betonung von „Individualität" auf eine fortgeschrittene Phase des Verständnisses und der Implementierung hin. Diese Sichtweise wirkt nämlich der Wahrnehmung einer positiven (umgekehrten) Diskriminierung entgegen, da sie (tatsächlich) alle in das Konzept einbindet, da jeder Mensch individuell bzw. einzigartig ist. Die explizite Beschränkung von Diversity auf wenige Dimensionen (z. B. „Geschlecht und Nationalität") wird dagegen als aktive Ausgrenzung vielfältiger Gruppen oder gar der jeweiligen Mehrheiten wahrgenommen. Hierin kann eine Hinterfragung der Glaubhaftigkeit und Ernsthaftigkeit von Diversity gesehen werden. Sie führte bereits in den frühen 1990er-Jahren zur Präferierung all-umfassender Ansätze, worin gleichsam ein entscheidendes Unterscheidungsmerkmal zu Förderkonzepten für bestimmte Gruppen oder Themen zu sehen ist.

Insgesamt zeigte die Untersuchung, dass jedes Unternehmen ein eigenes, spezifisches Verständnis für Diversity entwickelt. Dies erscheint auch vor

dem Hintergrund strategischer Überlegungen sinnvoll, die in der Folge angestellt werden.

2   Wirtschaftlichkeitsbetrachtungen zu Diversity in Europa

Um die angegebenen Vorteile und die Relevanz von Diversity auch praktisch
verstehen zu können, hat mi.st [Consulting ein Business-Case-Modell
entwickelt, das strukturiert, warum und wie Vorteile durch die Wertschätzung von Vielfalt zu erzielen sind. Dieses Modell unterscheidet drei Komponenten: strategische Überlegungen zu Diversity, Diversity als Notwendigkeit
und nicht zuletzt Verbesserungspotentiale durch Diversity.

a) Strategische Überlegungen

Die Wirtschaft erfährt seit einigen Jahren eine grundlegende Umgestaltung
und Neuausrichtung. Unterschiedliche Veränderungen werden von den
befragten Unternehmen mehr oder weniger mit Diversity in Zusammenhang
gebracht.

Das wichtigste Wechselspiel wird zwischen Diversity und den immer häufi-
geren organisationalen Veränderungen gesehen, die aus Restrukturierungen
wie Re-Engineering entstehen. Der Zusammenhang erscheint keineswegs
offensichtlich und wird auch in der Literatur kaum beschrieben. Er besteht
in der wachsenden Offenheit und Flexibilität von Mitarbeitern und Organisation, wenn durch Diversity die Aufgeschlossenheit für neue KollegInnen,
Strukturen und Prozesse gefördert wird. Dass dieser Aspekt wichtig eingeschätzt wurde überraschte bei der Analyse der Ergebnisse positiv.

An zweiter Stelle wurden die Internationalisierung (durch Globalisierung
oder europäische Integration) und die verstärkte Notwendigkeit der strategischen Differenzierung von Unternehmen genannt. Die Zusammenhänge
bestehen hierbei offensichtlich in der wachsenden Vielfalt von Belegschaften,

Unternehmensorganisationen beziehungsweise Märkten. Diversity stellt eine strategische Antwort auf diese Tendenzen dar.

Mit mittlerer Bedeutung wird die Wechselwirkung von Diversity mit der gestiegenen Zahl von Mergers & Acquisitions und der immer rascheren technologischen Innovation bewertet. Diese Einschätzung überraschte bei der Auswertung, da Diversity als offensichtlich geeignetes Instrument gesehen werden kann, um bei Fusionen und strategischen Allianzen unterschiedliche Unternehmenskulturen zusammen zu führen und die Verschiedenheit der Ursprungskulturen als Erfolgsfaktor zu nutzen. Ein Aspekt, der allzu häufig bei M&As deutlich suboptimal gemanagt wird.

Als wirtschaftliche Entwicklungen, die nur wenig oder nicht mit Diversity in Zusammenhang gebracht werden, wurden Kosten- und Produktivitätsdruck, die Fokussierung auf Shareholder Value sowie die Anpassungserfordernisse an veränderte Markt- und Kundenstrukturen gesehen. Dies erscheint mit Blick auf finanzielle Einsparungsmöglichkeiten, die Diversity bietet, recht unverständlich. Gleichzeitig stellt dieses Ergebnis eine Erklärungsmöglichkeit dar, weshalb nicht mehr Organisationen Diversity ernsthaft und fokussiert betreiben: Der direkte Zusammenhang zu der vielerorts größten Herausforderung der Wirtschaft, nämlich immer weitere Optimierungen des finanziellen Ergebnisses durch höheren Umsatz und Produktivität bei geringeren Kosten wird nicht gesehen. Dabei bestehen hier vielfältige Bezüge, von denen einige wenige angerissen werden sollen: Diversity stellt unter anderem die vollständige Nutzung aller Potentiale der gesamten Belegschaft in den Vordergrund. Auch bilden Kostensenkungsmöglichkeiten durch Diversity mittels der Senkung von Fluktuation oder Krankenstand einen wichtigen Punkt. Schließlich gibt es mehrere Hinweise darauf, dass sich die Aktienkurse von Unternehmen, die Diversity aktiv betreiben, besser entwickeln als jeweilige Vergleichsstandards.

b) Diversity als Notwendigkeit

Eine wesentlicher, zweiter Aspekt der Wirtschaftlichkeitsbetrachtung von Diversity besteht in der Identifikation von Veränderungen, die Unternehmen dazu zwingen, Vielfalt aktiv zu berücksichtigen. Werden diese Trends nicht beachtet, drohen nämlich Opportunitätskosten.

Alle befragten Organisationen stimmten darin überein, dass die zunehmende Partizipation von Frauen in der Arbeitswelt und als Marktteilnehmerinnen sowie die wachsende ethnisch-kulturelle Vielfalt demographische Veränderungen darstellen, deren Berücksichtigung aus wirtschaftlichen Gründen unbedingt erforderlich ist. Geschieht dies nicht, drohen erhebliche Schwierigkeiten zum Beispiel bei der Fachkräfterekrutierung oder in der Marktbearbeitung. Diese Überlegung mag vor allem für deutsche Unternehmen dazu führen, ihren Umgang mit „ausländischen" MitarbeiterInnen oder mit weiblichen Kunden zu überdenken.

Doch weitere, weniger bekannte Trends werden in den nächsten Jahren den Handlungsdruck im Bereich Diversity intensivieren. So fordern immer vielfältigere Lebensstile den Unternehmen neue Produkte und Arbeitsformen ab. Die Anpassung an und das Verständnis für diese Entwicklungen kann durch eine interne Wertschätzung von Vielfalt (in breitem Sinne) erzielt werden. Dieser Zusammenhang wurde von vielen der Befragten gesehen.

Weiterhin sehen die beteiligten Unternehmen in dem zunehmenden Streben der MitarbeiterInnen nach Flexibilität sowie in der Forderung von Nachwuchskräften nach einem ausgeprägt offenen Arbeitsumfeld Entwicklungen, die kulturelle Veränderungen im Sinne von Diversity erfordern.

Weniger bedeutend wurde der zunehmende Wandel von Werten und Traditionen eingeschätzt, der dennoch die Herbeiführung von nicht-normierten

Organisationskulturen nahe legt. Besonders auffallend erschien, dass ausgerechnet die kontinuierlich zunehmende Zahl von alleinerziehenden Männern und Frauen kaum als bedeutender Trend angesprochen wurde. In diesem Zusammenhang drängt sich nämlich die Frage auf, weshalb (dennoch) umfangreiche Marketinginitiativen in diesem Bereich sowie Work-Life-Balance-Aktivitäten entfaltet werden.

Keine Bedeutung maßen die Befragten der zunehmenden Sichtbarkeit und dem wachsenden Stolz homosexueller Frauen und Männer bei. Auch dies überrascht, sind doch gerade in diesem Bereich drastische Veränderungen in den letzten Jahren erkennbar.

c) Verbesserungspotentiale durch Diversity

Unabhängig von der Frage nach der Trend-abhängigen Notwendigkeit von Diversity lässt sich betrachten, welche Verbesserungen des Status Quo sich durch Diversity erzielen lassen. In diesem Zusammenhang werden gewissermaßen Überlegungen zu einem „Return-on-Investment" angestellt.

Im Fragebogen waren je drei externe und interne Themenbereiche vorgegeben, in denen Diversity Verbesserungen ermöglicht. Die Befragten sollten angeben, welchen konkreten, erzielbaren Vorteile sie als die bedeutendsten ansehen.

Die Gruppe externer Vorteile beschreibt Verbesserungen mit Blick auf Kunden, Arbeitsmarkt, Investoren und der Gesellschaft, also auf externe Stakeholder, während sich die Gruppe interner Verbesserungen auf individuelle, interpersonelle und organisationale Faktoren bezieht.

Tabelle I: Erzielbare Verbesserungen durch Diversity

	Extern		Intern
Kunden & Märkte	• Höhere Marktanteile • Neue Marktsegmente • Bessere Kundenbeziehung	**Persönlich-Individuell**	• Verbesserte Produktivität (quantitativ und qualitativ) • Erhöhte Loyalität, Motivation
Share-holders	• Verbesserte Ratings • Höhere Attraktivität	**Zwischen-menschlich**	• Verbesserte Gruppenarbeit und Zusammenarbeit • Besseres Zusammenspiel neuer Kollegen
Arbeits-markt	• Besserer Zugang zu breiteren Marktsegmenten • Verbessertes Personalimage		
Community	• Höheres Ansehen	**Organisa-tional**	• Höhere Offenheit gegenüber Veränderungen, z.B. M&A's • Effektivere Reorganisation

Quelle und © mi.st [Consulting]

Insgesamt sehen die Befragten die größten Potentiale in den Bereichen Kundennähe und Personalbeschaffung. Vor allem europäische Unternehmen erhoffen sich eine bessere Ausschöpfung der vorhandenen Arbeitskräfteangebote und ein besseres Personalimage. Amerikanische

Unternehmen dagegen betonen Imagevorteile weniger, sehen dagegen verbesserte Kundenbeziehungen als wichtigeren Faktor an. Tatsächlich ermöglicht Diversity Verbesserungen des Customer-Relationship Management. Durch Differenzierung und die Vermeidung von Stereotypisierungen können Kundenbeziehungen nachhaltig verbessert werden, indem die Bedürfnisse unterschiedlicher KundInnen aktiv berücksichtigt werden.

Mit einer etwas breiteren Sichtweise sehen viele Befragte weiterhin Möglichkeiten, ihre Marktabdeckung und die Neuerschließung von Marktsegmenten durch Diversity zu verbessern. Auch hier bildet die differenziertere Betrachtung der Gesamtheit aller KundInnen den inhaltlichen Zusammenhang.

Den am häufigsten genannten internen Nutzen von Diversity sehen amerikanische wie europäische Unternehmen in der Verbesserung von Teamarbeit sowie in der erhöhten Produktivität des einzelnen Mitarbeiters. Die bewusste Wertschätzung und aktive Nutzung von Unterschiedlichkeit steigert nämlich die Beiträge der Belegschaft qualitativ und quantitativ und führt zu höherer Zufriedenheit, was wiederum Fluktuation, Krankenstand und Abwesenheitszeiten mindert.

Während ein strategischer Zusammenhang von Diversity und organisatorischen Veränderungen gesehen wurde (s. o.), trat dieses Thema im Bereich der erwarteten Vorteile kaum zu Tage. Nur wenige Befragte erhoffen sich von Diversity einen effektiveren Ablauf von Veränderungen. Diese Diskrepanz kann darauf schließen lassen, dass die TeilnehmerInnen der Studie hier zwar einen modellhaften Zusammenhang sehen, jedoch keinen praktischen Ansatz zur Umsetzung kennen.

3   Die Zielsetzungen von Diversity

In der Diskussion um Vorteile und Notwendigkeiten sowie Umsetzungsvarianten wird allzu häufig übersehen, nach der eigentlichen Zielsetzung von Diversity zu fragen. Die Auswertung einer offenen Fragestellung resultierte in vier Elementen eines Zielsystems, das die befragten Unternehmen mit unterschiedlichen Schwerpunkten verfolgen:

1.   eine vielfältige Belegschaft;

2.   ein Arbeitsumfeld, welches verschiedene Wertvorstellungen, Ansichten und Fähigkeiten produktiv nutzt und als Erfolgsfaktor ansieht;

3.   optimierte Kundenorientierung;

4.   Steigerung des Unternehmenserfolges.

Hierdurch wird deutlich, dass Diversity von den Befragten nicht als Selbstzweck, sondern in Verbindung mit entsprechenden unternehmerischen Zielsetzungen verfolgt wird. Dies ist vor allem im Vergleich zu eher „politischen" Konzepten, wie der Förderung bestimmter Gruppen, von Bedeutung. Bei diesen stellt nämlich die Verbesserung der Situation der jeweiligen Gruppenmitglieder ein Ziel an sich dar. Diversity dagegen sieht darin einen positiven Aspekt, der im Rahmen einer Win-Win-Strategie erzielt wird.

Auffällig ist weiterhin, dass die vier Elemente der Zielsysteme direkt mit den verschiedenen Bausteinen der Definitionen von Diversity am Anfang des Kapitels korrelieren. Hierin kann eine wichtige und förderliche Kohärenz der untersuchten Diversity-Ansätze gesehen werden.

An dieser Stelle wurden nochmals Unterschiede zwischen amerikanischen und europäischen Unternehmen gefunden. US-Organisationen betonen bei Diversity die kulturelle Zielsetzung, ein Umfeld schaffen zu wollen, in dem tatsächlich alle Potenziale genutzt werden. Europäische Firmen dagegen sehen in der Steigerung der Vielfalt ihrer Belegschaften eine herausragende Zielsetzung. Der Unterschied mag darauf zurückzuführen sein, dass globale US-Konzerne bereits eine stärker differenzierte Belegschaft aufweisen und daher stärkeres Augenmerk auf das Zusammenwirken der unterschiedlichen MitarbeiterInnen legen.

Das Verfolgen der oben genannten Zielsetzungen impliziert, dass die jeweiligen Organisationen den angestrebten Zustand (noch) nicht (vollständig) erreicht haben. Daraus leitet sich unmittelbar die Frage ab, welche Ansätze und Strategien zur Veränderung der Ist-Situation in Richtung der Ziele verfolgt werden.

4   Veränderungsansätze und -strategien

Um die komplexe und abstrakte Fragestellung der Ansätze und Strategien praktisch anwendbar darzustellen, werden zunächst drei Teilaspekte gebildet.

1.   Der Ansatz: Grundsatzliche Herangehensweise an Diversity-Veränderung.

2.   Die Systemveränderung: Implementierungsstrategien in komplexen Zusammenhängen.

3.   Die persönliche Umsetzung: Notwendigkeit individuellen Engagements.

4.1   Der Ansatz

Drei grundsätzlich unterschiedliche Mechanismen können Menschen dazu bewegen, ihr Verhalten zu verändern: Head, Heart und Hand stehen bildlich für die verschiedenen Herangehensweisen.

Head - Ansatz

Diese Herangehensweise setzt auf zu leistende Überzeugungsarbeit, die einen rationalen Antrieb, eine Verhaltensweise zu verändern. Für Diversity bedeutet dies, die Vorteile herauszustellen, die in einer Veränderung und Öffnung liegen. Überlegungen, die sich im Rahmen des oben erläuterten Business Cases bewegen, gehören in diese Kategorie.

Heart - Ansatz

Auch ein emotionaler Mechanismus kann Menschen dazu bewegen, ihre Sicht- und Verhaltensweisen zu verändern. Persönliches Erleben und Betroffenheit sind dabei die wesentlichen Auslöser. Dieser Ansatz wird bei Trainingsmaßnahmen und Mentoring oder Mitarbeiternetzwerken verfolgt.

Hand - Ansatz

Diese Herangehensweise folgt der Überlegung, dass eine Anweisung, Dinge anders zu tun, nicht nur zu einer Verhaltensänderung resultiert, sondern die positiven Erfahrungen auch zu einer Einstellungsänderung. Somit steckt der Gedanke „zum Glück gezwungen" in diesem Ansatz. Vor allem Policies, Betriebsvereinbarungen und Zielvereinbarungen gehören in diesen Bereich.

Die Studie zeigte, dass Heart und Head die von den Unternehmen deutlich favorisierten Herangehensweisen darstellen, um Diversity-relevante Veränderungen herbeizuführen.

„Hand" wird als weitgehend irrelevant angesehen, was angesichts anderer Beobachtungen und Ergebnisse dieser Studie überrascht. So ist erkennbar, dass Länder mit Anti-Diskriminierungs- oder Chancengleichheitsgesetzgebung auch im Bereich Diversity fortschrittlicher sind als andere. Auch die Bedeutung, die dem Engagement der Unternehmensführung beigemessen wird, spricht eine andere Sprache (siehe unten).

Interessant erscheint einmal mehr der Unterschied zwischen amerikanischen und europäischen Unternehmen. Während die ersteren entweder Heart oder Head betonen, sehen die befragten Europäer eine Mischung beider Strategien als aussichtsreich an.

4.2 Die Systemveränderung

Die Arbeitsteilung in Unternehmen erfolgt nach unterschiedlichen Kriterien - zum Beispiel funktional, produktbezogen, nach Projekten oder geographisch. Dadurch entstehen mehrdimensionale Matrixorganisationen. Welche verschiedenen Dimensionen lassen sich aber nutzen, um Veränderung zu gestalten? Und wie geschieht dies? In der Praxis kommen vor allem Geschäftsbereiche (Divisionen), Funktionen (Personal, Kommunikation) oder - im europäischen Kontext der Studie - Länderorganisationen in Frage. Die Bedeutung dieser Dimensionen wurde in der Studie erhoben. Die Ergebnisse zeigen, dass amerikanische Unternehmen meistens ihre Strategie auf divisionalen und funktionalen Strukturen aufbauen, während europäische Unternehmen die Kombination aus divisional und national favorisieren. Hierin kann bei US-Firmen ein geringes Bewusstsein für vielfältige Unterschiede innerhalb Europas und ein hohes Bewusstsein für inhaltlich-geschäftsorientierte Vorgehensweisen gesehen werden. Auf der europäischen Seite vermuten wir eine geringe Bereitschaft, althergebrachte Nationalkonflikte zu überbrücken und eine niedrige Priorisierung von methodisch-fundierten Vorgehensweisen.

Herausragend erscheint uns jedoch die Bedeutung der Geschäftsbereiche, die von allen Befragten für wichtig erachtet wurden. Dieses Ergebnis unterstreicht den Business-fokussierten Ansatz, den Unternehmen mit Diversity (im Unterschied zu „Fairness-" oder Sozialansätzen) verfolgen. Gleichzeitig wird deutlich, dass die Einbindung von Linienmanagern erforderlich ist. Dass diese Diversity zu einem Teil ihres Kerngeschäftes machen, dürfte ein Schlüssel zum Erfolg darstellen.

4.3   Die persönliche Umsetzung

Neben den organisatorischen und instrumentellen Ansätzen erscheint das individuelle Engagement der betroffenen Akteure entscheidend. Die Untersuchung fragte daher nach Mechanismen, die den persönlichen Einsatz der Belegschaft auf unterschiedlichen Ebenen (Unternehmensleitung, Führungskräfte, Mitarbeiter) sicherstellen helfen.

Tatsächlich wurden weitaus umfangreichere Einbindungsmechanismen für MitarbeiterInnen (z. B. Netzwerke, Fokusgruppen) als für Führungskräfte (Training, Zielvereinbarungen) genannt. Das Ausmaß an Verantwortung, das Managern übertragen wurde, variierte deutlich und bezog sich selten auf die Unternehmensleitung, deren sichtbare und glaubwürdige Beteiligung andererseits als besonders wichtig für eine effektive Umsetzung von Diversity gesehen wird (siehe unten). Dies lässt unter anderem darauf schließen, dass Diversity bei einem Teil der befragten Unternehmen noch nicht als Grundlage für erfolgreiches Wirtschaften gesehen wird. Ganz anders bei Ford Europa, wo die ersten beiden Ebenen der Unternehmensführung Diversity als Teil der Zielvereinbarung verankert haben.

4.4   Echte Veränderungen herbeiführen

Im Zusammenhang mit Veränderungsstrategien erhob die Studie auch eine Bewertung unterschiedlicher Möglichkeiten.

Bei der Frage nach besonders effektiven Change-Aktivitäten setzen europäische Unternehmen vor allem auf das ganzheitliche Mainstreaming von Diversity (vgl. späteres Kapitel). Amerikanische Unternehmen dagegen betonen Trainings und Workshops sowie intensive Netzwerkarbeit als Grundlage ihres Erfolges. Grundsätzlich stimmen Europäer dieser Ausrichtung zu, doch bewerten sie Business-bezogene Strategien deutlich am höchsten. Für beide Teilgruppen ist indes die aktive Beteiligung des Top-Managements und deren echte Überzeugung ein entscheidender Erfolgsfaktor. Einigkeit herrscht auch über die geäußerte Erfolglosigkeit der Bemühungen, die Diversity vor allem moralisch-ethisch oder rechtlich begründet sehen.

5 Diversity kommunizieren und organisieren

Im Rahmen der Einführung von Diversity spielt unter anderem die Kommunikation zu diesem „neuen" Thema eine wichtige Rolle. Schließlich soll innerhalb und außerhalb des Unternehmens vermittelt werden, dass eine neue Sichtweise von Vielfalt und ein offener, konstruktiver Umgang mit Unterschieden in der Folge zur Steigerung des Unternehmenserfolges beitragen soll. Über eine Multiple-Choice-Liste erhielten die Befragten die Gelegenheit, die Nutzung verschiedener Kommunikationsmaßnamen im Zuge der Diversity-Implementierung anzugeben.

Sowohl amerikanische als auch europäische Unternehmen nutzen demnach vor allem Ansprachen und Vorträge von Führungskräften, das Intranet und Mitarbeiterzeitschriften, um die entsprechenden Botschaften rund um Diversity zu vermitteln. Weiterhin wurden (Business-) Präsentationen und verschiedene Arten von Zusammenkünften bzw. Treffen genannt.

Bei der Betrachtung der zugehörigen organisatorischen Einbindung oder Einbettung von Diversity fällt auf, dass nur wenige europäische Unternehmen über dediziertes Diversity-Personal verfügen.

Während die meisten befragten amerikanischen Unternehmen in Europa einen European Diversity Manager eingesetzt haben, der Veränderungsprozesse koordinieren (und kommunizieren) soll, weisen nur ein Drittel der befragten europäischen Unternehmen in Europa eine vergleichbare Position auf. Diese wird indes häufig nur als Teilzeitstelle angelegt, das heißt ein/e Full-Time-Mitarbeiter/in hätte eine weiteren Verantwortungsbereich zu übernehmen. Situationen, in denen sich derart konkurrierende Themen oder Prioritäten gegenüberstehen, sind freilich nicht immer geeignet, das strategische Vorgehen eines Veränderungsprozesses sicherzustellen.

Gegenüber festen Verankerungen sind andere Organisationsformen von Diversity vergleichsweise verbreitet. So gaben viele Unternehmen an, Diversity-Councils, Taskforces oder Kompetenzzentren eingerichtet zu haben, um die Einführung von Diversity zu koordinieren. Allerdings sind keine Fälle bekannt geworden, in denen derartige Freiwilligen-Strukturen alleine (d. h. ohne institutionalisiertes „Management") tatsächlich zu durchgreifenden Veränderungen geführt hätten. Dies verwundert kaum, da die Beteiligten in diesen Zusammenhängen gewissermaßen ehrenamtliche Tätigkeiten zusätzlich zu ihrer eigentlichen Beschäftigung ausüben und üblicherweise über wenige Ressourcen und organisatorische Zugriffsmöglichkeiten verfügen.

Gewissermaßen kann hieraus abgeleitet werden, dass die Ernsthaftigkeit von Diversity-Ansätzen unter anderem am Vorhandensein einer dedizierten Diversity-Stelle im Unternehmen ablesbar ist, da diese wahrscheinlicher zu echten Veränderungen führt.

6   Diversity-Mainstreaming im Personalmanagement

Neben der Einführung von Diversity als neues Thema in ein Unternehmen spielt die Integration dieses Ansatzes in die bestehenden Systeme eine wesentliche Rolle, wenn die erzielte Veränderung auch nachhaltig sein soll.

Schließlich führten die bisherigen Prozesse, Inhalte und Strukturen dazu, dass viele Unternehmen mehr oder weniger ausgeprägte Monokulturen darstellen. Das sogenannte „Diversity-Mainstreaming" untersucht daher zunächst, inwieweit zum Beispiel die Personalbeschaffung, die Vergütungssysteme oder die Beförderungsmodelle Elemente enthalten, die dazu führen, dass bestimmte Gruppen bevorzugt oder benachteiligt werden. Gegebenenfalls geschieht dies typischerweise unbewusst und basiert meist auf vor längerer Zeit etablierten, insofern tradierten, Prinzipien. Diversity Mainstreaming spürt diese „Biases" auf und macht die jeweiligen Systeme in der Folge durchlässiger, fairer und damit effektiver für Unternehmen und MitarbeiterInnen.

Da bei Diversity die Vielfalt und Wertschätzung von Menschen im Vordergrund steht, stellt der Personalbereich ein natürliches Betätigungs- oder Veränderungsfeld für Diversity Mainstreaming dar.

Die meisten Befragten gaben an, diesen Ansatz in den Bereichen Personalbeschaffung und Weiterbildung anzuwenden. Doch auch hier fallen Unterschiede zwischen europäischen und amerikanischen Unternehmen auf. Letztere setzen im Recruiting verstärkt auf Zielvorgaben, die mithin einen Quoteneffekt bewirken. Auch nennen sie spezielle Entwicklungsprogramme beispielsweise für Frauen oder ethnisch-kulturelle Minderheiten als angewandte Tools. Dagegen bevorzugen europäische Firmen eine Überprüfung und Anpassung ihrer Recruiting-Systeme mit Blick auf deren Neutralität und Durchlässigkeit für unterschiedliche BewerberInnen - also das Mainstreaming im engeren Sinne. Auch werden die Mitarbeiterbeziehungen vor allem in einigen europäischen Unternehmen durch "Dignity & Respect" und Anti-Mobbing-Aktivitäten verbessert.

Indes erscheint es im Bereich der Weiterbildung besonders wichtig, Stereotypisierungen in bestehenden Trainings zu eliminieren und sicherzustellen, dass die verwendeten Methoden für ganz unterschiedliche TeilnehmerInnen relevant und effektiv sind. Allerdings hat die Studie gezeigt, dass die fokussierte Diversity-Arbeit in der Personalentwicklung noch selten geleistet wird, denn nur ein Befragungsteilnehmer weist auf die intensive Integration von Diversity in der Personalentwicklung hin. Dies erstaunt insofern, als dass derartige Aktivitäten direkt der angestrebten Steigerung der individuellen und damit der gesamten Produktivität des Unternehmens dienlich wären.

Für fast alle Unternehmen stellt die Vereinbarkeit von Privat- und Berufsleben ein weit entwickeltes Themenfeld dar. Vor allem flexible Arbeitszeitmodelle und Abwesenheitsrichtlinien sowie Betreuungs- und Unterstützungsprogramme sind verbreitet. Vergleichweise wenig Beachtung finden dagegen Stress-Management sowie Gesundheits- und Freizeitfragen.

7   Marketing und Customer Relations

Die in den ersten Abschnitten erörterten angestrebten Vorteile von Diversity beinhalten nicht unwesentlich die Frage der Kundenorientierung und Marktabdeckung. Verschiedenheiten innerhalb und außerhalb des Unternehmens sollen zur Erschließung neuer Absatzchancen dienen.

Insofern untersuchte die Studie drei Kernaspekte dieses Themenbereiches: Produktentwicklung und Marktsegmentierung, Werbung und Verkauf sowie Kundenbeziehungsmanagement. In diesen Feldern kann sich nämlich die Wertschätzung von Vielfalt sich als besonders effektiv erweisen. Ein Drittel aller Befragten gaben an, Diversity in der Marktkommunikation, im Vertrieb und im Customer Relationship Management einzusetzen. Wenige der Befragten konnten jedoch konkrete Beispiele nennen, wie sie Diversity im Marketing integrieren. Einige Firmen erwähnten konkret, vielfältige Personengruppen für ihre Werbestrategien zu nutzen, um die Vielfalt ihrer Märkte widerzuspiegeln. Ein Unternehmen wies auf vielfältiges Verkaufspersonal hin, mit dem auf vielfältige Kundenstrukturen reagiert wird.

Insgesamt lassen sich die Ergebnisse als überraschend einzustufen, da im Vergleich zu internen Diversity-Maßnahmen wenig Anstrengungen unternommen werden, die nicht genutzten Potenziale im Bereich der Marktvielfalt zu nutzen. Dies mag daran liegen, dass für Diversity-Spezialisten, die organisatorisch im Personalbereich angesiedelt sind, Marketingchancen weniger offensichtlich sind. Positiv kann angemerkt werden, dass selbst erfolgreiche Diversity-Arbeit in diesem Umfeld noch zusätzliche Benefits für die Unternehmen erschließen kann.

8 Diversity und gesellschaftliche Verantwortung

Viele Grossunternehmen engagieren sich in sozialen Einrichtungen oder mit eigenen Stiftungen. Im Rahmen der Studie wurde daher erhoben, ob sich der Geist von Diversity auch in diesem Bereich niederschlägt. Dies läge nahe, da hier eine direkte Verbindung von Geschäftstätigkeit und gesellschaftlichem Umfeld bereits besteht und durch Diversity eine bewusst breite Abdeckung der sogenannten Communities erzielt werden kann.

Allerdings weisen nur wenige Befragte auf konkrete Aktivitäten hin, die gesellschaftliche Vielfalt berücksichtigen. Es scheint, als ob nachhaltige Maßnahmen eher als mildtätige Aktivitäten gesehen werden und insofern unberührt von (interner oder geschäftsorientierter) Diversity-Arbeit bleiben. Auch Sponsoring und ähnliche Aktivitäten werden getrennt von Diversity betrachtet, was eine mögliche gegenseitige Befruchtung praktisch ausschließt. Lediglich Projekte, die sich für die Belange von Behinderten oder Frauen einsetzen, bieten für einige Unternehmen eine Plattform, ihr soziales Engagement mit den Grundzügen von Diversity zu koppeln.

9   Interne und externe Erfolgsgeschichten

Angesichts der Vielzahl von Diversity-Aktivitäten, die Unternehmen in Europa durchführen, erhob die Studie, welche dieser Maßnahmen als besonders erfolgreich eingestuft werden. Dabei wurde zwischen externen und internen Aktivitäten unterschieden.

Interne Erfolge

Amerikanische und europäische Unternehmen erwähnten gleichermaßen zwei Kategorien von Maßnahmen als erfolgsversprechend.

Zum einen tragen Mitarbeiternetzwerke und Austauschgruppen besonders dazu bei, die jeweiligen Gruppen zu stärken, sie einzubinden, ihnen eine Plattform zu bieten und ihre interne Sichtbarkeit zu erzielen. Weiterhin dienen sie der gezielten Situationsanalyse mit Blick auf das jeweilige Thema und der zielgruppenorientierten Verbreitung von Information zu Diversity.

Zum anderen erhalten Workshops und Trainingsmaßnahmen zur Bewusstseinsbildung und Erläuterung des Business Case eine positive Bewertung. Hierbei fiel auf, dass einige Seminare nicht auf „Andersartigkeit" abstellen, sondern die Bedeutung der Nutzung von Vielfalt hervorheben. In der oben beschriebenen Systematik besteht hierin ein Head-Ansatz, und nicht die Trainings-übliche Heart-Strategie.

Externe Erfolge

Entsprechend der bereits dargestellten Ergebnisse lässt sich die Diversity-Arbeit in Europa als vorzugsweise nach innen gerichtet charakterisieren. So überrascht es kaum, dass nur wenige der Befragten auf erfolgreiche externe Aktivitäten hinweisen konnten. Dabei wurde vor allem auf Initiativen mit

Blick auf den Arbeitsmarkt hingewiesen, der seinerseits interne Relevanz hat, dient er doch der Sicherung einer adäquaten Belegschaft.

Interessanterweise beschreiben die darstellten Erfolgsaktivitäten, dass auch die Gesamtheit der potenziellen KandidatInnen und eben nicht nur Frauen und Minderheiten durch Diversity angesprochen werden. Offenheit und Aufgeschlossenheit dienen hier der Stärkung des Arbeitgeber-Images.

Weitere genannte Erfolgsaktivitäten bezogen sich entsprechend auf die breite Öffentlichkeit oder auf ein Spezialistenumfeld. Präsentationen auf Konferenzen, ungewöhnliche Sponsorships oder erhaltene Preise bzw. Prädikate sowie einige Formen sozialen Engagements wurden als besonders erfolgreich eingestuft.

In diesem Zusammenhang fällt auf, dass keine einzige Marketingaktivität in Verbindung mit Diversity als herausragende Erfolgsgeschichte Erwähnung fand.

10   Schlussfolgerungen

Die Studie zeigt insgesamt deutliche Unterschiede zwischen amerikanischen und europäischen Diversity-Ansätzen auf. Obwohl sie freilich nicht repräsentativ ist, ermöglicht sie doch Einblicke, zum Beispiel in die immer noch ausbaufähige Ausrichtung von Diversity am Kerngeschäft der Unternehmen oder die steigerungsfähige Nutzung von Diversity im Marketingbereich. Trotz der erkennbaren Verbesserungspotenziale lässt die Umfrage jedoch auch erkennen, wie bedeutungsvoll interne und externe Vielfalt für Unternehmen geworden ist.

Weiterhin konnte gezeigt werden, dass sich die Erfolgsfaktoren von Diversity in Europa und in den USA teilweise unterscheiden. Vor allem die nationale und mit ihr die sprachliche Dimension weist diesseits des Atlantiks eine grundsätzlich andere Bedeutung auf.

Aus verschiedenen Teilergebnissen konnte auch die überragende Relevanz eines klaren Business Case abgeleitet werden, der sich zudem deutlich an den unternehmerischen Zielen, Strategien und Herausforderungen orientieren sollte. Im Unterschied zu den USA fehlen in Europa nämlich weitgehend die moralischen oder rechtlichen Antriebsfedern zur Entwicklung von Diversity. An ihre Stelle treten wirtschaftliche Überlegungen, die punktuell mit Nachhaltigkeitsansätzen verbunden werden.

Die Studie hat ferner gezeigt, dass eine stringente Definition der Ziele, die mit Diversity verfolgt werden, auf dieser Basis erforderlich erscheint. Bei der Verfolgung dieser Ziele ist auf eine mehrdimensionale Implementierungsstrategie Wert zu legen. Bottom-up- und top-down-Maßnahmen sollten gleichermaßen und parallel vorgesehen werden. Keine der Arbeitsrichtungen führt für sich alleine zu nachhaltigen Veränderungen der Unternehmenskultur.

Die Ergebnisse machen auch deutlich, dass Quoten und gezielte Förderung in Europa einen deutlich geringeren Stellenwert einnehmen als in den USA. Dies ist sowohl vor dem Hintergrund unterschiedlicher geschichtlicher Entwicklungen als auch mit Blick auf die vielfach negativen Erfahrungen in den USA gut erklärbar.

Katrin Hansen

„Diversity" -

ein Fremdwort in deutschen Arbeits- und
Bildungsorganisationen?
Eine Auswertung teilstrukturierter Interviews in
Unternehmen, Hochschulen und öffentlichen Einrichtungen

I   Anliegen und Vorgehensweise

Diversity und Diversity Management sind Konzepte, die in anderen Ländern,
vor allem in den USA in Arbeits- und Bildungsorganisationen bereits Tradition haben. In Deutschland sind es allerdings erst wenige, dann i. d. R. international orientierte Unternehmen, die sich diesem Thema zuwenden. Auch
an deutschen Schulen und Hochschulen ist Diversity Management als ganz-
heitlicher Umgang mit personeller Vielfalt noch weitgehend Neuland. Wie
eingangs erläutert, verfolgt unser Forschungsprojekt das Anliegen, zu analysieren, inwieweit der Gedanke des Diversity Managements auch für deutsche
Organisationen ein sinnvoller sein kann.

Dabei untersuchten wir einerseits, ob Erfahrungen aus den USA für deutsche
Unternehmen nutzbar gemacht werden können, suchten parallel aber nach
bereits existenten Ansätzen, die wir aus Diversity-Sicht interpretieren und in
einen Gesamtzusammenhang bringen könnten. Zur Beurteilung der
Eignung von Konzepten nutzten wir das aus der Systemtheorie bekannte
AGIL-Schema, das die Funktionen Ressourcen-Mobilisierung, Zielerrei-
chung, Integration und latente Strukturerhaltung berücksichtigt (vgl. Aretz/
Hansen 2002). Dies verzahnten wir mit einem betriebswirtschaftlichen

---

Katrin Hansen, Dr. ist Professorin für Betriebswirtschaftlehre, insbesondere Management
und Personalentwicklung unter Berücksichtigung frauenspezifischer Aspekte an der Fachhochschule Gelsenkirchen, Abt. Bocholt.

Ansatz, der aus der mehrfachen Perspektive der Balanced Scorecard eine Bewertung von Konzepten sowohl unter finanziellen Gesichtspunkten, wie auch aus Kundenperspektive sowie aus der Perspektive der Verbesserung interner Prozesse und der Erhöhung des Innovationspotenzials vornimmt (vgl. Hansen/Aretz 2002).

Auf Grund der qualitativen Orientierung der Erhebungen und der großen Bandbreite der Unternehmen bzw. Gesprächspartner in Verbindung mit der geringen Fallzahl verbietet sich eine quantitative Analyse. Uns ging und geht es um ein tiefer gehendes Verständnis für die Entwicklungsmöglichkeiten von Diversity in Deutschland, zu dem wir hier einen ersten Überblick geben wollen. Eine umfassendere Diskussion unserer Ergebnisse, die diese vor allem aus theoretischer Sicht beleuchtet, legen wir in einem anderen Band der selben Reihe vor (vgl. Aretz/Hansen 2002) bzw. werden dies an anderer Stelle fortsetzen. Im vorliegenden Band kann aus Platzgründen lediglich eine Teilauswertung von 39 teilstrukturierten Interviews vorgenommen werden, die wir in 8 Unternehmen, einer Wirtschaftsförderungsorganisation, einer öffentlichen Verwaltung, 5 Hochschulen und 1 Schule durchgeführt, auf Band aufgenommen, und transkribiert haben. Erfahrungen aus weitergehenden Gesprächen in und mit einigen Unternehmen fließen in die Argumentation mit ein. Diese Organisationen sind mit * gekennzeichnet. Eine Übersicht zu den Interviews im Bildungsbereich gibt Tabelle 1. Die Übersicht über die in Unternehmen befragten Personen folgt in Tabelle 2.

Tabelle I: Interview-Partner in Bildungsorganisationen

Organisation	Umgang mit Diversity	Befragte Personen
Hochschule 1	Sporadisch, überwiegend entsprechend gesetzlichen Anforderungen, in Teilbereichen Ansätze zu einem Gesamtkonzept	Rektorat/Dekane, ProfessorInnen/ Lehrkräfte, Bereichsleiterinnen Studierende
Hochschule 2	Sporadisch, andere Konzepte	Rektoratsmitglied, Professorin
Hochschule 3	Keine Ansätze	Professor (Fach-Experte für DM)
Gesamtschule	Systematisches DM	Stellv. Schulleiter
Hochschule4 (USA)*	Systematisches DM	Verantwortliche DM
Hochschule 5 (USA)	Systematisches DM	Verantwortliche DM

Insgesamt wurden in Bildungsorganisationen 24 Interviews durchgeführt, die sich auf Hochschule 1 konzentrieren. In dieser Hochschule, in der kein offizielles Diversity-Programm existiert, ein solches von wichtigen Personen in der Organisation auch gar nicht gewünscht wird, aber ein Streben nach Internationalisierung und nach Erhöhung des Frauenanteils sowie die fachbereichsübergreifende Zusammenarbeit auf allen Ebenen sehr deutlich spürbar und gleichzeitig Bestandteil der offiziellen Politik ist, konnten wir Vertreterinnen verschiedener Status-Gruppen und sowohl Mitglieder dominanter wie auch Mitglieder von Minoritäten-Gruppen interviewen. Dies ist für uns besonders interessant gewesen, weil wir auf unsere Fragen Antworten aus unterschiedlichen Perspektiven erhalten haben und so beispielsweise erkennen konnten, inwieweit Initiativen, die von der Hochschulleitung ausgingen, überhaupt erkannt und wie sie beurteilt werden. An den anderen beiden Hochschulen wurden Einzelpersönlichkeiten befragt, die sich als FachexpertInnen in Diversity-Aspekten zur Situation an ihrer Hochschule äußerten. Die Hochschulen in den USA (MIT und Northeastern University in Boston) und die Gesamtschule verfügen bereits über langjährige Erfahrungen im Diversity Managment, wobei die Schule sich vor allem der multikulturellen Zusammenarbeitet zuwendet.

In Arbeitsorganisationen wurden bisher 15 Interviews durchgeführt und ausgewertet. Interessant war die Möglichkeit, in zwei Kreditinstituten mit unterschiedlichem Profil und unterschiedlichem Stand in der Entwicklung des Diversity Managements nicht nur Interviews durchführen zu können sondern in beiden Organisationen tiefere Einblicke in die Situation nehmen zu können, in deren Rahmen sich Konzepte von Diversity Management entwickeln. In beiden Unternehmen kam der Anstoß, sich mit dem Thema auseinander zu setzen, von außen. Kreditinstitut 2 erhielt einen Input von einem amerikanischen Partner-Unternehmen und stand vor der Herausforderung, einen europäischen bzw. deutschen Weg zu entwickeln, der mit dem amerikanischen kompatibel ist. Kreditinstitut 1 befand sich zum Zeitpunkt der Erhebungen im Vorfeld einer Fusion und will das Konzept des Diversity Managements vor allem zur Bearbeitung Standort- und Funktionsbereichsspezifischer, kultureller Diversity nutzen.

Tabelle 2: Interviewpartner in Arbeitsorganisationen

Organisation	Umgang mit Diversity	Befragte Person
Kreditinstitut 1*	In den Anfängen	Vorstand, Personalleiter
Kreditinstitut 2*	Systematisches DM	Verantwortliche DM
Produktionsunternehmen 1	Kein DM, aber erstes Problembewusstsein	Betriebsrat
Produktionsunternehmen 2*	Kein DM, aber USA-Tochter	Mitglied der Geschäftsleitung
Verkehrsunternehmen*	Systematisches DM	Verantwortliche Div.Man./Gleichstellung, Linienmanager
Unternehmensberatung 1	Kein DM, aber fallweise bewusster Umgang mit Vielfalt	Bereichsleiter
Unternehmensberatung 2/ Agentur	Kein DM, aber Vielfalt als Wert und Erfahrung im Umgang damit	Inhaber/Geschäftsleitung
Unternehmensberatung 3	Kein DM aber systematische Unterstützung vergleichbarer Konzepte in Unternehmen	Niederlassungsleiter
Wirtschaftsförderung	Kein DM, aber Versuch Vielfalt herzustellen	Leiter
Stadtverwaltung	Kein DM, aber Vielfalt als Wert und Erfahrung im Umgang damit	Oberbürgermeister

In den beiden Produktionsunternehmen zeichnet sich ein Bedarf an Diversity Management in der internationalen Dimension ab. So ist Organisation 1 von einer multikulturellen Arbeitnehmerschaft gekennzeichnet und Organisation 2 befand sich zum Zeitpunkt des Interviews auf dem Wege zum Aufbau einer Produktionsstätte in den USA und zeigte aus diesem Grund Interesse an einer Auseinandersetzung mit dem Thema. Die Unternehmensberatungen, von denen eine gewerkschaftsnah ist, sind durch Interdisziplinarität in ihrer Arbeit, in ihrer Mitarbeiterschaft sowie ihrer Kundschaft geprägt. Hier haben sich interessante Ansätze eines intuitiven Umgangs mit Heterogenität entwickelt, die wir aus der Perspektive des Diversity Managements interpretieren. Ähnlich sieht es mit der Stadtverwaltung aus, die durch ein diverses Umfeld gekennzeichnet ist und an deren Spitze unser Interviewpartner steht, der in früheren Aufgaben bereits vielfältige Erfahrungen im Umgang mit Diversität auf der Ebene der ethnischen Zugehörigkeit gesammelt hat

2   Das Verständnis von Diversity

In Auswertung der aktuellen Literatur sind wir von einem weiten Verständnis von Diversity ausgegangen (vgl. auch Hansen 2001): „Diversity refers to any mixture of items characterized by differences and similarities." (Thomas 1996: 5). „Diversity" kann mit dem Ausdruck „personelle Vielfalt" oder „Vielfalt in der Mitarbeiterschaft" übersetzt werden, da hierin sowohl Unterschiedlichkeit als auch Gemeinsamkeit enthalten sind. Personelle Vielfalt umfasst alle Aspekte der individuellen Entwicklung und Prägung von Menschen, die für Unternehmen relevant sein können (vgl. Rhodes 1999; Thomas/Woodruff 1999). Über die strukturelle Vielfalt hinaus geht es um die Vielfalt der Einstellungen, Kompetenzen und Handlungsweisen, die Menschen im Unternehmen realisieren können bzw. dürfen oder sogar sollen. Hintergrundhypothese ist, dass die Zugehörigkeit zu einer bestimmten sozialen Gruppe spezifische Einstellungen und Verhaltensweisen auch im berufsrelevanten Bereich impliziert und damit für Unternehmen Chancen und Gefahren hervorrufen kann. Unternehmen, die mit (sozio-demografischer) Vielfalt auf Arbeitsmärkten konfrontiert werden, müssen, dieser These folgend, einen situativ geeigneten Umgang damit finden.

In unseren Befragungen stellten wir fest, dass in deutschen Unternehmen und Bildungsorganisationen der Begriff „Diversity" nur in Ausnahmefällen bekannt ist. Wir erläuterten daher unser Verständnis und baten die Gesprächspartner um ihre persönliche Übersetzung und um eine Beschreibung dessen, worin sie Diversity in ihrer Organisation erkennen. Als geeignete Übersetzung in die deutsche Sprache wurden uns die Begriffe Vielfalt, Vielfältigkeit, Unterschiedlichkeit, Multikulturalität, Aufhebung vielfältiger Schranken zwischen einzelnen Menschen und Gruppen, Bereichen und „Individualität im Team" angeboten.

Im Hochschulbereich wird Diversity vor allem in der Genderfrage spürbar. Immer wieder wurde spontan auf die Frauen- bzw. Gleichstellungsbeauftragte verwiesen, wobei dann darüber diskutiert wurde, ob es sich bei der Gleichstellungspolitik nur um eine Anpassung an gesetzliche Vorgaben handelt oder aber ein eigenes Interesse der Hochschule an einem gleichberechtigten Miteinander der Geschlechter besteht. Doch auch die Zugehörigkeit zu unterschiedlichen ethnischen Gruppen wurde sehr schnell in den Zusammenhang mit Diversity gebracht. An der Gesamtschule steht letzteres im Mittelpunkt, wobei vor allem SchülerInnen türkischer Herkunft, deren Anteil 26% an der Schülerschaft ausmacht, die Interpretation von Diversity an dieser Schule prägen. Interdisziplinarität/Fach-Kulturen/Abteilungsdenken wurden ebenfalls häufig genannt und durchweg als wichtig erachtet. Eine Nennung charakterisierte Unterschiede in formalen Abschlüssen als eine spezifisch deutsche Form von Diversity. Individualität vor allem im Bereich der Professoren, rückten zwei Interviews deutlich in den Vordergrund und diese Individualität fand sich als ein Aspekt von Diversity auch in anderen Interviews immer wieder. Ferner fanden wir den Aspekt des unterschiedlichen Dienstalters, das in einzelnen Fachbereichen zu einer Kluft zwischen Generationen geführt hat.

In den USA nehmen Geschlecht und Ethnizität eine prominente Stellung ein. Diversity Management hat sich dort aus der Affirmative Action entwickelt, diese aber bis heute nicht vollständig abgelöst. Nach Ansicht der Diversity-Verantwortlichen an MIT und Northeastern ist die Geschlechterfrage in den letzten Jahren etwas in den Hintergrund getreten, da in diesem Bereich gesellschaftliche Fortschritte zu verzeichnen waren. Die rassischen und ethnischen Fragen (benefit of suppressed population) sind aber nach wie vor virulent, wobei vor allem die African-Americans und die Native Americans sowie die Hispanic Americans deutlich im Minoritätenstatus sind und daher wichtige Zielgruppen für Affirmative Action darstellen, während die Asian-Americans sich ihren Weg in die amerikanische Gesellschaft zunehmend ebnen. Sie werden als sehr gut vorbereitet auf Studium und Karriere beschrieben, während die anderen Minderheiten hier noch dringend Unterstützung benötigen. Am MIT konzentriert sich das Diversity-Verständnis deutlich auf ethnische Fragen; die Northeastern University verfolgt hingegen den Ansatz, den Diversity-Gedanken unabhängig von bestimmten Dimensionen in das Grund-Studium zu integrieren. Hier geht man davon aus, dass die Erfahrungen, die in einer Dimension gewonnen werden, auf andere übertragen werden können und müssen, wenn eine generell positive Haltung zur Diversität entwickelt wird.

In den Unternehmen fanden wir Interdisziplinarität, Unternehmens- und Bereichskulturen, unterschiedliche Fachsprachen und, als wichtige Aspekte von Diversity, welche seitens der Interviewpartner ungestützt geäußert wurden. In zwei Unternehmen wurde die Internationalität in der Vordergrund gerückt. Aus Betriebsratsperspektive wurde uns die Heterogenität der

Belegschaftsinteressen genannt, welche eine klassische Interessenvertretung, die von einem monolithischen Block ausgeht, obsolet erscheinen lässt:

> „Dieser monolithische Block Arbeitnehmer, der vertreten werden soll durch den Betriebsrat, das ist eine Fiktion. ... Es gibt enorm verschiedenartige Interessen. Ich kann ein Beispiel dazu machen: Wenn wir über ... die Gestaltung von Arbeitszeiten reden, dann sind da die Interessen ... von beispielweise deutsch-russischen Kollegen, die viel reinkloppen wollen, anders als die von jungen Leuten, die ihren Spaß haben wollen wiederum andere als die von denen, die da im preußischen Geiste noch ihre Pflicht tun. ... Der Betriebsrat kann insofern keine eindeutige Antwort mehr finden, kann nicht sagen: So machen wir es!" (U3)

Auch die Unterschiedlichkeit von Kunden steht deutlich im Bewusstsein unserer Gesprächspartner. Dabei wird auch ein Zusammenhang zwischen interner und externer Diversity hergestellt, wie wir in den Interviews mit den Unternehmensberatungen feststellten:

> „Sie [die Kunden] sehen sich auch sehr unterschiedlich. Und dann ist das Ganze noch sehr stark so .. traditionell, .., dass man Leute aus der Pflege hat, Leute aus dem ärztlichen Dienst und Leute aus der Verwaltung. Und ich meine, dass in dieser ..-Branche ... sehr, sehr viele unterschiedliche „Kunden" da sind. Auf die kann man eigentlich nur reagieren, wenn man entsprechend ähnliches Personal hat, Mitarbeiter, die auch sehr, sehr unterschiedliche Ausbildungen haben." (U1)

Ähnlich ist das Verständnis der zweiten Unternehmensberatung, die vor allem im öffentlichen Bereich tätig ist:

> „Wir versuchen, dass wir bei der Gestaltung von Projekten darauf achten, dass viele Stimmen zu Wort kommen. Wir arbeiten viel mit Arbeitskreisen, zum Beispiel ... Lehrer von verschiedenen Schul-

stufen, Kinder verschiedenen Alters, Künstler, und, und, und, um gemeinsam am Tisch zu sitzen, und da wächst dann diese Vielfalt der Meinungen und auch der Sichten auf die Thematik, ..." (U2)

Das internationale Verkehrsunternehmen stellt fest, dass Diversity richtungsgleich mit der Unternehmensstrategie ist:

„Deckungsgleich. Passt absolut. Also, übersetzt mit Vielfalt oder Heterogenität: unsere Kunden und Mitarbeiter und Aktionäre sind vielfältig und unser Markt ist auch vielfältig und die Gesellschaft natürlich auch." (V)

Unsere Fragen nach den sechs Kerndimensionen (Geschlecht, Alter, Behinderung, rassischer/ethnischer Hintergrund, sexuelle Orientierung bzw. Identität, Weltanschauung/Religion) wurde in den Unternehmensinterviews mehrfach als zu eng abgelehnt:

„Also, was mich ein bisschen genervt hat, ist, dass es diese eher eingrenzende Dimensionsansicht dieser Diversity-Geschichte gibt, dass außer Geschlecht, Alter, Rasse, Behinderung, sexueller Orientierung, Religion, Weltanschauung so einige nicht beobachtbare Sachen gekommen wären. Also ich meine, so ein bisschen mehr in Richtung Weltanschauung zu gehen oder Menschenbild, das hätte ich mir mehr gewünscht." (Unternehmensberatung 1)

Ähnlich argumentiert auch das Mitglied der Geschäftsführung von Produktionsbetrieb 2:

„Diese Vielfalt ist für mich in vielen Bereichen sichtbar. Die Vielfalt ist meiner Ansicht nach .. nicht nur das, ... , was .. mit den Menschen, also mit der Vielfältigkeit der Menschen zu tun hat, sondern .. auch mit den Eigenschaften der Menschen zu tun hat. Also, ich denke, dass überhaupt viele Eigenschaften der Mitarbeiter .. gar nicht genutzt, Kompetenzen nicht genutzt werden, die Fähigkeiten gar nicht ausgeschöpft werden, und das ist dann .. für mich der Fall, dass Vielfalt besonders sichtbar ist, und deswegen ist für mich Vielfalt also mehr als nur, ich sage einmal, ein Hautfarbenunterschied oder Unterschied in der Nationalität." (P2)

Eine dezidierte Meinung dazu hat auch der Vorstand des Kreditinstituts 1, die von einem Vorstandsmitglied wie folgt formuliert wird:

„Also, die [Bedeutung von Diversity] ist bei uns sicherlich nicht da zu sehen, wo die Geburtsstätte des Diversity liegt. Wir haben hier keine Schwierigkeiten mit unterschiedlichen, sagen wir einmal mit ethnischen Gruppierungen, mit unterschiedlichen Hautfarben. Ich meine diese Dinge, die in Amerika ja seinerzeit eine Rolle spielten. Also, bei uns ist es teilweise so, dass es diese Diversity in unterschiedlichen, tja, Stadtteilen gibt. Das zeigt sich auch in der Kundschaft. Das zeigt sich auch teilweise in den Mitarbeitern. Ganz stark ist es zu sehen in den Bereichen zwischen Markt und Stab. Zunehmend wird auch hier bei uns im Haus das Problem „Fusionen" sehr stark wieder Diversity ... zeigen, weil da zwei unterschiedliche Kulturen aufeinander kommen. Also, das sind so die drei Hauptpunkte, die ich sehe, wo ich auch, ..., jede Menge Zündstoff in Zukunft sehe, wenn wir damit nicht richtig umgehen." (K1)

In unseren Interviews wurde deutlich, dass die Kerndimensionen zwar Bestandteil des Diversity-Verständnisses sein können, dass dieses darauf aber nicht reduziert werden darf, um nicht alten Wein in neuen Schläuchen zu lagern. Ausgehend von dem bereits zitierten breiten Grundverständnis sollte daher jede Organisation für sich festlegen, welche Dimensionen ihre Aufmerksamkeit in ihrer spezifischen Situation erfordern: „Look for the need!", wie die Diversity-Beauftragte der Hochschule 5 es formuliert. Mit den jeweils aktuellen Bedürfnissen der Organisation darf sich der Diversity-Gedanke allerdings nicht erschöpfen. Schrittweise ist vielmehr eine positive Grundhaltung zur Diversität zu entwickeln, die es ermöglicht, mit vielfältigen Unterschieden produktiv umzugehen.

Eindeutig und prägnant hat die Deutsche Bank, die auf eine Übersetzung bewusst verzichtet, ihre Vorstellungen unter dem Titel „Diversity: Vielfalt der Talente" formuliert:

> „Zu Diversity gehört für uns insbesondere eine Denkweise, die gegenseitige Achtung, Offenheit und eine Selbstverpflichtung zu ständiger beruflicher und persönlicher Weiterentwicklung wider-spiegelt. Unser Unternehmen erwartet diese Grundhaltung von jeder Mitarbeiterin und von jedem Mitarbeiter. Grundlegend ist vor diesem Hintergrund, dass wir jeden, der für uns tätig ist, dazu ermutigen, die eigene Individualität zu leben und die Unterschied-lichkeit anderer als Vorteil zu erkennen" (Deutsche Bank 2002)

Interessant an diesem Ansatz ist einerseits, dass er auf die Hervorhebung einzelner Dimensionen von Diversity verzichtet, sondern Raum lässt, um das Konzept eigeninitiativ den situativen Bedürfnissen der Organisationsmit-glieder entsprechend auszufüllen. Das Diversity-Team unterstützt zur Zeit Initiativen in den Dimensionen Geschlecht, Elternschaft/Work-Life-Balance und sexuelle Identität. Mit letzterem zeichnet diese Organisation sich durch eine besonders progressive Vorgehensweise aus. Denn in den übrigen von uns befragten Organisationen wird der Thematik der sexuellen Identität wenig Aufmerksamkeit geschenkt. Auch auf einer Tagung zum Thema Diver-sity mussten wir immer wieder erleben, dass Unternehmen hier auswei-chend reagieren. Allerdings wissen wir, dass bspw. Ford mit dem Globe-Netzwerk in die gleiche Richtung geht wie die Deutsche Bank und auch andere Unternehmen auf die Gleichstellung gleichgeschlechtlicher Partner-schaften im Bezug auf betriebliche Vergünstigen hinarbeiten, ohne dies offen zu thematisieren. Insgesamt stellt Sexualität und vor allem Homosexualität nach unseren Erfahrungen in deutschen Unternehmen nach wie vor ein Tabu-Thema dar, das die Deutsche Bank seit diesem Jahr mit ihrem Rainbow-Netzwerk offensiv aufgreift:

> „Das Ziel der Deutschen Bank Rainbow Group Germany (RGG) ist
> es, den MitarbeiterInnen, gleich welcher sexuellen Identität, die
> Möglichkeit zu geben, zum Wohl des Unternehmens ihr volles
> Potential zu entfalten, sowie ihre Identifikation mit dem Konzern
> Deutsche Bank zu stärken. Durch den Abbau von Vorurteilen und
> die Förderung gegenseitiger Toleranz möchte die Bank zu einem
> positiven Arbeitsklima beitragen. In diesem Sinne tritt die Rainbow
> Group Germany für die Interessen der entsprechenden Mitarbeite-
> rInnen ein." (Deutsche Bank 2002)

Zum zweiten charakterisiert die Deutsche Bank Diversity als persönliche
Grundhaltung, die von Arbeitgeberseite ermutigt wird. Diversity Management
wird hier nicht als Förderung von Minoritäten verstanden, sondern als das
Erweitern und Ausgestalten von Freiräumen. Das Leben von Diversity wird in
diesem Unternehmen als ein dynamischer Prozess gelebt, der nicht verwaltet
und verordnet wird, sondern in der Selbstverantwortung von Individuen und
Gruppen liegt, welche den Mitarbeitenden als Teil ihres beruflichen Auftrages
abverlangt und unternehmensseitig unterstützt wird.

Diese Haltung finden wir in anderen Interviews wieder an, die immer wieder
deutlich machen, dass Diversity auch im Sinne der Individualität als
Reichtum betrachtet wird, wenn sie von gemeinsamen Zielvorstellungen,
„Common Sense", Kollegialität, Teamgeist, Netzwerken und gegenseitigem
Respekt getragen wird. Die Frage ist allerdings, wie ein solcher Zustand
erreicht werden kann.

3   Konzepte zum Umgang mit personeller Vielfalt

In der US-amerikanischen und südafrikanischen Literatur finden wir sehr
konkrete Empfehlungen zur systematischen Einführung eines Diversity-
Managements (vgl. bspw. Cox/Blake 1991; Griggs/Louw 1994). Ein solches
Vorgehen fanden wir auch an den beiden amerikanischen Hochschulen.
Dort existieren große Diversity-Teams, die sowohl hauptamtliche Kräfte aus

der Verwaltung als auch Personen umfassen, die sich im Rahmen der Selbst-verwaltung bzw. von Komitees für Diversity engagieren. Sowohl gesetzliche Anforderungen als auch das Interesse der Hochschulen, sich als Diversity-kompetent zu präsentieren, sind als Treiber dieser Bewegung zu identifi-zieren (vgl. auch den Beitrag von Regina Caines in diesem Band). Die Diver-sity-Beauftragte des MIT formuliert dies mit den Worten:

> „MIT is one of the many institutions of higher education that believe the educational experience is enhanced and stimulated for every student when diversity exists within the entire academic and employee community. As such, MIT continues to follow the law of the land under Bakke in its admission policies and continues to encourage affirmative action and diversity programs." (Caines 1999)

Für einige unserer Gesprächspartner in Deutschland stellt das amerikani-sche Vorgehen ein geeignetes Vorbild dar. So fordert eine Gesprächspart-nerin an Hochschule 2 Quotierungen und ein Professor empfiehlt, Diversity-Aspekte wie z.B. die fachübergreifende Zusammenarbeit in Anreizsysteme zu übernehmen. Ein Interviewpartner aus dem Unternehmensbereich macht deutlich, dass er sich ein praktikables Instrumentarium („Instrumenten-kiste") eines Diversity-Managements wünscht, das auf deutsche Verhältnisse zugeschnitten ist. Er hält offizielle, straff gemanagte Programme unter anderem als Legitimationsbasis für unerlässlich, damit in Mitarbeitergesprä-chen Fehlverhalten thematisiert und seitens der Vorgesetzten ein anderes Handeln eingefordert werden kann. Nicht zuletzt sieht er Profilierungs-chancen in der Öffentlichkeit, was offizielle Programme und nachgewiesene Erfolge voraussetzt. Vergleichbar argumentieren auch mehrere Gesprächs-partner aus dem Hochschulbereich, die Diversity-Management-Programme als geeignete Argumente bei der Werbung von Studierenden ansehen.

Überwiegend wird ein zu straffes Management aber kritisch betrachtet:

> „Ich meine, dass es wichtig ist, einen Mix an unterschiedlichen
> Qualifikationen in einem Unternehmen zu haben. Wenn es in
> bezug auf das Geschlecht gemischt ist, finde ich das gut für das
> Betriebsklima. Es ist notwendig, dass auf die Mischung des Perso-
> nals geachtet wird. Man sollte aber nicht auf „Biegen und Brechen"
> versuchen, ein Diversity Management Konzept in ein Unternehmen
> zu integrieren." (Wirtschaftsförderung)

> „Es muss aufgepasst werden, dass man nicht ... mit der Brech-
> stange versucht, eine solche Identität oder ein solches Spiegelbild
> der Bevölkerung ... herzustellen. Sondern man muss versuchen,
> Vielfalt in der Mitarbeiterschaft als Selbstverständlichkeit darzu-
> stellen. ...Ich versuche, das selbst vorzuleben. Ich glaube, das ist
> das wichtigste." (Stadtverwaltung)

Die Erfahrungen, die in den Hochschulen mit der Frauenförderung gemacht
wurden (vgl. hierzu den Beitrag von Hansen und Müller im vorliegenden
Band), wirken sich auf die Haltung zum Diversity Management aus. Ein
Professor, der in einem Kulturkreis außerhalb von Deutschland aufge-
wachsen ist, führt seine Vorbehalte und Empfehlungen wie folgt aus:

> „Es gibt meines Erachtens ein großes Problem. Wenn man sagt, ich
> will das fördern, dann kann es praktisch ganz schnell in den
> Gedanken umschlagen, ... zum Beispiel Quotenfrauen zu
> beschaffen. ... Genauso ist es mit Behinderten oder ... Ausländer-
> anteil. ... es muss eigentlich von innen kommen. Im Grunde
> genommen muss man ... das Bewusstsein des einzelnen umwan-
> deln, im Kopf. Man muss ... das Denken der einzelnen Leute verän-
> dern. Nicht in der Art, dass Sie hingehen und sagen, es müsse so
> und so passieren, sondern so dass sie ganz automatisch damit
> umgehen und nicht von oben indoktriniert: Du musst jetzt das und
> das fördern. Das funktioniert meines Erachtens nicht." (HS1)

Seine Hochschulleitung sieht das ähnlich, wobei sich das Rektoratsmitglied in diesem Zitat auf die interkulturelle Dimension bezieht:

> „... können wir den internationalen Bereich nur aufbauen mit Indi-
> viduen, die es auch wollen, die auch Spaß daran haben und zwar
> in der Vielfalt ... Wir sind angewiesen auf solche, nicht auf stromli-
> nienförmige Personen, die lieber Autoritäten und Anweisungen
> folgen. ... Sie können nichts machen, ohne dass dieser Wunsch ...
> vorhanden ist." (HS1)

Ähnliche Argumentationen, die den begrenzten Nutzen von Frauenförde-
rungsprogrammen und der Gesetzgebung zur Integration behinderter
Menschen betreffen oder auch offen darlegen, dass es eine ganze Reihe von
Mechanismen gibt, diese geschickt zu unterlaufen, hörten wir immer wieder.
In einigen Interviews wurde in diesem Zusammenhang auch das eigene
Verhalten kritisch reflektiert und die Notwendigkeit herausgestellt, Diversity-
Kompetenz zu erwerben, um den eigenen Ansprüchen genügen zu können:

> „Was mir fehlt, ist eigentlich so die tägliche Kommunikation
> miteinander, dass man dafür häufig gar nicht genug Zeit hat, um
> sich so richtig einzulassen auf den anderen. Ich merke das immer,
> dass ich Fehler mache in der Weise, dass ich jemanden kränke,
> ohne dass ich in irgendeiner Weise eine Absicht hatte..."
> „Ich weiß aber, dass andere Betroffene, zum Beispiel die, die aus
> anderen Ethnien stammen, [darunter leiden, die Verf.] ... und zwar
> nicht deshalb, weil hier ganz offen irgend etwas passiert, was gegen
> sie ist, sondern so dieses Subtile, ..."
> „Es reicht ja nicht, zu sagen: „Seid mal offen!" Sondern man muss
> in irgendeiner Weise das auch leben und auch antrainieren, sich zu
> öffnen gegenüber etwas, was dann doch erst einmal fremd ist, und
> das kann man nicht nur kognitiv, das muss man erleben." (HS2)

Studierende, die sich selbst im Minoritäten-Status befinden, äußern sich ähnlich:

> „Es ist schwierig, die Rahmenbedingungen zu schaffen. Man darf keinen Zwang anwenden. Das ist nämlich problematisch. ..."
> „Toleranz und Offenheit sind notwendig. ... die Konfrontation mit Andersartigkeit ist positiv, damit die Menschen nachdenken."
> „Toleranz ist ein wichtiger Erfolgsfaktor. Es ist wichtig, dass alle Menschen als gleichberechtigt angesehen werden. Man muss verständnisvoll miteinander umgehen. Hinderlich ist genau das Gegenteil: Keine Toleranz." (HS1)

Unsere Interviewpartner plädieren meist indirekt für einen kulturellen Wandel. Ganz bewusst geht indessen das internationale Verkehrsunternehmen damit um:

> „Also, last not least ist es ein Cultural Change. Es ist eine Rehvisierung der Unternehmenskultur von Mainstream oder von der Dominanzkultur hin zu einer sehr heterogenen, offenen, toleranten Kultur für alle. Die Maßnahmen dafür sind eigentlich permanente Kommunikation, aber eben auch ein paar Einzelmaßnahmen." (V)

Das ein erfolgreiches Diversity Management mit kulturellem Wandel verbunden sein muss, lässt sich mit einem Modell erklären, das Bissels et al. in Anlehnung an Cox entwickelt haben (vgl. Bissels/Sackmann/Bissels 2001) und das die folgenden drei Entwicklungsphasen beinhaltet:

1. Monolithische Organisation: Externe Filter wehren Minoritäten ab und erhalten Homogenität aufrecht. Ziel eines Diversity Managements in dieser Phase ist es, Minoritäten Zugang zur Organisation insgesamt und zu den verschiedenen Hierarchiestufen zu schaffen. Repräsentanz kann hier ein Türöffner sein.

2.   Plurale Organisation: Interne Filter verhindern, dass Minoritäten sich
      wirksam einbringen können. Zwar sind Minoritäten repräsentiert,
      aber von informellen Netzwerken und von der Beteiligung an wich-
      tigen Entscheidungen bleiben sie faktisch ausgeschlossen. Ein
      bekanntes Beispiel ist hier die „Gläserne Decke" und die von Kanter
      bereits vor vielen Jahren beschriebene „Token"-Situation (Kanter
      1993). Besonders belastend für Organisationsmitglieder im Minori-
      täten-Status, ist dass sie keiner offensichtlichen Diskriminierung
      ausgesetzt sind, sondern subtilen Mechanismen, die sich kaum
      benennen und belegen lassen:

> „Ich habe das vielfach erlebt. Also, ich denke, das ist heute nicht
> mehr so, ... wie vor ein paar Jahren, aber ich erlebe das subtil, nicht
> wahr. Also, das sind so diese subtilen Sachen, die manchmal viel
> mehr verletzen." (weibliches Mitglied der Geschäftsleitung)

Dieses „Problem with No Name" (Meyerson/Fletcher 2002) erfordert
ein gänzlich anderes Vorgehen als dies für die erste Phase zutrifft,
nämlich den kulturellen Wandel in vielen kleinen Schritten der Überzeugung, den viele unserer Interviewpartner intuitiv als notwendig
empfinden. Schnelle Erfolge sind hier nicht zu erwarten, sondern es
bedarf eines langen Atems und der Standfestigkeit:

> „Immer dann, wenn man, wenn man etwas entdeckt, muss man
> dazu stehen und muss das aushalten. Das ist also ganz wichtig. Im
> interkulturellen Prozess kriegt man nicht alles von heute auf
> morgen erreicht." (Schule)

> „Ich glaube auch nicht, dass man mit Quoten oder mit irgendwel-
> chen starren Vorgaben irgendetwas erreicht, sondern das ist ein
> Change Management-Prozess und das ist ein Bewusstseinswandel-
> Prozess und der dauert einfach ein bisschen länger. Und da
> können Sie nicht einfach sagen in zwei Jahren wollen wir bei der

Nummer sein und in drei Jahren in der und der Größenordnung.
Das halten Sie nicht durch."(V)

3. Multikulturelle Organisation: Synergie-Effekte können erst hier reali-
    siert werden, da erst in dieser Situation alle Organisationsmitglieder
    ihre besonderen Fähigkeiten gleichberechtigt einbringen. Eine solche
    Situation wird von unseren Interviewpartnern durchweg als positive
    Vision beschrieben, ebenso einig waren sich aber die meisten, dass
    ihre Organisation davon noch (weit) entfernt ist.

Für die erste Phase sind ein straffes Management mit intensivem
Controlling, öffentlicher Berichterstattung und auch Quoten ange-
messen. Denn externe Filter können thematisiert und mit formalen
Mitteln zumindest teilweise außer Kraft gesetzt werden. In Südafrika
und den Vereinigten Staaten sind derartige Filter in Bezug auf die
Rasse von immenser Bedeutung gewesen und wirken durch strukturelle Benachteiligung nach wie vor fort. Auch in manchen deutschen
Unternehmen und in Teilen der Hochschulen sind externe Filter nach
wie vor wirksam und müssen bearbeitet werden, um Minoritäten
Zugang zu den Organisationen zu gewähren. Doch darf das den Blick
nicht auf die weniger sichtbaren, internen Filter versperren, die in der
aktuellen Entwicklung eine besonders große Bedeutung besitzen. So
definiert eine Gesprächspartnerin, die sich selbst der dominanten
Gruppe in ihrer Organisation zurechnet, ihre Erfolgskriterien mit den
Worten:

„... ganz klar Zahlen, ja also einfach mehr ausländische Studenten,
mehr ausländische Mitarbeiter aus möglichst vielen Kulturkreisen.
Der zweite Erfolgsfaktor ist: Bleiben die erst einmal, sind sie in der
Lage etwas einzubringen, gibt es dann wirklich kulturübergreifende
... Projekte und damit auch Ergebnisse ... Gibt es auch wirklich
verantwortliche Positionen für Frauen. ... Können die auch wirklich

etwas durchsetzen, werden sie auch wirklich ernst genommen?
Das ist auch der Fall bei ... Schwerbehinderung, ... ist es so, dass
die Personen akzeptiert werden? ... oder sind die nur pro forma
eingestellt und sitzen irgendwo abgestellt?" (HS1)

Diese internen Filter wurden in fast allen Interviews mehr oder weniger offen
angesprochen. Unsere Interviewpartner waren sich deren Existenz in unterschiedlichem Maße bewusst. Fast immer schwang ein Unbehagen mit bei der
Diskussion eines offiziellen Diversity-Programms, bspw. in Projektform.
Dennoch sind solche Programme in Unternehmen auch in Deutschland
erfolgreich, wie die Beispiele im vorliegenden Band zeigen und dabei „Heart,
Head and Hand" gleichermaßen eingesetzt werden (vgl. die Ausführungen
von Michael Stuber in diesem Band). In den erfolgreichen Konzepten wird
nicht von oben „verordnet", sondern Diversity wird in kommunikativen
Prozessen mit Leben erfüllt und in die Organisation integriert:

„Bei uns hat das ja alles Vorschlagscharakter. Es bietet den
Rahmen, aber wir haben nicht die Mittel und wollen es letztendlich
auch gar nicht, Maßnahmen auf Biegen und Brechen im Unternehmen durchzusetzen, sondern wir verstehen uns als Angebot.
Überzeugen ist besser als Überreden." (V)

An anderer Stelle berichtet unser Interviewpartner aus dem Verkehrsunternehmen, wie hier mit knappen Ressourcen weitreichende Effekte erzielt
werden:

„Es gibt an Ressourcen nicht allzu viel. Es gibt eine Position die
zuständig ist für den Konzern. Das ist natürlich von der Kapazität
nicht allzu viel. Man ist sehr darauf angewiesen, andere Konzern-
bereiche von bestimmten Dingen zu überzeugen und in die Umsetzung einzubinden. Zum Beispiel der Girl's Day in diesem Jahr.
Initiiert durch mich war es aber notwendig das Personalmarketing
zu gewinnen die ganze Umsetzung zu machen. Glücklicherweise
mit dem Erfolg, dass sie es im nächsten Jahr liebend gern und frei-

willig selber machen werden. Also das ist im Grunde die Arbeits-
weise. Man versucht Dinge anzustoßen und dann letztendlich
jemanden zu finden, der es in seine Verantwortung nimmt das
auch entsprechend weiter umzusetzen und weiterzuverfolgen. ..."
„Das Hauptthema ist die Kommunikation. Da haben wir verschiedene Quellen. Wenn ich von meiner Person rede, ist es natürlich
der ..., das Wochenblättchen der ..., ganz stark und zunehmend das
Intranet, wo sehr viele Informationen drüber gesteuert werden.
Aber auch die Teilnahme an Betriebsversammlungen, bzw.
Vorträge auf Betriebsversammlungen, wo man dann auch standort-
bezogen eine relativ große Anzahl von Mitarbeiterinnen und Mitarbeitern erreichen kann. Und darüber hinaus auch noch dadurch,
dass man gezielt Bereiche anspricht und die bittet bestimmte Dinge
zu kommunizieren, geht das ganz gut. Es gibt ein tolles Beispiel
jetzt: Wir haben ein Führungskräfte-Seminar, F-Kurs nennt sich
das, der tagt gerade in S. Da sind glaube ich 20, 25 Nachwuchsfüh-
rungskräfte für vier Wochen in S. und die haben es sich unter
anderem jetzt zur Aufgabe gemacht, dass sie für das Thema Chancengleichheit eintreten wollen und solche Dinge werden
demnächst im Intranet erscheinen, wo junge Führungskräfte
sagen: Wir wollen das unterstützen, die bessere Vereinbarkeit von
Beruf und Privatleben, wir wollen es wenn möglich unterstützen,
dass Teilzeitmodelle genommen werden. Das sind alles Mittel und
Wege, die Maßnahmen die wir haben, ich möchte mal behaupten
wir haben eine Riesen-Fülle von Maßnahmen und Möglichkeiten,
bloß sie sind nicht immer in der geeigneten Form bekannt und
dann auch damit nicht so verfügbar das dementsprechend zu
streuen. ..."
„Man kann von zentraler Stelle an vielen Stellen nur Impulse
setzen. Man kann durch Kommunikation Themen bewegen, aber
man kann nicht bis ins Detail nachher für die Umsetzung sorgen,
sondern da sind auch andere dran und das hängt sehr stark vom
Thema ab. Generell würde ich sagen auch gerade bei diesen
Themen die jetzt zum Thema Vereinbarkeit oder auch zum
Geschlechterthema beitragen, kann das Unternehmen nicht viel
mehr tun, als eine Palette oder einen Strauss von Möglichkeiten

176   **Katrin Hansen**

bereit zu stellen, aber für die Umsetzung, d.h. das Nutzen dessen,
ist jeder Mitarbeiter letztendlich ein großes Stück weit selber
verantwortlich. Was wir tun können, ist ihn drauf aufmerksam zu
machen und auch Wege aufzuzeigen." (V)

Diese kommunikativen Prozesse werden durch das Top-Management in der
Implementierungsphase initiiert und über den gesamten Prozess weiter
unterstützt, indem immer wieder in Vorstandsreden positive Äußerungen zu
Diversity eingeflochten werden. Als ein Vorbild kann das Vorgehen in Kreditinstitut 2 gelten, das ausgehend von einem ganz starken Commitment der
Unternehmensleitung Diversity-Grundsätze konsequent aus den Grund-
werten der Organisation abgeleitet und ein kleines Diversity-Team installiert
hat, das Diversity-Initiativen in der Organisation unterstützt, koordiniert und
Öffentlichkeitsarbeit betreibt.

„Wir sehen eben auch Diversity nicht als ein Projekt an oder als ...
geschlossenen Shop, sondern als einen Prozess, und von daher
steht Diversity natürlich in einem engen Zusammenhang mit den
Unternehmenswerten, ist aber kein Unternehmenswert an sich,
sondern ... es ist der Prozess, unsere Unternehmenskultur zu
stärken und eben diese Werte im täglichen Miteinander zu verwur-
zeln." (K2)

Dieser Prozess erfolgt im Unternehmen nicht top down sondern wird in
einem eher „unordentlichen" Gegenstromverfahren (vgl. hierzu auch
Stuber) schrittweise und unter Einbeziehung breiter Kreise von Mitarbeitenden vollzogen, wobei die Initiative durchaus nicht vom Diversity-Team
ausgehen muss:

„... zum einen natürlich sind die Netzwerke ein ganz starkes
Sprachrohr der Mitarbeitergruppierungen, weil Netzwerke ... auch
die Ziele kanalisieren und von daher ... auch entsprechende
Meinungen an uns oder überhaupt an die relevanten Abteilungen

kommunizieren. Ansonsten ist es ... z.b. so, dass unser Mitarbeitermagazin „Forum" ein Spiegel ist, weil wir ... auf einer regelmäßigen
Basis das Diversity-Team dort platzieren zu verschiedenen Schwerpunkten, die wir halt auf der Agenda haben, und da ist es dann
oftmals so, dass Mitarbeiter reagieren in Leserbriefen oder auch bei
uns anrufen und sagen, so, was Ihr da geschrieben habt, dem
stimme ich überhaupt nicht zu, oder das finde ich ganz toll, ich
möchte mitmachen. Also, das ist auch noch einmal ein Instrument, wo wir halt Feedback bekommen." (K2)

Dass bei Bearbeitung unterschiedlicher Diversity-Dimensionen ganz unterschiedliche Vorgehensweisen angemessen sein können, beschreiben die
Interview-PartnerInnen wie folgt:

IP2: „Es ist nicht so, dass wir uns oft hinsetzen und jetzt ein
Konzept schreiben und sagen, so, und dieses Konzept wird dann
jetzt aufgelegt und das wird jetzt so gemacht. Also, gerade diese
Netzwerkarbeit ist sehr viel organisch gewachsen, ja, wo wir einfach
Dynamiken nutzen und aufgreifen"
IP1: „und sagen, da gibt es eine Mitarbeitergruppe, die wollen etwas
machen, die wollen sich engagieren, super, sprich, wir fördern das.
Da setzen wir uns natürlich hin und sagen, gut, das und das ist
machbar, jetzt einfach auch von der Darstellungsmöglichkeit oder
von dem finanziellen Rahmen oder was auch immer. Also, da ist
viel, wo wir einfach Energien ausmachen, Dynamik nutzen und die
einfach versuchen, zu kanalisieren für positive .. Zwecke..."
IP2: „Was es sehr .. erleichtert, wenn ein so kleines Team so ein
Thema pushen soll, gehen wir nicht hin und versuchen, die zu
überzeugen, die sowieso erst einmal „anti" sind, sondern wir
nehmen erst einmal die positiven Energien und versuchen, die zu
entfachen, weil wir dann sehr viel mehr Erfolge haben als wenn wir
nur die Bekehrung machen. Ich glaube, ein anderes Thema, wo
konzeptioneller gearbeitet wird, ist das Alter- und Generations-
Thema. Das wussten wir, dass wir uns damit beschäftigen wollen,
als auch da der Vorschlag aus dem Vorstand kam. Es ist ein Thema,

was uns interessiert, auch aufgrund der hohen Tragikentwicklung
in der Bank. Wir wollen dieses Thema aufnehmen. Diversity ist
Euer Thema, Ihr macht es, und da sind wir schon sehr viel konzeptioneller herangegangen, weil das ergibt sich nicht aus einer
eigenen Gruppe. Ihr seid einfach nicht alt, sondern Ihr seid Generationen. Da kommt keine Gruppe und sagt, wir wollen das jetzt
einmal umsetzen. Daraus kommt schon die Initiative für uns, das
konzeptionell zu machen, und daran sind wir gerade." (K2)

In dieser Organisation werden die Führungskräfte zunehmend in die Verantwortung für Diversity genommen:

IP1: „... und das funktioniert halt wirklich, zumindest unserer
Auffassung nach, über die Führungskräftesensibilisierung, ja, und
da ist es so, da gibt es ja vielfältige Maßnahmen, entweder man
verankert das z.B. selbst in der Performance-Messung der
Führungskräfte, inwieweit hast Du z.B. in Deinem vergangenen
Jahr entsprechende Diversity-Kriterien mitberücksichtigt oder
einfach selbst über diese Bewusstwerdung, einfach durch meinet-
wegen ein Toolkit, was man den Führungskräften an die Hand gibt,
was die mit ihren Teams gemeinsam machen können, oder Trainings." (K2)

Doch auch in diesem Unternehmen läuft das Diversity Management nicht
ohne Schwierigkeiten und Gefahren ab. Unsere Gesprächspartnerinnen
betonen mehrfach, dass, wenn die Integration einerseits des Diversity-
Themas in die Geschäftspolitik und andererseits die Integration einzelner
Dimensionen in ein Gesamtkonzept von Diversity nicht gewährleistet ist, das
Unternehmen Schaden nehmen kann:

„Es werden ja bestimmte Schwerpunkte gesetzt, diese Schwerpunkte werden über Separierung eines bestimmten Themas, also
Herausstellen eines bestimmten Themas erst einmal überhaupt
sichtbar gemacht. Also, z.B. die Gruppe der Frauen wird erst einmal

separiert, auf eine Plattform gebracht, guckt einmal, oder die Probleme der schwulen und lesbischen Mitarbeiter werden herausgenommen, angesprochen und dann guckt einmal, und wenn man dann nicht den Schritt vollzieht, aus dieser Separierung heraus das Thema wieder zu integrieren, und zu sagen, es ist nichts Besonderes eben. Wir haben es Euch gezeigt, das gibt es. Es ist aber nichts Besonderes, und wenn man diesen Schritt der Integration nicht vollzieht, das ist ein ganz, ganz großes Risiko. Wenn man das nicht schafft, wenn man diese einzelnen Gruppen überall in diesen Nischen stehen lässt, dann ist man im Grunde genommen gescheitert....."

„Das ist wirklich das große Risiko, das sehe ich einfach, dass man, wenn man es nicht versteht, Diversity mit dem Sinn im Unternehmen zu verankern, wie wir das jetzt versuchen aufzuzeigen, aus welchen Gründen auch immer Diversity in bestimmte Nischen abdriften lässt. Dann kann man, denke ich, .. sehr viel Schaden anrichten, weil es eher ein Zurückzucken oder ein Sich-Separieren im Grunde genommen von bestimmten Mitarbeitergruppen zur Folge hätte. Das wäre genau das, was wir eben nicht wollen. Also, dieses Risiko des falschen Verständnisses besteht. Diversity ist nicht nur als Projekt zu betrachten, sondern es ist ein Prozess, es trägt zur Verankerung der Unternehmenswerte und zur Implementierung der Unternehmenswerte im alltäglichen Leben bei. ...."

„Wenn man dabei scheitert, dann denke ich, das man da sehr viel in bezug auf die Unternehmenskultur kaputt machen kann." (K2)

Ähnlich argumentiert auch ein Personalleiter :

„Bei einem öffentlichen Programm bin ich mir nicht sicher, wie wir mit Andersdenkenden zum Thema Diversity umgehen sollten. Wenn wir unterschiedliche Denkweisen bearbeiten, müssen wir diese öffentlich machen. Z.B. Was für Vorbehalte habe ich gegen Türken? Mit verkrusteten Menschen kommt dabei nur heraus: Genau, das sind die Vorbehalte, das habe ich immer schon gesagt. Ich dokumentiere dann Andersartigkeit, mache sie öffentlich und verstärke vielleicht Stereotype damit. Wir dürfen also nicht nur

Probleme aufzeigen, sondern müssen parallel Lösungen finden.
Sonst besteht die Gefahr, dass wir die Truppe teilen in Befürworter
und Gegner. Die Gegner stellt man dann in die Ecke, bewegt aber
nichts, besonders, wenn die an den Schalthebeln sitzen. Das explo-
diert, dann ist das Projekt Diversity tot!" (K1)

Die Gefahr einer Spaltung der Organisation sieht unser Gesprächspartner aus
seiner Erfahrung in dem Verkehrsunternehmen vor allem unter Geschlech-
teraspekten:

„Risiko sehe ich darin, wenn man jetzt bestimmte Themen zu stark
propagiert und möglicherweise mit Quoten versieht, dass dann
möglicherweise es zu einer Positivdiskriminierung, glaube ich sagt
man so schön, kommen könnte. Das dann, wie mir auch in meiner
Rolle schon passiert ist, dass Männer kommen und sagen: „So jetzt
tut doch auch mal was für die Männer, nicht immer nur für die
Frauen." Ich denke da muss man sehr aufpassen, dass man sensi-
bilisiert, aber das mit Augenmaß, und Zielsetzung muss es einfach
sein das Thema Diversity in den Köpfen und in der Organisation zu
verankern, und zwar soweit, dass man eigentlich gar nicht mehr
darüber reden muss, sondern dass es Bestandteil des täglichen
Lebens und Arbeitens wird." (V)

Die hohe Bedeutung von Integrationsmaßnahmen macht auch die Interviewpartnerin aus dem internationalen Verkehrsunternehmen deutlich. Auf die
Fragen nach den Maßnahmen des Diversity Managements in ihrem Unternehmen antwortet sie:

„Eine ganze Fülle. Also, erstens ... haben wir grundsätzlich eine
Philosophie der Inklusion, das heißt wir machen nicht so exorbi-
tant viele Einzelmaßnahmen für die einzelnen Gruppen, weil wir
die Besonderheit eigentlich nicht hervorheben wollen, sondern wir
sie integrieren wollen, deshalb passt jetzt nicht ein Arbeitszeitma-
nagement für Homosexuelle. Das passt irgendwie nicht in die (...)-
Kultur. Was wir aber gleichwohl machen, ... um dieses Ziel der

Inklusion zu erreichen, haben wir so Interimslösungen, wie zum
Beispiel das Mentoring für Frauen, jetzt werden wir so ein Mentoring für Schwerbehinderte aufsetzten. Wir haben verschiedene
andere Programme. Arbeitszeit für Eltern, usw., also Arbeitszeitre-
duktion, also Auslöser für Eltern, inzwischen ja auch für alle. Aber
wie gesagt, alles mit der Marschrichtung der Integration insgesamt
und deshalb eben, wenn besondere Lösungen oder Sonderlö-
sungen, dann immer nur für eine vorübergehende Zeit." (V)

Die Erfahrungen aus der gewerkschaftsnahen Unternehmensberatung bestätigen die besonderen Herausforderungen, denen sich Unternehmen stellen,
wenn sie Vielfalt als Ressource nutzen wollen:

„Ein Faktor ist, dass es ... weder dargestellt noch gelebt werden darf
als Mode. Also nach dem Motto: Wieder eine neue Sau, die durchs
Dorf getrieben wird. Diese Säue haben wir ehrlich gesagt schon
genug gehabt. Es muss Authentizität bei den Protagonisten
vorhanden sein. Wenn das aufgesetzt wird, merkt das jeder sofort,
... Es muss von allen Seiten ein gewisser Nutzen verspürt werden.
Wenn dieser Nutzenaspekt nicht geklärt ist, und zwar der Nutzen
für das Unternehmen insgesamt und für jeden Einzelnen, ... wenn
das nicht klar ist, dann ist das ein Misserfolgsfaktor. Und schließlich, ein Erfolgsfaktor ist die breite Kommunikation dieser
Thematik in die Belegschaft hinein. ... Es muss ganz breit kommuniziert werden und es muss als etwas empfunden werden, was zum
Unternehmen gehört." (U3)

Es wird deutlich, dass Diversity etwas ist, was sich nicht mit traditionellen
Instrumentenkästen des Projektmanagements steuern lässt. Die immer
wieder geforderte Offenheit, die sich mit Verlässlichkeit und Durchhalteve-
mögen paaren sollte, darf durch starre Konzepte nicht gefährdet werden.
Allerdings darf Diversity auch nicht sich selbst oder wohlmeinenden Individuen überlassen bleiben. Angemessen erscheinen Techniken des Change
Managements und der Organisationsentwicklung (vgl. Aretz/Hansen 2002;

vgl. auch den Beitrag von Deloitte & Touche im vorliegenden Band). Ebenso wichtig ist, dass das Top-Management sich dauerhaft einem Wandel hin zur Offenheit, Transparenz und Wertschätzung von Unterschiedlichkeit bei gleichzeitiger Wahrung eines Grundkonsenses verpflichtet fühlt und dies auch konsequent durchhält. Dies spiegelt sich in den Empfehlungen, die wir von unseren InterviewpartnerInnen erhielten, durchweg wider. Und es ist mit Widerständen zu rechnen, die aus Überforderung im Umgang mit dem „Anderen", „Fremden", Ängsten, für unkonventionelle Entscheidungen einstehen zu müssen und nicht zuletzt aus dem Hang, Macht zu erhalten, resultieren:

> „Also, die Angst, Macht zu verlieren, ist, glaube ich, ein großes Hindernis, also, ich meine so das Gefühl, ... das erlebe ich auch in mir selbst, ... ich habe plötzlich keine Macht mehr, wenn ich andere Sachen zulasse, d.h. ich muss ja etwas abgeben von mir. Ich glaube, das ist ein ganz, ganz großes Problem. Die Angst vor falschen Entscheidungen, die Angst, Fehler zu machen ist meiner Ansicht nach ein riesiges Problem, eine Fehlentscheidung zu treffen, zu sagen, okay, ich stelle von mir aus einen, wie sagt man, Ausländer ein oder den Schwulen oder was auch immer, ich habe keine Ahnung, und dann ist die Angst da, dass diese Entscheidung vielleicht die falsche war, und es deswegen erst gar nicht zu machen, ist meiner Ansicht nach ein ganz großes Kriterium, das kriege ich auch so mit, und natürlich irgendwo Strukturen, die aufgebaut sind, ändern zu wollen." (P2)

Last not least ist auf die wirtschaftliche Dimension des Diversity Managements zu achten. Einerseits ist zu analysieren, wo hier echte Grenzen des Machbaren liegen, und andererseits sehr sorgfältig zu prüfen, wo derartige Hindernisse lediglich den fehlenden Willen zur Änderung verschleiern sollen. Unser Interviewpartner empfiehlt hier Kreativität, um eine angemessene Lösung zu finden, die der Unternehmenssituation und den Bedürfnissen der dort arbeitenden Menschen entspricht, sowie eine sorgfältige

Argumentation, die von Wertschätzung getragen ist, und eine längerfristige
Perspektive bei der Realisierung:

> „Und da muss man immer abwägen und sehen, was ist denn wirk-
> lich betrieblich begründet. Da hat der Betrieb auch Vorrang. Das
> muss so sein, weil dadurch verdienen wir unser Geld. Und was ist
> im Grunde nur ein vorgeschütztes Argument. Und da kann man
> versuchen das entsprechend, nicht zuletzt durch Best-Practise-
> Beispiele, zu entkräften. ... Und da muss man dann Mittel und
> Lösungen finden, die es einerseits dem Unternehmen ermöglichen
> solche Angebote zu machen, andererseits natürlich auch die
> Möglichkeit zu bieten, wenn es denn aus wirtschaftlichen Gründen
> nicht mehr möglich ist, das den Mitarbeiterinnen und Mitarbeitern
> anzubieten, auch wieder da raus zu kommen. Da liegt häufig der
> Grad und da muss man häufig sehr kreativ sein. ...“
> „Im Vorfeld, wenn ich jetzt an bestimmte Betriebsvereinbarungen
> denke, ist die Akzeptanz nicht von vornherein positiv, besonders
> von den Leuten die letztendlich solche Dinge umsetzen müssen,
> sei es auf Seiten der Personaldienste oder auf Seiten der Vorge-
> setzen im operativen Bereich, ist zunächst mal eine gewisse Skepsis
> zu überwinden und da ist man schon gezwungen sehr gut und
> schlüssig zu argumentieren. Aber wenn man es dann hat, ist die
> Akzeptanz auch sehr gut.“
> „... und da hilft es immer nur, am besten wenn man da selber die
> Erfahrungen sammeln kann. Also, das ist nicht ganz einfach. Und
> da gibt es auch zum Teil erhebliche Widerstände, aber nicht so,
> dass dadurch letztendlich Maßnahmen überhaupt nicht zum Zuge
> kommen. Man muss sehr hartnäckig sein.“
> „Es muss aus den Maßnahmen der Nutzen hervorgehen, sowohl
> für die Organisation, für das Unternehmen, als auch für den
> Einzelnen muss ein Nutzen sichtbar sein und dieser Nutzen muss
> transparent gemacht werden. Wenn der Eindruck entsteht, dass
> das Thema nur ein Schönwetter-Thema ist, wenn der Eindruck
> entsteht, dass man das macht, weil es en vogue ist, dann glaube ich,
> wird es sehr kritisch. Es ist sehr wichtig, und das fällt natürlich bei

diesen weichen Themen sehr schwer, auch immer wirtschaftliche
Argument zu finden, warum man das tun sollte." (V)

Zusammenfassend kommen wir, wenn wir einerseits die praktischen Erfahrungen und Empfehlungen von Organisationen betrachten und sie mit den
Ansätzen des Managements kulturellen Wandels konfrontieren, zu dem
Ergebnis, dass nur ein mehrdimensionales Konzept der „kleinen Schritte"
angemessen sein kann, welches

- die Funktion der latenten Strukturerhaltung durch eine Diversity-
  Vision erfüllt, die den Werten der Organisation entspricht,

- die Integrationsfunktion sichert, indem die Organisation eine Grundhaltung zu Diversity entwickelt, die ein Abspalten einzelner Dimensionen verhindert, einen gemeinsamen Nutzen definiert und Erfolge
  kommuniziert werden,

- die Zielerreichung gewährleistet, indem die Organisation Diversity
  „einen Rahmen gibt", also klare Verantwortlichkeiten festgelegt
  werden, Erfolge gemessen und die Nachhaltigkeit der Bemühungen
  gesichert wird,

- Ressourcen mobilisiert, indem „mächtige" Personen Verantwortung
  für Diversity übernehmen, öffentlich und nachhaltig Commitment
  demonstrieren und den Prozess materiell und immateriell fördern
  (vgl. Aretz/Hansen 2002).

4   Bedeutung von Diversity und Diversity-Management

Mit wenigen Ausnahmen, die vor allem aus der Hochschule 1 kamen und ein
Diversity Management aufgrund eines dort fehlenden Leidensdrucks („When
it's not broken, don't fix it!") für überflüssig oder sogar kontraproduktiv

halten, waren unsere Interviewpartner ganz überwiegend davon überzeugt, dass Diversity Management eine hohe Bedeutung für ihre Organisation hat bzw. zukünftig erlangen wird. Die Argumente sind dabei durchaus vielfältig. Sie lassen sich den folgenden Bereichen zuordnen:

• Wettbewerbsvorteile/Erreichen der betriebswirtschaftlichen Unternehmensziele;

• Kreativität/ Verbesserte Problemlösung/Zugang zu Informationen;

• Zusammenarbeit/Klima.

Beginnen wir mit den Wettbewerbsvorteilen. Dieser Aspekt wird von Kreditinstitut2 besonders betont. Dieses Unternehmen vertritt die Überzeugung:

> „Wenn wir Diversity nicht nutzen, oder die Stärken, die aus Diversity kommen, nämlich dieses Einsetzen der Vielfalt an vielen Stellen, können wir als Global Player nicht mehr mitspielen, nicht richtig erfolgreich sein." (K2)

Im Mittelpunkt der Argumentation stehen die Mitarbeitenden als Träger der Wertschöpfung im Unternehmen:

> „Vor allen Dingen sieht man das durch die Fähigkeit der Mitarbeiter eben nicht mehr in diesem nationalen Rahmen zu denken, wobei die Produkte, die sie vertreiben sollen oder die Kundenbeziehungen, die sie aufbauen sollen, pflegen sollen, jetzt, heutzutage eben nun einmal den globalen Rahmen angehen oder im globalen Rahmen aufgehängt sind. Das erfordert natürlich auch eine ganz andere Denkweise von Mitarbeitern." (K2)

Diversity ist hier konsequenterweise Bestandteil der Personalentwicklung. Aber nicht nur ein Diversity-orientiertes Verhalten wird als wichtig angesehen, sondern auch die strukturelle Vielfalt stellt eine Erfolgsfaktor dar:

> „Ich denke schon, dass das Ideal ... ist, dass wir ... die Kundenvielfalt wiederspiegeln wollen, und um einfach auch den Bogen wiederum z.B. zu dem Punkt, den wir eben besprochen hatten, zu schlagen, der Kunde ist immer im Mittelpunkt, und der Kunde ist eben derjenige mit dem wir Ertrag erwirtschaften, und von daher versuchen wir, dem Kunden natürlich so viel wie möglich entsprechend Dienstleistung zu bieten, und das gehört eben auch dazu, dass der Kunde sich wiederfindet bei uns, und ich denke, das ist ... ein ganz wichtiger Punkt bei diesem Idealbild unserer Belegschaft. Es geht darum, dass wir ein Spiegel unserer Kunden sind, um ihnen so halt am besten Genüge zu leisten." (K2)

In der Vergangenheit hat dieses Unternehmen den Diversity-Gedanken als Erfolgsfaktor im „War for Talents" eingesetzt. Man geht davon aus, dass die Potenziale nicht nur in den traditionellen Zielgruppen zu suchen sind, sondern dass neue Zielgruppen, dies auch international, erschlossen werden müssen, um wirklich die besten Mitarbeitenden zu finden und zu binden. Von dem Label hat man sich in Zeiten, in denen Personalabbau-Maßnahmen ergriffen werden, getrennt, um nicht zynisch zu wirken. Doch der Gedanke und das Diversity-Management sind erhalten geblieben, dies unter der Prämisse, dass dem Unternehmen hier auch gar keine Wahlfreiheit bleibt:

> „Also, ich denke gerade für global agierende Unternehmen steht es gar nicht mehr zur Frage oder zur Auswahl, besetzen wir das Thema „Diversity", oder besetzen wir es nicht, sondern es zählt eben als ganz wichtiger Part zu diesen intangible assets, wo ein Unternehmen einfach die Chancen nutzen muss, sich zu positionieren, und eben über diese Unternehmenskultur, was ja auch sehr stark in den USA wieder in der Diskussion ist, dass das eben

> ein ganz unweigerlicher Punkt ist, den man aufnehmen muss und
> von daher ist es nicht nur wichtig, es ist zwingend." (K2)

Ähnlich argumentiert auch das internationale Verkehrsunternehmen:

> „Diversity wird nicht herbeigeführt, sondern Diversity ist da und
> Diversity müssen wir managen. Und die Challenge für die
> Führungskräfte ist eben das als Chance anzunehmen und nicht als
> Störfaktor zu sehen und damit umzugehen. Das heißt, der Aufwand
> erhöht sich, weil es einfach komplexer wird, weil es ein bisschen
> aufwendiger wird, weil man einfach Homogenität leichter managen
> kann, als Heterogenität. Auf der anderen Seite sind die Chancen
> natürlich die, dass man Produktivitätsreserven hebt, dass man der
> Globalisierung Rechnung trägt, dass man der Individualisierung
> Rechnung trägt. Also, alle die Gründe die wir auch als Business
> Case angehen, die sind auf der Chancenseite und die Risiken sind
> einfach nur, dass das noch einmal Komplexität erhöht, aber nur
> vorübergehend. Irgendwann, wenn man damit vernünftig
> umgehen kann, ist der Nutzen wesentlich größer." (V)

Unsere Interviewpartnerin empfiehlt auch anderen Unternehmen, sich die
potenzielle Vorteile einer diversen Belegschaft und eines effektiven Diversity
Managements vor Augen zu führen:

> „Ja, liebe Unternehmen in Deutschland packt's an. Also, Demogra-
> phie ist ja ein wichtiger Faktor, Internationalisierung, Individuali-
> sierung. Das sind alles Business Cases, die dafür sprechen, lieber
> heute als morgen damit anzufangen." (V)

Dabei geht sie ganz klar von einer betriebswirtschaftlichen Sichtweise aus:

> „Diversity dealt letztendlich auch mit der Frage: Wie gehen wir
> miteinander um? Und was mir auch wichtig ist: Es ist nicht ein
> reines weiches Thema, Sozialromantik, wo man nur irgendwie
> sanft mit einem Menschen umgeht, sondern das tut ein Unter-

nehmen aus einem ganz klaren Ziel, und zwar aus reiner Gewinn-
maximierung. Es wurde bislang immer mit einem negativen
„Uhuu" in der Gesellschaft diskutiert, aber Unternehmen sind
keine Sozialstationen, sondern sind Wirtschafts- und Profit-Organi-
sationen. Es ist auch in Ordnung, wenn Unternehmen Profit
machen. Die Frage ist nur auf welche Art und Weise, wie gehen sie
dabei mit ihren Humanressourcen um. Und wenn man eben
human mit seinen Humanressourcen umgeht, ist man einfach
erfolgreicher. Und deshalb ist das ganze Thema Diversity so ein
win-win-Ansatz. Die Produktivitätsgewinne, diese Innovations-
schübe die Sie aus der Heterogenität ziehen einerseits, und dem
gegenüber liegen die Wertschätzung die der Einzelne dadurch
erfährt, dass man ihn in seinem Sosein ernst nimmt, damit er eben
zum Unternehmenserfolg (optimalen) beitragen kann. Also,
Produktivität und Wertschätzung. Wie der Herr ... das mal genannt
hat: Wertschöpfung durch Wertschätzung." (V)

Gehen wir von den global agierenden Unternehmen zu einer Hochschule,
die Internationalisierung und Interdisziplinarität in ihr Leitbild aufgenommen hat. Die Argumente pro Diversity Management tragen auch hier
wettbewerbsorientierte Züge:

„Das bedeutet aber auch ganz profan für unsere Hochschule, wenn
wir auf unsere Studierendenzahlen schauen und auf die Jahrgangs-
stärken der Schüler, ... dass wir uns auf einem Markt bewegen, wo
die Zahl der Schüler kleiner wird und wir schauen müssen, wo wir
hochgradig qualifizierte, intelligente, motivierte Studenten herbe-
kommen, ... Da müssen die Zahlen stimmen. Der zweite Punkt ist
... die Qualität. Die Qualität können wir nur aufrecht erhalten, ...
wenn wir darauf achten, dass die Leute, die hier studieren, ...
unseren Qualitätsstandard erhalten. Dazu benötigen wir eben alle
gesellschaftlich relevanten Gruppen und dazu gehören eben auch
ausländische Studierende, auch die, die ihren Schulabschluss
außerhalb Deutschlands oder Europas erworben haben." (HS1)

Parallelen finden wir in der Argumentation des Schulleiters aus dem Ruhr-
gebiet, der dieses Region als „Schmelztiegel" verschiedener Kulturen sieht
und Diversity Management unter dem Aspekt der Multi- bzw. Transkultura-
lität für unverzichtbar für Bildungsinstitutionen hält, die in diesem Umfeld
erfolgreich sein wollen. Seine Erfolgskriterien sind einerseits die Bewerber-
zahlen an seiner Schule, aber auch der Erfolg von Schülern und Schülerinnen sowie das positive Feedback aus dem Umfeld.

Die Bedeutung eines Diversity-Management wird nicht nur aus Aspekten der
Internationalisierung sondern auch mit einer Überwindung von Abteilungs-/
und fachlichen Grenzen begründet.

> „Das ist sehr wichtig, weil ich Schranken als Hemmnis empfinde,
> das Unternehmensziel zu erreichen. Wir würden uns mit uns selbst
> mehr beschäftigen als mit dem, was wir erreichen wollen, wenn wir
> immer nur auf die Unterschiede schauen. ..."
> „Einreißen von Schranken, Verständnis für das Gemeinsame
> müssen wir erreichen. Ausfluss ist dann ein besseres Arbeiten
> miteinander, erfolgreichere Arbeit, effizientere Arbeit..."
> „Ich verbinde damit durchaus die Chance, wenn man Diversity
> optimal managt, auf ein ... effizienteres Arbeiten unterschiedlich-
> ster Abteilungen, unterschiedlichster Mentalitäten hier im Haus.
> Wir haben in Teilbereichen in Anfängen schon gesehen, was man
> machen kann. Wir wollen den Weg auch weitergehen. Ich sehe
> nachher durchaus auch eine Steigerung in den Zahlen, da werde
> ich wieder betriebswirtschaftlich. ... Es ist uns durch das Managen
> dieser Diversity möglich, ... mehr Produktivität in den Betrieb
> herein zu bringen." (K1)

In einer Vielzahl von Interviews faden wir die Überzeugung, dass Diversity zu
mehr Kreativität und besseren Problemlösungen führt, wenn sie denn
„gemanaget" wird. Aus den Unternehmensberatungen hören wir, dass ein

kompetenter Umgang mit Diversity zu einer verbesserten Informationssituation führen kann:

> „Ja, das ist ganz wichtig. Also ganz wichtig ist nicht nur die innere Vielfalt sondern vor allem auch die äußere Vielfalt, ... immer wieder Informationen von außen zu kriegen, auch aus angrenzenden und völlig anderen Bereichen, weil nur die uns die Möglichkeit geben, .. in unserem Kern besser zu werden. ..."
> „Die Vorteile liegen ja nun auf der Hand. Ich habe ganz viele Meinungen, ich habe ganz viele Ansichten und ich habe ganz viel Kreativgut." (U2)

> „Ich glaube, je interdisziplinärer und je breiter und je vielfältiger die unterschiedlichen Informationen und Daten sind, desto realistischer ist das Bild. ... Wenn ich also höre, wie Pädagogen darüber denken, wie Psychologen darüber denken, wie Mediziner darüber denken, und, und, und, ... und ich kann das sammeln, dann habe ich einfach ein adäquateres Bild, als wenn ich nur jemanden aus einer Blickrichtung darüber höre. ..."
> „Das muss man, glaube ich, organisieren, und .. nicht das Abnicken von allen am Tisch voraussetzen, sondern diese ständige neue Auseinandersetzung suchen, die aber zu ganz anderen Lösungen führt. Sie führt zu einer ganz anderen Güte." (U1)

> „Das macht Spaß. Die Befruchtung durch Verschiedenartigkeit,... durch verschiedene Brillen, die man sich aufsetzen kann, ... , das ist etwas sehr Belebendes, was meistens Lösungen hervorbringt, ... die meistens interessanter sind, als solche monolithischen Lösungen." (U3)

Ganz ähnlich antwortet unser Interviewpartner aus dem Verkehrsunternehmen, der dort über langjährige Führungserfahrung verfügt, auf unsere Frage nach der Wichtigkeit des Diversity-Management-Ansatzes:

„Ich finde ihn entscheidend und ganz wichtig und es sollte eigentlich Bestandteil des täglichen Lebens werden. Ich denke es ist ganz
wichtig dafür zu sensibilisieren, weil ich die Erfahrung selber
gemacht habe, dass gemischte Projektteams mit älteren, jüngeren
Mitarbeitenden, mit unterschiedlicher Herkunft, auch unterschiedlichem Ausbildungsniveau deutlich bessere und vielschichti-
gere Ergebnisse bringen als ein sehr, sehr homogenes Projektteam,
wenngleich diese heterogenen Teams deutlich schwieriger zu
führen sind." (V)

Dies bestätigt ein Professor aus seiner Erfahrung an Hochschulen und aus
der Praxis:

„Ich habe die Erfahrung ... gemacht, dass gemischte Gruppen, in
jeder Hinsicht gemischte Gruppen, zwar schwierige Gruppen sind,
aber kreative Gruppen sind, die Ideen produzieren, .. die eher
homogen zusammengesetzte Gruppen nicht so leicht produzieren.
Deswegen würde ich immer Wert darauf legen, dass die Gruppen
geschlechtlich gemischt sind, dass die Gruppen aber auch eine
gewisse Interdisziplinarität haben und dass sie kulturell gemischt
sind. Das ist eine Idealvorstellung. Daraus kann man dann, wenn
man diese ganzen unterschiedlichen Randbedingungen berücksichtigt in dem Miteinander schon ein Team formen, das, was die
Kreativität und die Arbeitsleistung angeht, besser sein kann." (HS1)

Eine Professorin fasst ihre Erfahrungen zusammen:

„Es ist einfach interessant, mit ganz verschiedenen Menschen
zusammen zu arbeiten. Wenn man eine gewisse Neugier hat, wie
Menschen sind und was sie denken, ist es immer interessant."
(H1)

Diese Erfahrung hat eine Führungskraft des Verkehrsunternehmens auch
gemacht. Darüber hinaus macht dieser Gesprächspartner deutlich, dass
Diversity ein fester Bestandteil der Unternehmenskultur geworden ist:

„Anregend interessiert. So würde ich das sehen. Es interessiert mich. Es ist natürlich auch ein weicher Faktor, somit auch immer Gegenstand von Diskussionen. Auf der anderen Seite, denke ich aber, dass man in diesem Unternehmen ohne Diversity überhaupt nicht auskommt. Wer sich dem verschließt, jetzt mal ganz unabhängig von der Einheit Diversity, wird sicherlich nicht glücklich in diesem Konzern. Weil es an allen Ecken und Enden dieser Struktur auftaucht und man es auch aktiv begleitet." (V)

Eine Studentin, die selbst in zwei unterschiedlichen Kulturen lebt, betont an verschiedenen Stellen des Interviews die positive Bedeutung interkultureller Kontakte und wünscht sich daher für ihre Hochschule eine Intensivierung der Internationalisierung und den Ausbau vorhandener Ansätze zu einem Diversity Management:

„Es hat eine hohe Bedeutung, fremde Kulturen, Mitglieder verschiedener Völker währende des Studiums kennen zu lernen. Es ist wichtig, um die Gedankengänge fremder Kulturen zu verstehen. ..."
„Es ist geeignet, um Vorurteile abzubauen. ... Wenn so ein Konzept eingeführt wird, entfallen negative Pauschalierungen, und die jeweilige Person steht im Vordergrund. ..."
„Man kann gegenseitig voneinander profitieren. Es würde ungemein viel bringen. ..."
„Die Konfrontation mit Andersartigkeit ist positiv, damit die Menschen nachdenken." (HS1)

Ihr Kommilitonen unterstützen das:

„Außerdem erleichtert die Kenntnis fremder Kulturen das Arbeitsleben. Es ist von Vorteil. Es sollten Projekte durchgeführt werden, die in die Richtung gehen, andere Kulturen kennenzulernen. Das ist für das Arbeitsleben wichtig."
„Generell hat es meiner Meinung nach eine große Bedeutung, ist eine große Chance für die Hochschule und .. für viele Studenten,

andere Leute kennen zu lernen, sozusagen über den Tellerrand hinauszuschauen." (HS1)

Dies sehen auch Professoren so:

„Der Anteil der ausländischen Studierenden steigt nicht nur bei unserem Fachbereich sondern hochschulweit. Es wird ein ganz wichtiges Thema sein, hier durch, ... interkulturelles Agieren, inter- kulturelles Management, ... gegenseitig voneinander zu profitieren. Das heißt, es geht nicht nur darum, dass sich diese Studierenden an unser System anpassen, sondern dass wir vielleicht Impulse, die sie mitbringen für unsere Studierenden, Vorteile, die unsere Studierenden dann durch interkulturellen Kontakt haben, nutzen und daraus auch unter Umständen Schlussfolgerungen ziehen für die Art und Weise, wie wir ausbilden, also, welche Freiräume wir schaffen für interkulturelle Begegnungen." (HS1)

Und er führt die Bedeutung eines gezielten Diversity Managements im inter- kulturellen Bereich mit den Worten aus:

„Ich bin .. der Meinung, dass man dafür neue, besondere Instru- mente braucht, gerade um im interkulturellen Management ... ein bisschen Schwung in die Geschichte herein zu bringen. ... Und nicht nur im Sinne managen zu können, um die Gruppe homogen zu machen, sondern auch im Sinne managen zu können, dass sie eben aus dieser Unterschiedlichkeit profitieren können. Das ist ein Punkt, auf den wir überhaupt noch nicht so Rücksicht nehmen. Wir versuchen im Moment, aus heterogenen Gruppen homogene zu machen." (HS1)

Unterschiedliche Erfahrungen und Perspektiven steigern nach Ansicht eines seiner Kollegen die Kreativität:

„Also, Unterschiedlichkeit, das ist glaube ich nur von Vorteil. ... Ich denke, dass man z. B. in Richtung Kreativität sehr viel machen kann, ... Jeder denkt anders, ... Die Frau geht ein Problem anders an als der Mann, ... Der Deutsche geht es anders an als der Japaner, ... Also, da kann man sicherlich sehr viel lernen, ... es ist schon ein Vorteil. ... Aber, wie gesagt, es muss von innen kommen." (HS1)

Dies bestätigt ein anderer Professor unter Genderaspekten:

> „Wir bemühen uns auch darum, in die Elektrotechnik-Vorlesungen möglichst Studentinnen herein zu bekommen. Das ist nicht so einfach, aber wir sind halt froh darüber, wenn Studentinnen in einer solchen Gruppe sind, weil wir sehen, dass diese Gruppen sich ganz anders verhalten, positiv anders verhalten, tatsächlich." (HS1)

Ein Dekan sagt, sein Fachbereich sei ein „ganz heterogener Haufen". Ein offizielles Diversity Management sieht er für diesen Fachbereich nicht für notwendig an, da er nur positive Effekte der vorhandenen Diversität verspürt:

> „Es ist auch kein Problem bei uns. Wir empfinden das als Reichtum, aus dem sicherlich Synergie-Effekte, die so gar nicht messbar sind, insbesondere innerhalb der Studierenden entstehen." (HS1)

Der hier angesprochene Fachbereich hat bereits seit langem eine sehr positive Einstellung zu Vielfalt entwickelt und diese auch gelebt. Dies gilt aber nicht für die Organisation in ihrer Gesamtheit, wie die weiter unten angeführten Aussagen von Studierenden deutlich machen. Ein Professor charakterisiert diese Unterschiede selbst als einen Aspekt von Diversity:

> „Also, wir sind schon sehr pluralistisch, ... sehr vielfältig, sehr bunt. Aber wir haben eben einen mehr oder minder monolithischen Block, der auch dazu gehört. Und ein Punkt von Diversity, Diversity Management wird auch sein, sich damit zu beschäftigen. ... Also

spielt das Thema Kommunikation auch da eine ganz wichtige
Rolle." (HS1)

In einigen Interviews wurden die Zusammenarbeit und das Klima in divers
zusammengesetzten Gruppen angesprochen. Ein Studierender fasst
zusammen:

> „Es [Diversity - Management] schafft ein neues Klima. Die Zusam-
> menarbeit zwischen den Professoren und den Studenten wird
> gefördert. Das Gleiche gilt für das Verständnis. Der Respekt vorein-
> ander wird zunehmen, und auch die Motivation würde steigen. Es
> würde sich ein optimales Klima zum Studieren ergeben. ..."
> „Der Respekt voreinander muss verstärkt werden. Dieses muss
> durch Teamarbeit geschehen. ..."
> „Erfolgsfaktoren sind Projekte, welche die Zusammenarbeit
> fördern. Neugier ist wichtig und die Kommunikation unterein-
> ander." (HS1)

Ein Professor eines Fachbereiches, in dem Frauen drastisch unterrepräsentiert sind, setzt vor allem auf positive Effekte durch gemischt-geschlechtliche
Arbeitsgruppen:

> „Bei den unterschiedlichen Geschlechtern sehe ich gute Ansätze.
> Die wären, dass man eben weiter forciert, in die Studentengruppen,
> männlichen Studentengruppen, gezielt Frauen, junge Mädchen
> hereinzubekommen, weil sie auch für eine positive Atmosphäre in
> solchen Gruppen sorgen. Das ist so." (HS1)

Allerdings treten die genannten Vorteile der Vielfalt nicht ohne begleitende
Maßnahmen ein. Ein Studierender, der aus dem Ausland zum Studium nach
Deutschland gekommen ist, beurteilt Diversity ohne Diversity Management
aus eigener Erfahrung kritisch, würdigt aber die positiven Ansätze:

„Es besteht ein Unterschied, ob man mit deutschen oder anderen
ausländischen Studenten zusammen arbeitet. ... da die ausländischen Studierenden ... in der deutschen Sprache noch unsicher
sind, wird langsamer gearbeitet und man bringt sich mehr
Verständnis entgegen, wenn es langsamer voran geht. Das Arbeiten
mit den deutschen Studenten ist weniger angenehm, ... Sie werden
ungeduldig in der Zusammenarbeit mit den ausländischen
Studenten. ...“
„Leider ist es zunächst für einen ausländischen Studierenden
schwer, Kontakte zu anderen Studierenden zu knüpfen. Das dauert
eine Weile. ... Die meisten Professoren verhalten sich neutral. Sie
machen sich wenig oder gar keine Mühe, ausländische Studenten
zu integrieren. ... Es gibt aber Ausnahmen. Es gibt Professoren, die
sich stark engagieren, damit sich ausländische Studierende gut
einleben können. ...“
„Im Vergleich zu anderen deutschen Hochschulen habe ich hier
positive Erfahrungen gemacht.“ (HS1)

Gemischte Erfahrungen hat auch die Leiterin des Akademischen
Auslandsamtes gemacht:

> „Der Nachteil ist, dass der Umgang im gemischten Team auch
> immer zu Konflikten führt und zu Konflikten, die man schlecht
> vorhersehen kann. Ich sehe das auch in dem Umgang mit oder
> unter einander, zwischen den Studenten, ... von meiner eigenen
> Person auch, auch mit dem Partner aus dem Ausland. Es gibt eben
> ... eine andere Herangehensweise an Probleme, positiv gesehen. Es
> gibt dann auch Negativ-Konflikte, die man nicht einschätzt in ihrer
> Dimension oder die man nicht vorhersehen kann, einfach, weil
> man sie noch nicht hatte. ... Ich habe sehr viele problematische
> Situationen, auch an mir selbst erlebt, bei denen man am Anfang
> nicht erkennt, dass es eskalieren wird. ... das macht ... das Zusam-
> menarbeiten manchmal ein bisschen schwieriger, aber ich denke,
> die positiven Aspekte überwiegen.“ (HS1)

Diese Problematik gilt nicht nur für interkulturelle Dimension sondern auch für die Arbeit in interdisziplinär zusammengesetzten Gruppen:

> „Das Risiko ist der Aufwand der Auseinandersetzung, ... Die Koordination der Unterschiedlichkeit, das muss innerhalb einer Form funktionieren ... Man muss eine ganz bestimmte Methodik entwickeln, ganz spezielle Leitplanken, in denen man sich bewegt, dass man mit dieser Unterschiedlichkeit umgeht. Wenn man das nicht schafft, wird es chaotisch ..." (U1)

Ein anderer Interviewpartner fasst mit knappen Worten seine Erfahrungen mit der Arbeit in divers zusammengesetzten Team zusammen, die er sich bemüht nicht zu dominieren:

> „Also es verlängert manchmal den einen oder anderen Prozess." (U2)

In den Interviews wurde deutlich, dass mit Diversity und Diversity Management in der Regel nicht ein Ziel sondern ganze Zielbündel verbunden werden. Wir schlagen vor, diese Ziele bzw. erwartete Effekte nach den Dimensionen der Balanced Scorecard zu systematisieren (vgl. Hansen/Aretz 2002). So die vier Bereiche

- Finanzperspektive,

- Kundenperspektive,

- Interne Prozessperspektive,

- Innovations- und Entwicklungsperspektive

in das Bewusstsein der Akteure gerückt und sie können erkennen, welche Potenziale Diversity und Diversity Management in ihren Organisationen entfalten können bzw. inwieweit diese Potenziale tatsächlich erschlossen werden.

5   Die persönliche Diversity-Situation unserer Gesprächspartner

Als letzten Aspekt der Auswertung unserer Interviews analysiere ich nun die persönliche Situation unserer Interview-PartnerInnen. Sehr interessant finde ich, nach welchen Kriterien sie sich der dominanten oder der Minoritäten-Gruppe in ihrer Organisation zuordneten. An erster Stelle steht hier die Geschlechtszugehörigkeit bei den Frauen, während bei den Männern die Position als Unterscheidungskriterium dominiert.

Wir haben 14 Frauen und 25 Männer interviewt. 8 Männer und 2 Frauen machten keine Angabe in diesem Bereich. 4 der verbleibenden 11 Frauen bezeichneten sich als der dominanten Gruppe zugehörig, eine davon aus Berücksichtigung der Geschlechtszugehörigkeit, da in ihrem Bereich Frauen die Mehrheit ausmachen, auch, was Führungspositionen anbetrifft. Die beiden anderen sehen sich auf Grund ihrer Erfahrung und ihrer Position als der dominanten Gruppe zugehörig an. Die vierte Interviewpartnerin führt ihre Hautfarbe und gesellschaftliche Position als Indikatoren für die dominante Stellung in einem internationalen Unternehmen an. Von den 8 Frauen, die sich als der Minorität zugehörig betrachten, tun 6 dies aus dem Geschlechtsaspekt heraus, eine führt noch ihren Status als Ausländerin zusätzlich an und 2 ihre Zugehörigkeit zu einer rassischen Minderheit. Als Minorität definieren sich auch zwei Diversity-Verantwortliche, da ihr Arbeits-bereich keinen dominanten Einfluss im Unternehmen besitzt. Bei den 17 Männern, die sich zugeordnet haben, sehen sich 12 als der dominanten Gruppe zugehörig an, 3 beziehen sich dabei auf ihre Geschlechtszugehörigkeit, einer zieht zusätzlich Nationalität und Herkunft heran; die anderen sehen ihre Position als entscheidend an. Ein Interviewpartner fügt sein Engagement in der Selbstverwaltung hinzu, das ihm Einflussmöglichkeiten eröffnet. Ein Mann sieht sich als Minorität in einem frauendominierten Arbeitsbereich an; einer führt seine zutiefst religiöse Überzeugung an. Drei Interviewpartner sehen sich als Außenseiter in ihrer Organisation, wobei zwei die gewollte Position als „kreativer Spinner" innehat, von denen einer aber gleichzeitig eine Vorreiterposition einnimmt und sich daher partiell auch der dominanten Gruppe zugehörig fühlt. Der dritte hat sich aus seiner Organisation innerlich und teilweise auch äußerlich auf eine Spezialistenposition zurückgezogen.

Wir erkennen in diesem Spektrum die oben dargestellten Dimensionen von Diversity wieder, die offensichtlich auch zur Interpretation der persönlichen Situation herangezogen werden. Dieses Ergebnis belegt die hohe Bedeutung der Geschlechtszugehörigkeit, zumindest aus Perspektive der Frauen, und die hohe Bedeutung von Positionen/Funktionen und Hierarchien in den deutschen Organisationen.

In einigen der Interviews gelang es uns, eine sehr offene Gesprächsatmosphäre zu erreichen, in der unsere Interview-PartnerInnen bereit waren, ihren individuellen Umgang mit Diversity näher zu beleuchten. Zum Abschluss stelle ich einige Zitate aus diesem Bereich vor. Sie zeigen, dass Diversity Management auch eine sehr persönliche Seite hat:

> „Es fängt vielleicht schon damit an, dass ich noch eine von den „alten" ... Bankern bin, da ich nämlich seit 22 Jahren bei ... und in verschiedenen Städten im Inland wie Ausland tätig war, dadurch vielleicht schon vieles gesehen habe, was manche Kollegen, der eine oder andere Kollege noch nicht gesehen hat. Ich habe ein paar Jahre in New York gelebt, und ich habe in kleineren und in größeren Filialen gearbeitet. Ich komme aus dem normalen Busi-

ness, ... und interessiere und engagiere mich jetzt für dieses Thema „Diversity" aufgrund von Engagement in Netzwerken, in dem Frauennetzwerk, und um dafür etwas zu tun. Um mich dann mit der Diskussion zu beschäftigen, Frauen in der ... Bank, wo ich meine Meinung, seitdem ich mit dem Diversity Management beschäftigt bin, um vieles geändert habe und sehe die Vielfältigkeit, die in dem Thema liegt, ja, und mich ... ärgert, dass es immer so einseitig betrachtet wird, wenn Frauen zusammensitzen, Kinderbetreuung. Das Thema ist extrem viel unterschiedlicher. Durch die vielen unterschiedlichen Gruppen, mit denen ich jetzt zusammenarbeite aufgrund von Diversity, sehe ich den Vorteil, sehr viel mehr den Vorteil, als ich ihn früher gesehen habe und nutze das auch für mein eigenes Fortkommen hier." (K2)

Im folgenden Zitat wird ein Entwicklungsprozess zu mehr Offenheit hin beschrieben:

„Bei mir ist das im Moment auch ein Prozess. Ich habe früher eben versucht, ... ähnliche Menschen zu suchen ... und es mag aber sein, dass ich dadurch immer sehr einseitig gefahren bin, so, und jetzt suche ich mir Menschen, die also z.T. völlig anders sind als ich, also, es geht darum, einfach ... etwas Neues zu entdecken und auch damit leben zu können, also, zu sagen, Mensch, erst einmal muss das nicht richtig sein, was ich denke. .. ich finde es eben schon sehr wichtig, das zu öffnen, zu mischen..." (P2)

Als einen Erfolgsfaktor im Umgang mit Diversity sieht auch einer unserer Gesprächspartner im Verkehrsunternehmen die Offenheit an:

„Verantwortung, Offenheit und immer wieder Kommunikation" (V)

Die Beschäftigung mit Diversity hat auch neue Einsichten gebracht:

„Ich versuche eben, so damit umzugehen, dass ich mir immer wieder vergegenwärtige, dass ... viele Reaktionen und viele Dinge bei uns nicht so optimal laufen, weil eben das Thema Diversity dazwischensteht, ... für mich ist es zumindest schon mal so weit, dass ich ... für mich immer wieder fest stellen kann, aha, daran liegt das jetzt. Insofern hat das schon eine Menge gebracht." (K1)

Und es bereichert Team-Arbeit und Selbst.Management :

„... dass ich gerade dabei bin, einen Bereich mit neuen Produkten zu entwikkeln, ... und für alle diese Sachen Mitarbeiter brauche, die bestimmte Befähigungen mitbringen, wo eben nicht jeder das gleiche kann, ..., sondern wo jeder einen Teil eines Puzzles darstellt, ... Wir haben also Leute, die haben BWL studiert, wir haben Leute, die kennen sich mit EDV hervorragend aus. Wir haben Leute ... die arbeiten super exakt und machen kaum Fehler, ... Da gibt es so Spinner, dazu gehöre ich höchstwahrscheinlich, die sind ein Stück weit chaotisch, die brauchen wieder einen Controller, der mal rüber guckt ..." (U1)

Bei aller positiver Haltung zur personellen Vielfalt, finden wir aber auch immer wiedere Hinweise auf Schwierigkeiten, dies in das persönliche Verhalten umzusetzen:

„Ja nun bin ich ja sehr konfrontiert und sehr involviert das Thema, aber auch in früheren Zeiten als ich noch in den Linienfunktionen war, da habe ich das immer als sehr positiv empfunden eine große Vielfalt um mich zu haben und ich habe mich auch immer sehr gefreut über die Offenheit, die auch andersartigen Menschen unter dem Aspekt Diversity entgegengebracht wird, und dass ich da eigentlich keine Vorbehalte gesehen habe. ... Und insofern finde ich den Umgang sehr positiv. Jetzt aus meiner Aufgabe heraus sehe ich natürlich auch an manchen Stellen Diskrepanzen aus dem, was die Geschäftsleitung des Unternehmens möchte und erreichen möchte und dem, die es in manchen Bereichen immer noch, manchmal etwas anderes gelebt wird. Hinterfragt bedeutet das aber auch, dass es dort vielleicht auch ganz andere Zwänge gibt, dass man vielleicht in Einzelfällen gar nicht anders handeln kann." (V)

Gefragt nach den Schwierigkeiten in seinem persönlichen Umgang mit Diversity , antwortet ein anderer Interviewpartner:

> „Ich glaube dazu gehört das Zulassen der Situation. Ich glaube, mir fällt es relativ leicht, weil ich es immer so gelebt habe, aber ich glaube, das könnte das Schwierigste überhaupt sein. ..."
> „Es ist wirklich dieses Zulassen. Wenn ich sage: „Ich will diese Vielfalt", heißt das natürlich, dass ich die Vielfalt auch immer, in jeder Situation ... akzeptieren muss. Ich habe es oft so erlebt, dass ich mich ... bewusst immer wieder zurücknehmen muss, ..." (U2)

Eine ähnliche Einsicht finden wir bei einem Professor, der seine Leitungserfahrung in diversen Teams an der Hochschule zusammenfasst:

> "... ich denke, dass ist das Erfolgsgeheimnis ... gewesen, dass wir nicht über konkrete Maßnahmen diskutiert haben oder über Meinungen, sondern immer über die Ziele, ... dass wir gesagt haben, was wollen wir eigentlich, was sind die Gefahren und auf dieser Zieldimension konnten wir uns immer verständigen, und der Rest ist dann nicht mehr so wichtig. ... man muss akzeptieren, dass ... teilweise von den einzelnen Mitgliedern in eigener Zuständigkeit Dinge ... gemacht werden, die andere halt anders gemacht hätten... Das ist manchmal schwierig. Da muss man über seinen Schatten springen können. ... Selbst wenn man meint, die andere Lösung, die man selbst hätte, würde besser dazu beitragen. Es ist immer noch besser die andere zu akzeptieren und im Team so zu arbeiten, als sich wirklich auf Detailmaßnahmen zu verständigen, denn - darüber kommt man in einen Streit, der nicht mehr lösbar ist." (HS1)

Ein starkes Bemühen um Diversity-Kompetenz spricht auch aus den Worten eines Personalleiters. Er gesteht zu, dass er noch an sich arbeiten muss, weist aber gleichzeitig darauf hin, dass Toleranz nicht in Beliebigkeit umschlagen darf:

> „Ich bemühe mich, die Verschiedenartigkeit der Menschen zu akzeptieren und einen gleichen Umgang mit Menschen zu pflegen. Gelingt aber nicht immer ... Manche Verhaltensschemata, z.B. Arroganz will ich gar nicht akzeptieren. Standpunkte können und sollen unterschiedlich sein, aber ich muss den anderen nicht mögen darum. Im eigenen Umgang muss ich mich manchmal bremsen, manchmal passiert das zu spät, wenn ich das Fettnäpfchen schon betreten habe ..." (K2)

In der Mehrheit der Interviews wurde deutlich, dass Diversity Management als Notwendigkeit erkannt wurde, um den Reichtum, der in der Vielfalt liegt, für die Organisation und für die einzelnen Menschen, die damit umgehen, zu erschließen. Allerdings wurde auch immer wieder betont, dass dies als Zwischenstadium verstanden wird, das durch den Zustand unbewusster Diversity-Kompetenz abgelöst werden soll. (Aretz/Hansen 2002). In der Formulierung ihrer Wunschvorstellung sind sich unsere Interviewpartner unabhängig von der Organisation fast durchweg einig. Stellvertretend zitieren wir den Oberbürgermeister:

> „Den unverkrampften Umgang mit Minderheiten, das als völlig Natürliches zu sehen. Ich weiß, dass wir noch weit davon entfernt sind. Darum ist es ... vernünftig und wichtig, dass sich diese Gruppen ... artikulieren, dass sie ihre ... Interessen bündeln. Das ist absolut legitim. Nur fände ich es schön, wenn wir irgendwann einmal keine Schwerbehindertenvertretungen mehr benötigten, wenn wir irgendwann mal keinen Ausländerbeirat mehr benötigten, wenn wir viele anderen Gruppierungen, die es in dem Umfeld gibt, nicht mehr benötigten ..." (Stadtverwaltung)

Knapp und prägnant hat ihr Ziel eine Diversity-Beauftragte mit den Worten formuliert:

> „Das ist eben im Endeffekt auch das Ziel von Diversity als Prozess,
> sich überflüssig zu machen, die Selbstauflösung." (K2)

Literatur

Aretz, H. J./Hansen, K. (2002) Diversity und Diversity Management im Unternehmen. Eine Analyse aus systemtheoretischer Sicht, Münster

Bissels, S./Sackmann, S./Bissels, T. (2001): Kulturelle Vielfalt in Organisationen. Ein blinder Fleck muss sehen lernen. Soziale Welt 52, S. 403-426.

Caines, R. (1999) MIT: A Higher-Education Perspective, in: Profiles of Diversity Journal 3, p. 5 - 7

Cox, T. H./Blake, S. (1991) Managing Cultural Diversity: implications for organizational competitiveness, Academy of Management Executive, vol. 5, No. 3, S. 45-56.

Deutsche Bank (2002) (Hrsg.) Global Diversity, Frankfurt/Main

Griggs, L. B./Louw. L. L. (1994) (eds.) Valuing Diversity. New Tools for a New Reality, New York et al.

Hansen, K./Aretz, H.-J. (2002) „Diversity Management" - eine Herausforderung für deutsche Unternehmen, in: Knauth, P./Wollert, A. (Hrsg.): Human Resource Management. Neue Formen der betrieblichen Arbeitsorganisation und Mitarbeiterführung, Loseblattwerk Köln, 35. Ergänzungslieferung

Kanter R. M. (1993) Men and Women of the Corporation. Minorities and Majorities; Contributions to Practice, New York

Meyerson, D. M./Fletcher J. K. (2002) A Modest Manifesto for Shattering the Glass Ceiling, in: Harvard Business Review on Managing Diversity, Boston p.

67 - 93 (Originally published 2000)

Rhodes, J. M. (1999) Making the Business Case for Diversity in American Company. Personalführung 5, S. 22-26

Thomas, R. R. (1996) Redefining Diversity, New York

Thomas, R. R./Woodruff, M.I. (1999) Building a House for Diversity. How a Fable About a Giraffe & an Elephant Offers new Strategies for Today´s Workforce, New York.

Eszter Belinszki
Umgang mit personeller Vielfalt.
Ergebnisse einer Untersuchung in Unternehmen und in Non-Profit-Organisationen

Thomas und Ely (1996) unterscheiden in ihrer mittlerweile klassischen Studie über Managing Diversity drei idealtypische Formen, wie eine Organisation mit der Vielfalt der Belegschaft umgehen kann. Der Ansatz „Discrimination and Fairness" beruht auf der Erwartung, dass die demographische Zusammensetzung der Gesellschaft sich in der Belegschaft widerspiegeln soll. Die Basis bildet dabei eine Gerechtigkeitsvorstellung die sich neben Gesetzesvorschriften auch in der internen moralischen Verpflichtung und sozialen Verantwortung manifestieren kann. Neben eindeutig identifizierbaren Vorteilen, wie die Anerkennung der Chancengleichheit als Wert, Bewusstseinssteigerung und die Ermöglichung vielfältiger beruflicher Optionen für bislang benachteiligte soziale Gruppen, werden die Grenzen des Ansatzes ebenfalls deutlich: Der Mythos der neutralen Organisation kann weiterhin problemlos aufrechterhalten werden. Die Heterogenität innerhalb der Identitätsgruppen bleibt ausgeblendet, da Differenz nur im Rahmen der vorher definierten Identitätskriterien an Bedeutung gewinnt. Das kann leicht zu Stereotypisierungen führen. Im zweiten, von Thomas und Ely beschriebenen Ansatz: „Access and Legitimacy", geriet neben der sozialen Verantwortung das Interesse der Organisation, bzw. des Wirtschaftsunternehmens in den Mittelpunkt. Durch die Vielfalt der MitarbeiterInnen eröffnen sich Möglichkeiten für das Unternehmen neue Kundengruppen zu erschließen

---

Eszter Belinszki Dipl. Ökon., wissenschaftliche Mitarbeitern und Koordinatorin des Projektes „Umgang mit personeller Vielfalt in Organisationen" im Interdisziplinären Frauenforschungs-Zentrum der Universität Bielefeld.

und die eigene Position am Absatzmarkt zu verstärken. Obwohl Vielfalt als Wert und als besondere, ertragsreiche Human Ressource für die Organisation erkannt wird, stellt die einseitige Fokussierung auf die Kundenorientierung gleichzeitig die Grenze für diesen Ansatz dar. Da MitarbeiterInnen qua Zugehörigkeit zu der einen oder der anderen Identitätsgruppe für bestimmte Aufgaben zugeteilt werden, besteht die Gefahr der Stereotypisierung. Darüber hinaus führt diese Herangehensweise nicht zur Ermittlung der MitarbeiterInnenpotentiale, fördert also weder ein effektives Human Ressource Management noch kann damit die Zufriedenheit der MitarbeiterInnen längerfristig gesichert werden. Der Ansatz „Learning and Effectiveness" bietet hingegen ein breiteres Verständnis von Vielfalt: Es geht nicht darum, durch das Prinzip der „sozialen Ähnlichkeit" MitarbeiterInnen unterschiedlichen Geschlechts, ethnischer-nationaler Zugehörigkeit oder Altersgruppen einzusetzen, um neue Kundenkontakte aufzubauen. Die Vielfalt der Belegschaft stellt für Organisationen eine viel umfangreichere Ressource dar. Dieser dritte Ansatz baut auf die These, dass heterogene Lebenserfahrungen innovative Herangehensweisen und Kreativität in der Arbeit fördern. Der Fokus liegt auf dem Gesamtunternehmen: In allen Bereichen ist die Frage nach Produkt- und Prozessinnovation relevant. Die Heterogenität in der Gruppe wird hervorgehoben, da Vielfalt nicht ausschließlich auf identitätsstiftende körperliche Voraussetzungen der „Abstammung" bezogen wird, sondern die daraus resultierenden, situationsbedingten unterschiedlichen Lebenserfahrungen ins Zentrum rücken. Aus dieser Öffnung resultieren gleichzeitig die Grenzen des Ansatzes: Die Definition von Vielfalt ist nicht mehr an „augenscheinliche" Merkmale der Personen geknüpft. Die Entwicklung von Maßnahmen und Regelungen die Vielfalt berücksichtigen gestalten sich für die Organisationen komplexer. Parallel zur Ausdifferenzierung stellt sich die Frage nach den integrativen Elementen, nach der gemeinsamen Basis für die Belegschaft.

Die Typologie von Thomas und Ely entstand aufgrund einer Untersuchung
von US-amerikanischen Wirtschaftsunternehmen. Wie der Beitrag von
Loriann Roberson in diesem Band zeigt, gibt es mittlerweile weiterführende
Forschungserkenntnisse, die die Fragen von Diversity und Managing Diversity in Organisationen aus unterschiedlichen Perspektiven beleuchten (vgl.
weiterführende Literaturhinweise dort). Michael Stuber berichtet über die
Ergebnisse einer Erhebung im europäischen Kontext (vgl. auch Stuber
2002): Aus welchen Gründen und mit welchen Konzepten erarbeiten europäische Unternehmen Diversity Management?

I   Fragestellung und Forschungsdesign

Welche Rolle spielt Vielfalt und Diversity Management in Organisationen in
Deutschland? Dieser Frage ging die Studie im Rahmen des Projektes
„Umgang mit personeller Vielfalt in Unternehmen und in Non-Profit-Organisationen" ausgehend von der Universität Bielefeld und der Fachhochschule
Gelsenkirchen nach. Die Untersuchung hatte einen explorativen Charakter,
da die Fragestellung in dieser Form bis jetzt wissenschaftlich nicht erforscht
wurde.

Das ursprüngliche Interesse der Forschungsgruppe galt dem Anliegen, wie
das Konzept von Managing Diversity in Unternehmen, wie auch in Non-Profit-
Organisationen, aufgenommen, interpretiert und umgesetzt wird. Inwieweit
gibt es Anschlussstellen an die Typologie von Thomas und Ely bzw. wo bieten
sich Ergänzungen sowie Modifikationen an? Im Zuge der ersten Feldkontakte
wurde jedoch deutlich, dass weder der Begriff „Managing Diversity", noch der
konzeptionelle Inhalt allgemein bekannt sind. Es gibt nur wenige international agierende Großunternehmen in Deutschland, die Diversity-Initiativen
gestartet haben und verschiedene Aktivitäten durch Diversity Management
koordinieren. Fünf von ihnen werden in diesem Band detailliert dargestellt.
Obwohl aufgrund der demographischen Tendenzen (vgl. u.a. den Beitrag von

Gerhardt Engelbrech in diesem Band) die Heterogenität am Arbeitsmarkt in Deutschland zunimmt, scheint das Problembewusstsein kaum ausgeprägt zu sein. Der Handlungsbedarf wird selten wahrgenommen, obwohl die Vielfalt der MitarbeiterInnen doch zum „erlebten Alltag" der Organisation gehört.

Aufgrund dieser ersten Erfahrungen erfolgte eine Spezifizierung der Forschungsfrage. Das erkenntnisleitende Interesse richtet sich auf zwei Ebenen: Wahrnehmung und Gestaltung. Auf der Wahrnehmungsebene fragt die Untersuchung danach, inwieweit Heterogenität in der Belegschaft wahrgenommen wird. Wird sie von Entscheidungsträgern als Bereicherung oder als Problemfaktor interpretiert? In welchen Dimensionen wird Vielfalt für relevant gehalten? In bezug auf die Gestaltung stellt sich die Frage, welche Maßnahmen Arbeitsorganisationen entwickeln, um der personellen Vielfalt gerecht zu werden. Die Frage fokussiert nicht nur gezielte „Diversity-Aktivitäten", die in einem übergreifenden Konzept eingebettet sind, sondern auch verschiedene Initiativen, Strategien und Projekte im Personalmanagement, die den Blick direkt oder indirekt auf die Unterschiedlichkeiten unter den MitarbeiterInnen lenken. Neben Förderprogrammen für bestimmte Gruppen (Frauen, AusländerInnen) geht es dabei u.a. um Innovationen in der Arbeitszeitgestaltung oder Arbeitsorganisation, bzw. um das Thema Work-Life-Balance. Dabei wurde davon ausgegangen, dass die Organisationen – punktuell zumindest – interne Antworten auf die Fragen entwickelt haben, die aus der Heterogenität der Belegschaft entstehen. Es ist ebenfalls anzunehmen dass sie ggf. Umgangsformen in die institutionelle Regelungen eingebaut haben, die Vielfalt berücksichtigen, ohne dies aber übergreifend und in Verbindung mit der Management-Strategie zu formulieren.

Für die Untersuchung wurden qualitative Verfahren ausgewählt. Diese Entscheidung lag einerseits darin begründet, dass es im Bereich der Diversity Forschung in Deutschland bis jetzt kaum wissenschaftliche Erkenntnisse gibt, die eine Hypothesenformulierung und Befragung mit großem Sample ermöglichen würden, wie das im quantitativen Forschungsdesign notwendig wäre. Ein zweiter Grund bestand darin, dass die Konstruktionsprozesse von Vielfalt auf der Wahrnehmungsebene von Entscheidungsträgern sich nur durch qualitative Analysen entschlüsseln lassen. Drittens wurden vorher kein als „Diversity-kompatibel" zu bezeichnender „Maßnahmenkatalog" definiert. Die Forschungsfrage zielt vielmehr auf Aktivitäten, Regelungen, Projekte etc., die ggf. in anderen Kontexten und aus anderen Beweggründen entstanden sind, jedoch zur Integration der Vielfalt in der Organisation beigetragen haben, ohne allerdings speziell darauf abzustellen.

Als Erhebungsinstrument wurden, entsprechend dem offenen, qualitativen Forschungsdesign, problemzentrierte Leitfadeninterviews mit EntscheidungsträgerInnen von Unternehmen und Non-Profit-Organisationen eingesetzt. Die Fragen umfassten folgende Themen:

• Vielfalt in der Zusammensetzung der Belegschaft, insbesondere hinsichtlich vier „Kerndimensionen": Geschlecht, Ethnie/Nationalität, Alter und Behinderung;

• Rekrutierung und Auswahlverfahren;

• Fluktuation und MitarbeiterInnenbindung;

• Arbeitzeitregelung und –konzepte;

• Weiterbildung und Schulung;

• die Bedeutung und Förderung der Innovation;

• die aktuelle Arbeitsmarktsituation für die Organisation.

In den Interviews wurden statt geschlossenen Fragen die Themenfelder in Form einer Impulsfrage angesprochen. Diese Offenheit ermöglichte es einerseits, die Perspektive der Befragten besser zu rekonstruieren: Die Deutungsrahmen der InterviewpartnerInnen standen im Mittelpunkt. Darüber hinaus konnten andererseits die spezifischen Situationen der Organisationen aus unterschiedlichen Geschäftsbereichen, Branchen oder sozialen Sektoren der Non-Profit-Aktivitäten besser berücksichtigt werden.

In bezug auf die demographische Zusammensetzung der Belegschaft wurden vier Dimensionen von der Interviewerin explizit angesprochen. Die Erfahrungen der Probeinterviews ergaben, dass der Begriff Diversity oder Vielfalt in diesem Kontext für die Befragten Interpretationsschwierigkeiten bereitet. Die o.g. vier Dimensionen stellen Schwerpunkte dar, die in gesellschaftlichen Diskussionen in bezug auf die Heterogenität am Arbeitmarkt in den letzten Zeiten häufig thematisiert wurden. Die Dimension „Ethnie/Nationalität" bezeichnet nicht einfach „AusländerInnen", sondern umfasst alle MitarbeiterInnen, die zwar ggf. die deutsche Staatsbürgerschaft besitzen, in deren Sozialisation jedoch die Zugehörigkeit zu einer ethnischen Gruppe als identitätsstiftende Eigenschaft eine zentrale Rolle spielt. Diese umfassende Definition ermöglicht es die zweite oder dritte Generation von MigrantInnenfamilien oder die SpätaussiedlerInnen entsprechend zu berücksichtigen. Eine fünfte Dimension der sexuellen Orientierung wurde in dieser Erhebung nicht offen angesprochen. Die Vorgespräche zeigten, dass diese auf der betrieblichen Ebene für irrelevant gehalten wird. Im Gegensatz zu den anderen Dimensionen sahen die GesprächspartnerInnen keine Möglichkeit, eine Verbindung zwischen sexueller Orientierung und Organisation herzustellen. Das Thema traf punktuell sogar auf Ablehnung. Der ambivalente Umgang mit dieser Dimension könnte ein wichtiges Thema für eine weiterführende Studie darstellen.

Das Sample bestand aus mittelgroßen Organisationen mit bis zu 3000 Beschäftigten in Ostwestfalen-Lippe: mittelständische Unternehmen, die z.T. international agieren bzw. Tochtergesellschaften im Ausland haben, und Non-Profit-Organisationen. Da die meisten Diversity-Untersuchungen vor allem auf Großkonzerne fokussieren, war es ein wichtiges Anliegen des Forschungsprojektes, mittelständische Unternehmen und Organisationen in das Zentrum des Interesses zu stellen. Aufgrund der politischen und wirtschaftlichen Ereignisse der Jahre 2001 und 2002 gestaltete sich der Zugang zum Forschungsfeld schwierig. Deshalb wurde aus forschungspragmatischen Gründen OWL als regionaler Schwerpunkt ausgewählt: Die bestehenden Beziehungen der Universität Bielefeld und des Interdisziplinären Frauenforschungszentrums (IFF) zu verschiedenen Wirtschaftsorganisationen erleichterten die Kontaktaufnahme[1].

Für die Untersuchung wurden 19 Organisationen ausgewählt: Unternehmen aus der Elektro-, Metall- und Möbelindustrie, Marktforschung, Energieversorgung, medizinische und soziale Einrichtungen sowie eine öffentliche Kommunalverwaltung. Bis auf ein Unternehmen wurde in allen Organisationen ein/e EntscheidungsträgerIn in leitender Position aus dem Bereich Personal (LeiterIn der Personalabteilung, Human Ressource Manager) interviewt. In einem Fall wurde das Gespräch mit der Leiterin des Bereiches Chancengleichheit durchgeführt, deren Position aber ebenfalls in der Personalabteilung angesiedelt ist.

Die Interviews wurden auf Tonband aufgezeichnet und vollständig transskribiert. Darauf folgte eine themenzentrierte inhaltsanalytische Auswertung.

---

1   Hiermit möchten wir Herrn Wolfgang Smode, dem Geschäftsführer der WEGE GmbH in Bielefeld für seine Kooperationsbereitschaft herzlich danken.

Im folgenden werden die Ergebnisse präsentiert. Zuerst wird ein Überblick über die Wahrnehmung von Vielfalt in den vier Kerndimensionen dargestellt. Im zweiten Abschnitt werden die wichtigsten Aspekte sowie Mittel der Gestaltung zusammengefasst.

2 Wahrnehmung von Vielfalt in der Organisation

Geschlecht

In den befragten Organisationen werden Frauen überwiegend im Niedriglohnbereich der Produktion, bzw. in unteren Sachbearbeitungspositionen beschäftigt. Die Produktionsunternehmen im Sample arbeiten in „Männerbranchen", d.h. in Industriezweigen, in denen der Anteil der „klassisch männlich" kodierten Berufsfelder aus dem technischen Bereich überwiegt. In diesen Unternehmen werden Frauen dennoch als unqualifizierte Aushilfskräfte in der Produktion eingesetzt. Aus der Perspektive der Personalleitung ist Erwerbstätigkeit für diese Frauen entweder nur provisorischer Natur oder hat einen untergeordneten Stellenwert in der Lebensplanung, ihre Funktion besteht ausschließlich darin, die finanzielle Situation der Familie zu verbessern. In medizinischen, sozialen und karitativen Einrichtungen ist der Anteil von Frauen mit entsprechender fachlicher Qualifikation (z.B. Krankenschwester, Erzieherin, Sozialarbeiterin, Sozialpädagogin) höher. Aber auch hier ist die Tendenz zu beobachten: je höher die Qualifikationsstufe, desto weniger Frauen sind beschäftigt. Die Personalleiter berichteten im Gespräch über ihre Erfahrungen, dass in der Krankenpflege Frauen nur vorübergehend, vor der Familiengründung, ihren Beruf ausüben. Die Fluktuationsrate ist entsprechend hoch. Anders zeigt sich die Situation in sozialen Einrichtungen der Behindertenbetreuung: Die Rückkehr zur Organisation nach der Familienphase ist stärker verbreitet. Personalleiter beschreiben das als „lebenslanges Engagement". Weibliche Beschäftigte dominieren außerdem in allen Organisationen in den unteren Hierarchieebenen der Verwaltung.

Die Interviews zeigten, dass die Wahrnehmung der geschlechtsspezifischen Segregation innerhalb der Organisationen deutlich ausgeprägt ist: In allen Fällen berichten die Personalverantwortlichen über „Männer-" bzw. „Frauenbereiche" in den ergänzenden Dienstleistungsbereichen, wie EDV, Reinigung oder Küche. Die Mehrheit von ihnen beschreibt die Segregation auch in den Berufsfeldern, die die Kernkompetenzen der Unternehmen, bzw. Non-Profit-Organisation, abdecken. Diese Frage wird jedoch in den Interviews kaum problematisiert. Nur in einem Gespräch wird thematisiert, dass die Trennung zwischen weiblichen und männlichen Arbeitsbereichen aufgehoben werden kann. Der Personalleiter einer Non-Profit-Organisation aus dem sozialen Bereich berichtet, dass er eine Frau in ein reines Männerteam eingestellt hat. Die junge Auszubildende bewarb sich für die Stelle und begann in einer Handwerkergruppe als erste und einzige Frau zu arbeiten. Der Gesprächspartner beschreibt die ersten Reaktionen in der Gruppe als „Kulturschock". Er weist aber in seiner Erzählung ebenfalls darauf hin, dass die Beteiligten die neue Situation akzeptiert haben. Das Hindernis bestand nicht in der eingeschränkten Einsatzfähigkeit der Frau, sondern darin, dass die Einstellung einer Frau ein Novum gegenüber den bisherigen Gewohnheiten bedeutete:

„Es war wie Handwerksbetriebe im technischen Bereich häufiger, ein reiner Männerbetrieb. In dem Bereich bieten wir eben auch Ausbildungsplätze an, (...) So, und da meldete sich eine junge Frau. Dann habe ich mit den Leitern da gesprochen. Ich sage: „Hier, 'ne Frau". „Haben wir ja noch nie gehabt", „Ja", sage ich, „klar, aber ist ja nicht verboten." „Ja, gucke ich mir mal an". Gut. Dann haben die miteinander gesprochen und dann kam er und sagte: „Ja, also mit viel Mühe ..., aber ich habe mit allen gesprochen. Wir machen das mal". So, und ich hatte allerdings, muss ich sagen, von der sehr jungen Frau den Eindruck, dass die ausgesprochen pfiffig war und nach einem halben Jahr habe ich mich mit ihr noch mal getroffen- hier. (...) Es war für mich eben was besonderes. Und ich sage: „Sagen Sie mal, wie läuft das denn da?" „Ja, kein Problem,

komme mit allen klar" und so. „Ja", sagt sie, „[Bei E.B.]manche
Sachen, es gibt schon körperliche Grenzen. (...) Dann gibt es
wieder andere Sachen, die kann ich besser machen. (...)" sagt sie.
Das ergänzt sich." (Int. Nr. 18, 504-523)

Der Personalleiter hebt das Element der Komplementarität hervor: Obwohl
die Auszubildende bei bestimmten Aufgaben, bei denen Körperkraft gefordert
wird, Unterstützung braucht, gibt es andere Tätigkeiten, in denen sie im
Vorteil ist. Das kompensiert ihre „Schwäche" und ermöglicht für die Gruppe
eine gute Arbeit.

Die Konstruktion der gegenseitigen Ergänzung, die in diesem Interview zu
finden ist, bleibt ein Einzelfall. Die anderen Gespräche sind mehr von bipo-
laren Geschlechterkonstruktionen dominiert. Die Existenz von Frauen- und
Männerberufen wird in den Gesprächen als eine „Selbstverständlichkeit" auf
der Basis von traditionellen Geschlechterbildern betrachtet. „Männliche
Arbeiten" werden mit dem Einsatz von Technik, Maschinen, mit der Notwendigkeit von physischer Kraft, mit Schmutz und Gefahren verbunden. In der
Logik der Argumentationen sind solche Arbeiten für Frauen nicht geeignet,
vor allem aufgrund fehlender körperlicher Voraussetzungen.

Neben der vertikalen Segregation sind in den befragten Organisationen ebenfalls Unterschiede zwischen den Geschlechtern auf verschiedenen Hierarchieebenen zu beobachten. Die InterviewpartnerInnen berichten
einstimmig, dass es in höheren Leitungspositionen kaum Frauen gibt. In den
Begründungen bzw. Interpretationen der Einzelnen zeigen sich jedoch
unterschiedliche Argumentationsmuster. In den meisten Fällen erfolgt eine
„Individualisierung" der Verantwortung: Frauen haben kein Interesse an der
beruflichen Karriere, da ihr Lebensschwerpunkt in der Familie liegt, sie
haben keine Ambitionen für Führungsaufgaben, bzw. ihnen fehlt der
entsprechende Qualifikationshintergrund. Es sind die männlichen
Gesprächspartner von Produktionsunternehmen, die in diesem Kontext die

prinzipielle Offenheit des Unternehmens betonen, aber gleichzeitig erklären, dass es einen Mangel an geeigneten Kandidatinnen gibt. Beispielhaft für dieses Argumentationsmuster steht das folgende Zitat:

> „Also, wir haben von unseren Führungskräften eine Dame, die aber jetzt leider aufhört, aber wir suchen ja Ersatz und es wird auch wieder eine Dame. [Im Zeitpunkt des Interviews stand die Entscheidung schon fest. E.B.] (...) Wir haben nichts dagegen, wenn es Damen werden, aber es bewerben sich auch wenige wenn wir dann so eine Stelle besetzen wollen. (...) Im technischen Bereich sowieso und wenn es um Führungspositionen geht leider auch." (Int. Nr.3, 142-146)

Die Interviewpartner präsentieren zwar ihre Organisation als offen für die Einstellung qualifizierter weiblicher Führungskräfte, problematisieren jedoch den niedrigen Frauenanteil in Leitungspositionen für ihr Unternehmen nicht. Dementsprechend entwickeln sie keine weiteren Erklärungs- und Lösungsansätze. Die „tolerante Einstellung der Organisation" wird in dreien dieser Fälle mit dem Beispiel einer „Ausnahmefrau" belegt. In den Gesprächen wird jeweils eine Mitarbeiterin in Führungsposition genannt, die sowohl fachliche Qualifikation als auch Durchsetzungsfähigkeit sowie Motivation besitzt und deshalb im Unternehmen anerkannt ist. Sie dient zugleich als Vorbild aus der Perspektive der befragten Personalleiter.

> „Wir, als Unternehmen selbst, unterstützen natürlich [weibliche Führungskräfte E.B.], das hat ja das Beispiel der jungen Dame gezeigt, dass es bei uns auch möglich ist da entsprechende Karrieren zu machen. (...) Also, sie ist seit 1997 bei uns, seit einigen Jahren. Und sie wird jetzt entwendet in einem ausländischen Unternehmen innerhalb der Gruppe und in einem ganz bestimmten Bereich produzieren. Sie hat diese Fachkenntnisse und wird diesem Unternehmen zur Verfügung gestellt."
> *I.: „Ist dies dann auch eine Art Beförderung in diesem Sinne für sie?"*

„Ja, das ist es schon, ja sicher. (...) Die Dame hat eine hohe Fachkompetenz, hat eine sehr gute persönliche Ader und das kam also
ganz gut an. Es war nicht so, also introvertierte Person und ich
denke, sie hat sich da auch relativ schnell durchgesetzt und hat
auch schnell bei Männern eine Akzeptanz gefunden. Ich denke,
dass liegt auch an der Persönlichkeit des Einzelnen. (...) Sie hat
eben sehr stark auch durch ihre Fachkompetenz überzeugt und
das ist auch gut angekommen." (Int. Nr. 10, 284-310)

Es gibt nur zwei Interviews (ein Logistikunternehmen und ein Elektroher-
steller), in denen organisationsinterne Barrieren für Frauen thematisiert
werden. In beiden Fällen weisen die GesprächspartnerInnen darauf hin, dass
Frauen in den Augen der Unternehmensleitung wenig geeignet für Führungspositionen sind. Sie distanzieren sich gleichzeitig von dieser Vermutung und
signalisieren, dass es hier um „konservative" Werte geht.

„(...) Auf der anderen Seite kann man einfach auch sagen, [dies]
ist ein sehr traditionelles Unternehmen, (...) [ein] konservatives
Unternehmen und ich glaube einfach, dass dort für diese Dinge,
ich will nicht sagen nicht das Verständnis da ist, aber dass man sich
dort einfach so in den herkömmlichen Bahnen bewegt. Und das
das vielleicht teilweise Dinge sind, die man sich an vielen Stellen
auch noch gar nicht so richtig vorstellen kann." (Int. Nr.9, 219-
224)

Organisationsinterne strukturelle Hindernisse für die Karriere von Frauen
werden in den Gesprächen weitgehend ausgeblendet. Ein breiterer gesellschaftlicher Kontext wird nur in einem Interview, und auch hier nur kurz,
angesprochen. Der Personalleiter einer Kommunalverwaltung weist darauf
hin, dass die berufliche Karriere für Frauen vor allem durch die familiären
Verpflichtungen der Kinderversorgung erschwert wird.

„Vielfach, und das muss man ganz klar sagen, ist das Haupt-
hemmnis für Frauen immer noch Kindererziehung und berufli-

ches Weiterkommen [zu vereinbaren, E.B.]. Denn es sind
mindestens 95% aller beurlaubten Frauen. Wir haben es mal für
zwei Jahrgänge ganz spezifisch untersucht, all die Frauen, die
weiter gekommen sind, hatten keine Kinderpause, und sie hatten
dann keine Kindererziehung, die sind in gleicher Weise weiter
gekommen oder in ähnlicher Weise wie die Männer auch. Bei den
Frauen waren es immer die, die zurück geblieben waren in der
beruflichen Weiterentwicklung, die dann eben eine Auszeit hatten
und dann nachher nur die halbe Präsenz bei einer Teilzeitbeschäf-
tigung hatten." (Int. Nr. 16, 298-305)

Das Konzept von Managing Diversity beruht auf der These, dass die Vielfalt
der MitarbeiterInnen eine besondere Ressource für die Arbeitsorganisation
bedeutet. Es stellt sich die Frage, inwieweit die befragten Personalverantwortlichen Vielfalt in der Geschlechterdimension als eine Bereicherung für das
Unternehmen wahrnehmen. Obwohl ein Teil der männlichen Personalleiter
die Offenheit ihrer Organisation in den Mittelpunkt stellt: in den meisten
Fällen bleibt der Aspekt der Unternehmensinteressen an der Beschäftigung
von Frauen ausgeblendet. Eine Personalleiterin spricht als einzige explizit an,
dass sich das Fehlen von Frauen in Führungspositionen nachteilig auf das
Unternehmen auswirkt:

„Was mir auffällt ist, dass weiterhin – leider kann ich nur sagen –
zwar viele Frauen [im Unternehmen, E.B.] arbeiten aber wenig
Frauen in Führungspositionen, ... sich letztendlich dafür
bewerben, (...) was, ich denke, ein Manko ist, weil es einfach auch,
sage ich mal, auch was soziale Kompetenz anbetrifft, im Unternehmen viel ausmachen würde. Von daher ist dort, sage ich mal,
ist dort einfach weiterhin ein Manko." (Int. Nr. 15, 32-37)

Das Interesse der Arbeitsorganisationen wird auch in einem anderen Kontext
relevant: Wenn qualifizierte Mitarbeiterinnen aufgrund der Familiengründung ihre Arbeit kündigen oder für längere Zeit in Erziehungsurlaub gehen,
verliert die Organisation wertvolle Humanressourcen. Dieser Aspekt wird vor

allem in den Organisationen erkannt, in denen viele gut ausgebildete Frauen beschäftigt sind, bzw. durch interne Ausbildung und On-the-Job-Training hohe Investitionen in das Humankapital der Beschäftigten erfolgt (z.B. Marktforschung und Marketingdienstleistung) und die Organisation kurz- bis mittelfristig mit einem Mangel an Arbeitskräften kalkulieren müssen (soziale Dienstleistungen, Pflegeberufe). Diese Organisationen verwenden mehr Aufmerksamkeit auf die Kontaktpflege zu Kolleginnen im Erziehungs- urlaub. Statt sporadischer persönlicher Interessensbekundung werden strukturelle Rahmen angeboten, um sich über die Ereignisse in der Organi- sation zu informieren und die Möglichkeiten sowie Bedingungen des Wieder- einstiegs zu eruieren.

In zwei Non-Profit-Organisationen aus dem sozialen Bereich werden konzep- tionelle Ansätze zu einer übergreifenden Förderung der Chancengleichheit seit 2002 neu erarbeitet. Obwohl konkrete Programme und Ergebnisse aufgrund des Zeitrahmens noch kaum vorliegen, ist die Perspektivenverlage- rung deutlich bemerkbar: Das Interesse der Organisation erfordert es, neue Wege und innovative Konzepte zu finden, um für Frauen als attraktiver Arbeitgeber zu erscheinen und damit rechtzeitig das Potential von Mitarbei- terinnen zu sichern. In der Kommunalverwaltung regeln gesetzliche Bestim- mungen des Landesgleichstellungsgesetzes die Kompetenzbereiche von Gleichstellungsbeauftragten und die Berücksichtigung dieser Themen im Personalmanagement – das wird im Gespräch mit dem Personalleiter hervorgehoben. Er fügt jedoch auch hinzu, dass Frauenförderung bei männ- lichen Mitarbeitern mehrmals Ressentiments auslöst, da dadurch eine „Benachteiligung der Männer" befürchtet wird.

Neben den bereits genannten Non-Profit-Organisationen gibt es ebenfalls in einem Energieversorgungsunternehmen Aktivitäten im Bereich der Geschlechtergleichstellung. Dort erhält das Thema Aufmerksamkeit und Unterstützung seitens des Vorstandes. In den anderen Wirtschaftsunter-

nehmen des Samples gibt es keine Chancengleichheits- oder Frauenförder-
initiativen. In zwei Fällen begründen die PersonalleiterInnen das damit, dass
in der Personalpolitik das Individuum aufgrund von Fachkompetenzen
bewertet und gefördert wird, die Geschlechtszugehörigkeit spielt dabei keine
Rolle. Die Vorstellung über die „geschlechtsneutrale Organisation" und über
die Einbindung der MitarbeiterInnen ausschließlich durch die Fachkompetenz unterstützt nicht nur die Ausblendung von strukturellen Barrieren und
struktureller Benachteiligung, sondern erschwert ebenfalls ein für das Diversity Management zentrales Erkennen von relevanten ArbeitnehmerInnen-
Potentialen jenseits formalen Fachwissens.

Ethnie/Nationalitäten

MitarbeiterInnen anderer Nationalitäten, bzw. nicht-deutschen ethnischen
Hintergrunds sowie sog. SpätaussiedlerInnen werden in den befragten Organisationen vor allem im Niedriglohnbereich in der Produktion oder in
sozialen und Pflegeberufen beschäftigt. In Führungspositionen und im kauf-
männischen Bereich sind sie nur in Ausnahmefällen eingestellt. Die
befragten Personalverantwortlichen nennen zwei Gründe für die Beschäftigung „nicht-deutscher" MitarbeiterInnen: Erstens arbeiten sie in solchen
Tätigkeitsfeldern, in denen nur wenige deutsche Arbeitskräfte zur Verfügung
stehen. Zweitens begründen sie diesen Tatbestand mit den speziellen
Kompetenzen: In drei international agierenden Wirtschaftsunternehmen
berichten die Interviewten darüber, dass AusländerInnen in der Kontaktpflege mit Kunden und Geschäftspartnern ihrer Herkunftsländer (z.B. in der
Export-Import-Abteilung) gut eingesetzt werden können, da sie Sprache und
Kultur des anderen Landes gut kennen.

Die GesprächspartnerInnen sehen in den unzureichenden Deutschkennt-
nissen der nicht-deutschstämmigen MitarbeiterInnen (einschließlich SpätaussiedlerInnen) ein schwerwiegendes Problem. Für die meisten Tätigkeiten

wird das Sprechen und Verstehen auf Deutsch – wenn auch auf unterschiedlich hohem Niveau – für unerlässlich gehalten. Die Personalverantwortlichen weisen vor allem auf Sicherheitsaspekte sowie auf die Bedeutung der internen Kommunikation hin.

> „Die Sicherheitstechnik: Wenn irgendwo ein Stapler rumfährt und ich rufe dem dann zu: „Pass auf, der Stapler kippt um!" und der lächelt mich nur freundlich an, dann hat er ein Problem." (Int. Nr. 11, 314-316)

> „(...) In der Krankenpflege [ist es] sehr schwierig, wenn da jemand die Sprache nicht gut kann, weil es ein kommunikativer Beruf ist. Und die Patienten sind ängstlich und wenn jemand sie nicht versteht , das ist schon sehr, sehr schlecht." (Int. Nr.6, 185-187)

> „(...) Im Bereich Küche also, wenn da ein Band läuft, da stehen ja dann auch Informationen auf einem Kärtchen drauf, was der Patient bekommt. Und da steht das natürlich da in Deutsch drauf, und ist dann wichtig, dass der Mitarbeiter auch schon weiß, was er nehmen muss. Da sind also schon gewisse Grundkenntnisse an Deutsch natürlich schon gefragt." (Int. Nr. 6, 195-199)

Die verschiedenen Organisationen entwickeln unterschiedliche Umgangsformen mit diesem Problem. Drei Personalleiter erklären, dass Sprachkenntnisse in Deutsch als Einstellungsvoraussetzung gelten. In den anderen Organisationen werden MitarbeiterInnen ohne ausreichende Sprachkenntnisse zwar eingestellt, aber ihnen gegenüber wird die Erwartung formuliert, in einem festgelegten Zeitraum die Sprache auf dem notwendigen Niveau zu lernen. Zum Teil wird das in die Zielvereinbarung aufgenommen oder erfolgt als informelle Absprache mit der MitarbeiterIn. Einige InterviewpartnerInnen betonen, dass fehlende Sprachkenntnisse keine unüberwindbare Barriere, bzw. kein Ablehnungsgrund darstellen. Die Erwartung bezieht sich viel mehr auf die Bereitschaft der MitarbeiterIn, Deutsch zu lernen.

„Ich habe jetzt im südlichen Bereich mit einem Mitarbeiter vereinbart, dass ich gesagt habe: Zeugnis – alles wunderbar. Aber in
einem Jahr sitzen wir uns wieder gegenüber und Sie sprechen dann
bitte fließend [Deutsch E.B.] und dann reden wir über alles Andere
weiter." (Int. Nr. 1, 236-239)

Die Meinungen sind unterschiedlich bei der Frage, ob der Arbeitgeber die
Kosten der Sprachkurse für Nicht-Deutschsprachige übernehmen sollte. In
sieben Organisationen werden, bzw. wurden in der Vergangenheit (solange
der Bedarf vorhanden war) Kurse angeboten. Die PersonalleiterInnen
betrachten das als Unterstützung der MitarbeiterInnen im Integrationsprozess sowie als Investition. In zwei anderen Interviews wird besonders betont,
dass die Sprachausbildung und Integrationsförderung nicht Aufgaben von
Arbeitgebern seien, sondern von den ArbeitnehmerInnen selbst individuell
gelöst werden müssten.

In drei Fällen im Interviewmaterial wird das Problem der Ghettoisierung
thematisiert, z.T. im Zusammenhang mit den Sprachkompetenzen. Da die
MitarbeiterInnen gleicher Herkunft unter sich häufig die Muttersprache
benutzen, entstehen wenig Kontakte zu KollegInnen anderer Nationalitäten.
Die Segregation bietet Nährboden für Missverständnisse und Spannungen.

„Wir haben auch drum gebeten, dass weil es da schon sehr schnell
zu Differenzen kommt wenn Mitarbeiter sich in ihrer Landes-
sprache unterhalten und die anderen Kollegen das nicht verstehen,
dass wir das am Arbeitsplatz außer in den Pausen nicht so sehr gut
finden, weil es entsteht da schnell ein falscher Eindruck. (...)
I.: Wie gehen Sie damit [mit Konflikten, E.B.] um?
Also, wir haben dann Gespräche inklusive Betriebsrat geführt. Die
Mitarbeiter an einen Tisch genommen und einfach mal aufgezeigt,
wie solche Dinge dann auch wirken auf die Kollegen. Das ist ganz
klar. Also ich habe das immer an meinem Beispiel gemacht: „wenn
ich da komme und ihr sprecht in einer Sprache, die ich nicht

verstehe und ihr guckt noch drei mal in meine Richtung, ist ganz
klar, dann meint ihr mich." So würde ich auch denken, dass man
einfach aufzeigt, was da passiert. Es sind jetzt keine Reibereien in
der Form mit Prügeleien oder ähnlichen Dingen dahinter gewesen.
Das ist einfach dann nur ein Missverständnis auf der Ebene „ja
gucken Sie sich mal an, was [sich] hier abspielt. Hier hat man ja
im eigenen deutschen Lager nichts mehr zu sagen"." (Int. Nr. 1;
175-192)

In diesem Unternehmen erfolgte eine Konfliktbewältigung durch Aufklärung
in Zusammenarbeit mit dem Betriebsrat. Der Personalleiter eines anderen
Produktionsunternehmens erklärt, dass das Problem der Ghettoisierung
durch gemischt zusammengestellte Teams vermieden werden kann.

Drei PersonalleiterInnen berichten darüber, dass Konflikte zwischen den
verschiedenen nicht-deutschstämmigen Gruppen entstehen. Sie führen das
auf unterschiedliche Gründe zurück: Sensibilität, kulturelle Differenzen und
Konkurrenz. Das Konfliktpotential ist besonders hoch zwischen denjenigen,
die einerseits vor Jahrzehnten als „Gastarbeiter" aus den süd-europäischen
Regionen, bzw. aus der Türkei, eingewandert sind, und andererseits in den
1990er Jahren als Spätaussiedler aus dem osteuropäischen Raum nach
Deutschland gezogen sind. Ein Personalleiter begründet das Problem wie
folgt:

„(...) [das] alles das, was in den Aus- und Umsiedlungsprozessen
gekommen ist, systematisch gefördert worden ist und umgeschult
worden ist. Und diese Hilfe haben leider damals die vermeintlich
billigen Arbeitskräfte aus der Türkei oder auch damals noch aus
anderen südeuropäischen Ländern nicht bekommen. Damals war
aber in Deutschland die Arbeitsstruktur noch eine andere." (Int.
Nr.12, 375-380)

In den meisten Fällen werden der gesellschaftliche Kontext und die integrationsfördernden Faktoren allerdings in den Hintergrund gestellt. In mehreren Interviews beklagen die GesprächspartnerInnen die mangelnde Bereitschaft der MitarbeiterInnen ausländischer Abstammung, sich zu integrieren, weiterzubilden, die deutsche Sprache zu lernen. Das Argumentationsmuster der individualisierten Verantwortung ist hier, wie beim Thema Frauen, ebenso präsent.

Die Fachkompetenz von ausländischen MitarbeiterInnen, deren Fachausbildung oder Studium nicht in Deutschland erfolgte, werden von den Interviewten unterschiedlich bewertet. In einzelnen Berufen, z.B. in der Medizin, regeln gesetzliche Vorschriften die Anerkennung der Ausbildung, bzw. des Studiums, und die Zulassung. Auch in Pflegeberufen sowie in der Sozialarbeit wird von Personalverantwortlichen nicht über Schwierigkeiten berichtet. Die Erfahrungen und Meinungen in den technischen Berufen gehen weit auseinander: Zwei Personalleiter betonen nachdrücklich, dass die technische Ausbildung von SpätaussiedlerInnen in Deutschland kaum anerkannt werden kann.

> „ (...) Wenn man zum Beispiel mit einer Technikerausbildung oder Ingenieurausbildung kam, aus Russland, Polen, wo auch immer her, wurde die ja oft hier auch anerkannt, wurde also umgeschrieben und wurde gesagt, auch in Deutschland findet seine Anerkennung. Nur wir konnten diese Qualifikation in keiner Weise nachvollziehen. Es war also nicht vergleichbar mit einer Ingenieurausbildung hier. Man lag einfach technologisch um, ich sage mal, 10, 15, 20 Jahre zurück. Das heißt nicht, dass man da nichts gelernt hat, aber dieser Technologieanspruch wie wir ihn hatten, der wurde nicht erfüllt." (Int. Nr.9, 375-382)

Andere berichten nicht über solche Probleme, im Gegenteil:

„Im Endeffekt ist es so, dass unser Ausbildungssystem immer
mehr und mehr weniger vernünftig und gut ausgebildete Leute
produziert und die werden abgeschöpft durch größere Unternehmen. Wir haben jetzt angefangen, ein Projekt zu starten in
unserem polnischen Standort, dort Ingenieure einzustellen und
als verlängerter Arm quasi zu nutzen. In Polen sind sehr gut ausgebildete Ingenieure am Markt und natürlich spielt da der Kostenge-
sichtspunkt auch eine Rolle, ist aber nicht die erste Priorität. (...)
Ich würde auch sofort einen aus einer polnischen Uni hier rüber-
nehmen." (Int. Nr.12, 653-663)

Aufgrund des Forschungsdesigns ist es im Rahmen dieser Untersuchung
nicht möglich festzustellen, inwieweit sich hinter diesen gegensätzlichen
Aussagen unterschiedliche Erwartungen in bezug auf unterschiedliche technische Berufsfelder verbergen oder stereotype Annahmen reproduziert
werden, die als organisationsinterne Barriere wirken. Jedoch kann man fest-
halten, dass in vier Produktionsunternehmen – u.a. auch in dem oben
zitierten Interview Nr.9 – als besondere Kompetenz von osteuropäischen
MitarbeiterInnen in den technischen Berufen ihre Kreativität, Improvisati-
onsfähigkeit und Leistungsbereitschaft hervorgehoben wird.

„Es ist so, dass in der Regel Mitarbeiter, die aus den östlichen
Ländern kommen, sind noch viel eher gewohnt, zu improvisieren
und zu arbeiten als das bei uns der Fall ist. Der Einsatzwille ist auch
größer. Kann man nicht anders sagen, aber das ist wirklich da."
(Int. Nr.11, 305-310)

„Ich sage mal, jemand der aus Russland kam war es gewohnt zu
improvisieren. Vom Handwerklichen her sehr gut. Den kann man
überall dransetzen. Also da bietet jemand dann sehr große Vorteile.
Man kann ihn sehr individuell einsetzen." (Int. Nr.9, 360-363)

Ein außergewöhnlicher Aspekt der Bereicherung wird in dem Fall einer Non-
Profit-Organisation in bezug auf die Behindertenbetreuung angesprochen:

> „(...) Das [die Präsenz MitarbeiterInnen unterschiedlicher Natio-
> nalitäten, E.B.] ist eine absolute Bereicherung, weil es jetzt bezogen
> auf die Menschen, die ja, muss man sich ja nichts vormachen, in
> so einer Einrichtung (...) sich selbst nicht den Horizont verschaffen
> können wie wir das können. Da wird quasi etwas angeliefert. Die
> Brasilianerin, die derzeit in einem Haus arbeitet, spricht wirklich
> sehr wenig Deutsch, also muss sich mit andere Art und Weise
> verständigen, aber bringt natürlich ein ganz anderes Lebensgefühl
> auf diese Gruppe. Da reagieren die Bewohner auch drauf. Also, da
> wird jetzt beispielsweise sehr viel mehr getanzt bei irgendwelchen
> Festivitäten." (Int. Nr. 19, 559-566)

Die international zusammengesetzte Belegschaft ermöglicht für das Klientel
der Organisation, kulturelle Vielfalt zu erleben.

Alter/Generationen

Die Altersstruktur der befragten Organisationen wird stark davon geprägt, wie
kontinuierlich das Wachstum des Unternehmens erfolgte. Gab es Wachs-
tumsschübe, wurden größere Gruppen von MitarbeiterInnen gleichen Alters
auf einmal eingestellt. Da die Fluktuation in allen Fällen sehr niedrig ist, gibt
es in diesen Organisationen dominante Kohorten. Die Betriebszugehörigkeit
ist in den meisten Fällen lang: Ein Großteil der MitarbeiterInnen beginnt als
BerufsanfängerIn oder Auszubildende/r in jungen Jahren ihren/seinen Lauf-
bahn in der Organisation und verbringen eine lange Zeit ihrer/seiner beruf-
lich aktiven Lebensphase dort.

Das Thema Alter wird in fünf Gesprächen mit dem des Wissenstransfers
verknüpft.

> „Also, insgesamt, von der Altersstruktur her, habe ich eigentlich
> immer die Meinung vertreten, dass wir drauf achten müssen, dass
> alt und jung beieinander bleiben. Das da schon eine gewisse Ausge-
> wogenheit vorhanden ist, weil ich habe es in zwei oder drei Posi-

tionen bemerkt, als man dort dann keine Besetzung mehr hatte. Dieser Wissenstransfer fand nicht mehr statt. Und viele Dinge, die eigentlich selbstverständlich waren, waren auf einmal [hinterfragt, E.B.] „woher kam das eigentlich? Wieso haben wir das immer so gemacht?" Das wurde dann nicht mehr transferiert und transportiert." (Int. Nr.1, 622-629)

Erfahrung wird als Ressource betrachtet, die rechtzeitig weitergegeben werden muss. KeineR der GesprächspartnerInnen berichtet jedoch über die Ausarbeitung von konzeptionellen Überlegungen, wie Wissen und Erfahrung weitergegeben werden können. Die Altersthematik und das Wissensmanagement werden auf dieser Ebene nicht verbunden. Eine Personalleiterin hebt die Bedeutung der Wertevermittlung hervor:

> „(...) Es macht mich persönlich ganz individuell sehr traurig, dass diese Menschen [ältere MitarbeiterInnen, E.B.] gehen. Auf der anderen Seite sehe ich auch einen großen Verlust an Wertvorstellungen, an Moralvorstellungen, an Umgang mit Mitmenschen, an Know-how. Diese Menschen sind teilweise unglaublich lange hier im Unternehmen. Die haben das Unternehmen teilweise mit aufgebaut. Die sind 40 Jahre hier, 35 Jahre, 30 Jahre hier. Und dieses Know-how, was da weggeht, diese Kenntnis von Prozessen aus der Vergangenheit, auch zwischenmenschlicher Art, das ist in meinen Augen ein sehr, sehr großer Verlust für unser Unternehmen. Ich bin ein Verfechter für die Förderung der Altersarbeit, wenn sie gewünscht wird von dem Individuum. So lange wie das Individuum das wünscht und wie es in irgendeiner Form auch tragbar ist. Und ich habe auch die Erfahrung gemacht, also wir sind ein sehr kooperatives Unternehmen in der Beziehung: Wenn es machbar ist, tun wir das auch." (Int. Nr.4, 168-180)

Sie sieht die Lösung durch die Weiterbeschäftigung älterer MitarbeiterInnen, jedoch entwickelt sie keine konzeptionelle Überlegungen, wie der Transfer

von Wissen und Werten im Unternehmen systematischer gefördert werden
kann.

Alter wird in drei Interviews im Kontext der Produktivität für relevant
gehalten:

> „Also, bezogen zum Beispiel auf Fertigung und Montage achten wir
> natürlich auf das Alter, weil man sonst aus, ich sage mal, körperli-
> chen Gründen die Arbeit, die im Akkord in einer Fertigungslinie
> ausgeführt [wird], schon nicht erfüllen könnte. Oder nur mit
> Schwierigkeiten. (...) Für uns ist, was die Bereiche angeht, mit 40
> eigentlich irgendwo schon eine Grenze, weil es dann schwierig
> wird, diesen Leistungsanforderungen gerecht zu werden." (Int.
> Nr.9, 116-122)

Interessanterweise betonen zwei von den PersonalleiterInnen, die dieses
Thema ansprechen, gleichzeitig auch die Bedeutung des für das Unternehmen relevanten Know-hows von älteren MitarbeiterInnen.

Es gibt schließlich noch einen dritten Kontext, in dem Alter thematisiert wird:
Das Spannungsverhältnis zwischen Tradition und Wandel. In zwei Fällen, in
einem Produktionsunternehmens und in einer Non-Profit-Organisation,
erfolgte in der Zeit der Untersuchung, bzw. kurz bevor, ein Generations-
wechsel in der Unternehmensleitung. In beiden Fällen bedeutet dieser
Prozess tiefgreifende Veränderungen und neue Perspektiven für die Organisationen und verlief mit einigen Konflikten. In beiden Fällen beschreiben die
Gesprächspartner eine Tendenz der Öffnung im Zuge des Wechsels und
bewerten sie positiv. Dieses Verständnis kann u.a. auch daran liegen, dass
beide Personen zu der „jüngeren" Generation ihrer Organisationsleitung
gehören.

Der Personalleiter eines Produktionsunternehmens richtet die Perspektive auf den wechselseitigen Wissensaustausch:

> „Also, zum einen, dass der notwendige Austausch oder die notwendige Übergabe von den älteren Mitarbeitern an die jungen - stattfinden kann, weil die Älteren, die sind irgendwann weg und das Wissen ist dann auch weg. Es sei denn, man fängt mit dieser Übergabe, mit diesem Transfer früh genug an. Das ist dann aber in beiden Bereichen wichtig. Also im Fertigungs- und im Verwaltungsbereich. Eine Chance [ist es, E.B.] in dem Sinne, dass die jungen Mitarbeiter ja noch relativ unbelastet kommen, die haben nicht diese Brille auf, die man nach einigen Jahren bekommt, bringen dann auch frischen Wind, frische Ideen rein. Man kann nicht alles umsetzen, aber zumindest kommt mal was Neues rein, was auch vielleicht umgesetzt wird, wo dann die älteren Mitarbeiter vielleicht ein Problem mit haben, weil es nie anders war und jetzt ist es auf einmal anders, aber die Akzeptanz stellt sich eigentlich nach einer gewissen Zeit ein. So auch, dass die dann sagen: „Mensch, der macht das zwar noch nicht so lange wie ich, aber der hat trotzdem gute Ideen und vielleicht klappt das ja." Es sind nicht alle so, manche stellen sich dann auch stur, aber [mit dem] größten Teil haben wir eigentlich kein Problem." (Int. Nr.3, 222-234)

Gesammelte Erfahrungen im Alter und „unbelastete" Innovationsfreudigkeit der jüngeren Jahrgänge werden also als besondere Humanressourcen erkannt, wobei die Frage seitens des Personalmanagements nicht systematisch bearbeitet wird.

Behinderung

Die Thematisierung der Dimension Behinderung erfolgt überwiegend in drei Zusammenhängen: Quotenregelung, begrenzte Einsatzfähigkeit von Behinderten und Mangel an geeigneten BewerberInnen. In allen Interviews sprechen die GesprächspartnerInnen die Quotenregelung an. Sieben

Organisationen von den 19 befragten erfüllen die gesetzlich festgeschriebene Beschäftigungsquote, die anderen sind zur Ausgleichsabgabenzahlung verpflichtet. Jedoch wird diese Tatsache in keinem der Fälle als Problem betrachtet. Möglichkeiten für die Erhöhung des Anteils behinderter MitarbeiterInnen unter den Beschäftigten werden selten in Erwägung gezogen. Die Mehrheit der befragten Organisationen beauftragt jedoch für bestimmte Aufgabenbereiche Behindertenwerkstätten.

Die InterviewpartnerInnen führen den Tatbestand mangelnder Behindertenbeschäftigung überwiegend auf zwei Gründe zurück. Ein Teil von ihnen weist darauf hin, dass die Einsetzbarkeit von behinderten MitarbeiterInnen begrenzt ist und aufgrund der Arbeitsaufgaben in der Organisation ihre Einstellung nicht möglich ist. Eine zweite Ursache wird darin gesehen, dass sich Behinderte selten für die ausgeschriebenen Stellen bewerben und die notwendigen Qualifikationen aufweisen können.

> „Wir sind ein Unternehmen, wir würden gerne Schwerbehinderte einstellen, nur es bewerben sich keine. Wir haben gerade eine Gesamtbetriebsvereinbarung abgeschlossen in bezug auf Integration von Schwerbehinderten. Ja, das ist alles gut und schön, was man sich da auf die Fahnen schreibt, nur in Ermangelung von Leuten, die man gerne einstellen würde..." (Int. Nr.12, 506-510)

Auch in der Dimension Behinderung sind die Argumentationsstränge der Individualisierung und der Fachkompetenz wiederzufinden. Um die Neutralität der eigenen Organisation zu unterstreichen, weisen die GesprächspartnerInnen nachdrücklich darauf hin, dass das Vorhandensein einer Behinderung für die Einstellung einer MitarbeiterIn nicht relevant ist, wenn die entsprechende Fachkompetenz und die körperlichen Voraussetzungen, die Arbeit zu errichten, vorhanden sind.

3   Gestalterischer Umgang mit Vielfalt

In dem folgenden Abschnitt erfolgt ein kurzer Überblick über verschiedene Maßnahmen bzw. Initiativen in den befragten Organisationen, die explizit oder implizit die Vielfalt in der Belegschaft als Handlungsaufforderung erkennen oder darauf Bezug nehmen. Diese Aktivitäten und Regelungen lassen sich in zwei Gruppen zusammenfassen: Einige zielen darauf ab, Potentiale für die Organisation zu sichern, andere darauf, vorhandene Potentiale zu nutzen.

Potentiale sichern

Alle Organisationen haben am regionalen und z.T. sogar am überregionalen Arbeitsmarkt eine starke Position. Die Fluktuationsraten sind niedrig. Es gibt lediglich wenige spezielle technische Berufe, in denen das Angebot aus der Perspektive der Unternehmen nicht ausreicht. In hochqualifizierten Berufen, wie bei Ingenieuren und bei Führungskräften, gestaltet sich die Situation etwas anders, der Wettbewerb am Arbeitsmarkt, vor allem in Konkurrenz mit großen Konzernen, betrifft die Organisationen stärker.

Einige der befragten Organisationen haben erkannt, dass die Ermöglichung individueller Lebenskonzepte ein wichtiger Faktor im Personalmanagement ist, um als attraktiver Arbeitgeber qualifizierte Arbeitskräfte zu bekommen, bzw. die MitarbeiterInnen längerfristig zu binden. Die Flexibilisierung der Arbeitszeiten erfolgte seit Ende der 1990er Jahre in der Mehrheit der Organisationen: Gleitzeit, Zeitkonto, Vertrauensarbeitszeit wurden eingeführt. Die GesprächspartnerInnen berichten über positive Erfahrungen: Für den Arbeitgeber ermöglicht das einen flexiblen Einsatz von Arbeitskräften je nach Auftragslage, Arbeitsmenge oder saisonelle, bzw. tageszeit-bedingte, Auslastung. In drei Interviews wird aber auch darauf hingewiesen, dass die MitarbeiterInnen selbst die durch die Arbeitszeitflexibilisierung angebotenen Freiheiten selten nutzen.

„Wobei man sagen muss, es gibt eben noch viele Berufsgruppen, die, die, ja das einfach noch nicht leben, ich sag mal so diese Arbeitszeitflexibilisierung. Viele denken einfach auch, es ist positiver hier auf dem Girokonto Plusstunden zu haben, ne, ein Guthaben als mal ins Minus zu gehen. Das ist einfach noch so diese psychologische Hemmschwelle." (Int. Nr.6, 655-658)

Die Rolle der Organisationskultur wird dabei nur von einem Personalleiter thematisiert:

„Also, ich glaube, es wird auch im ärztlichen Dienst auch immer gerne gesehen, wenn der Assistenzarzt, der noch in der Weiterbildung ist, auch beim Chefarzt noch gern gesehen wird, dann um fünf Uhr ne oder um sechs Uhr, weil er dann erst die Visite macht." (Int. Nr.6, 671-673)

In drei Interviews wird ebenfalls betont, dass durch die flexiblen Regelungen die Verantwortungskompetenz der MitarbeiterInnen erweitert wird: Sie müssen die anfallenden Arbeiten selbst einteilen und ihre eigenen Ressourcen im Auge behalten. Eine Personalleiterin weist aber auch darauf hin, dass der erhöhte Steuerungsaufwand die Führungskräfte ebenfalls vor neue Herausforderungen stellt:

„Für die Führungskräfte wird es anstrengender, weil die müssen Zielvereinbarungen mit einem machen. Sie müssen sich mit den Leuten auseinandersetzen. Die Leute (...) fordern mehr, weil die sagen, o.k., nicht noch ein Ziel einfach obendrauf, wir sind da durchgegangen, ich bin 120 % ausgelastet oder 100, es ist nicht machbar. Also, die fordern eher. Ich kann nicht jede Woche jetzt „das machst du jetzt einfach mal" [sagen] oder (...) hingehen und sagen: Das ist jetzt noch zusätzlich gekommen. Wenn es eine Tätigkeit ist für eine Stunde oder so was, dann ist das kein Thema, aber wenn es gleich mehrere Tage in Anspruch nimmt- und dann sagen die: „Moment mal, so geht es nicht." (...) Der Austausch über Ziele ist verstärkt: Was wollen wir eigentlich erreichen dieses Jahr?" (Int. Nr.8, 588-599)

Teilzeitarbeit wird in allen Organisationen praktiziert, Heimarbeit dagegen ist weit weniger verbreitet. Diese Arbeitsformen werden immer im Zusammenhang mit der Vereinbarkeit von Beruf und Familie thematisiert. Vereinbarkeit ist in allen Fällen ein „Frauenthema" und Teilzeit wird als der optimale Lösungsweg für weibliche Mitarbeiterinnen mit Kindern betrachtet. Die Auswirkungen auf die Karriere werden nur am Rande in zwei Gesprächen erwähnt: Bei Führungskräften wird eine vollzeitige Verfügbarkeit vorausgesetzt.

Als ein wichtiges Instrument der MitarbeiterInnenbindung wird in mehreren Organisationen die Sicherung persönlicher Entwicklungsperspektiven betrachtet. In Form von regelmäßigen Planungsgesprächen werden berufliche Vorstellungen und Ziele der MitarbeiterInnen mit den Interessen der Organisation verglichen und Unterstützung in der Aus- und Weiterbildung sowie in der Karriereplanung innerhalb der Organisation angeboten.

Potentiale nutzen

Neben der Sicherung von Potentialen ist es eine wichtige Aufgabe für die Organisationen, das vorhandene Humankapital entsprechend zu nutzen, bzw. zu aktivieren. In den meisten Gesprächen berichten jedoch die InterviewpartnerInnen diesbezüglich nur über sporadische Aktivitäten, bzw. über Ineffizienz. In allen Fällen liegt der Schwerpunkt auf Weiterbildung. Die Organisationen bieten sehr umfangreiche Kursprogramme an, neben fachlicher Weiterqualifizierung, Sprachkursen oder „soft skills", wie Rhetorik, Führungskenntnisse, Konfliktmanagement etc. Das Weiterbildungsangebot wird in einigen Fällen eher als ein wichtiges Mittel in der MitarbeiterInnenbindung angesehen, d.h. nicht immer werden die neu erworbenen Kenntnisse als relevant für die Organisation betrachtet. Im Mittelpunkt steht in solchen Fällen nicht die Steuerung entsprechend der Organisationsinteressen, sondern der „Dienstleistungsaspekt" für die MitarbeiterInnen.

In nur wenigen Organisationen gibt es systematische Förderung für den Führungsnachwuchs. Obwohl die PersonalleiterInnen im allgemeinen die Bedeutung dessen betonen und hervorheben, dass die haus-interne Vorbereitung für spätere Leitungsaufgaben die Effektivität steigern könnte, berichten sie kaum über konzeptionelle Überlegungen zu diesem Thema.

Ein ambivalentes Bild zeigt sich in bezug auf das Thema Innovation. In allen Fällen wird Prozess- und Produktinnovation eine große Bedeutung zugesprochen, sie wird als „Lebensnotwendigkeit" besonders für Wirtschaftsunternehmen betrachtet. Umso erstaunlicher ist es, dass nur wenige Gesprächspartner über gut funktionierende Regelungen zur Förderung des innerbetrieblichen Innovationspotentials berichten. Viele beklagen vielmehr die Bürokratisierung des Vorschlagswesens. Eine Möglichkeit für die Einbindung der MitarbeiterInnen sehen einige GesprächspartnerInnen in der Einführung des kontinuierlichen Verbesserungsprozesses (KVP).

4   Fazit

Zusammenfassend kann man feststellen, dass Kerndimensionen von Diversity, wie Geschlecht, Ethnie/Nationalität, Alter oder Behinderung im Personalmanagement der befragten Organisationen keine systematische Berücksichtigung finden, ausgenommen noch im Anfangsstadium befindliche konzeptionelle Überlegungen in einigen Non-Profit-Organisationen in bezug auf die Förderung der Geschlechtergleichstellung. In der Wahrnehmung überwiegt die Defizit-Perspektive, indem die mangelnde Eignung, fehlende Ausbildung und geringe Motivation als wichtige Barrieren für die berufliche Karriere von Frauen, nicht-deutsch-stämmigen MitarbeiterInnen und Behinderten in den Mittelpunkt gestellt wird. Es gibt jedoch einzelne

Kontexte, in denen der Aspekt der Bereicherung ebenfalls Aufmerksamkeit erhält: vor allem in bezug auf den Erfahrungsschatz von älteren MitarbeiterInnen und in bezug auf die technische Innovationskompetenzen von ArbeiterInnen aus Ost-Europa.

In den Gesprächen sticht ein alle Dimensionen durchsetzendes Motiv hervor: die Individualisierung von Vielfalt. Die InterviewpartnerInnen weisen darauf hin, dass die Gruppen nicht homogen sind. Das führt zu einer Hinterfragung von Stereotypen und könnte in diesem Sinne als Voraussetzung für ein erfolgreiches Diversity Management bewertet werden. Andererseits aber verbirgt sich hierin die Gefahr der Blindheit gegenüber strukturell angelegten Barrieren, die nur für einige Individuen einer Identitätsgruppe, unter günstigen Umständen, überwindbar sind.

Vielfalt wird in den Gesprächen als „Privatsache" thematisiert. Die MitarbeiterInnen werden häufig nur in bezug auf ihre „Fachkenntnisse" als für die Organisation relevant betrachtet, wobei der Begriff „Fachkenntnis" nicht genauer definiert wird. Diese Argumentation stellt zwar die Neutralität der Organisation unter Beweis, die Ausblendung von unterschiedlichen Lebenserfahrungen und –situationen jedoch führt zu einer „Vereinheitlichung" im Personalmanagement und fördert nicht das Anliegen, die besonderen Potentiale in der Belegschaft als Ressource zu entdecken und zu nutzen.

Interne Prozesse werden selten in der Hinsicht reflektiert, inwieweit sie der Anforderung gerecht werden, MitarbeiterInnenpotentiale effektiv einzubinden. Auf der Wahrnehmungsebene ist zwar eine Individualisierung der Vielfalt zu beobachten, diese Sichtweise findet dennoch keinen Zugang zur Prozessgestaltung. Veränderung zeichnet sich bis jetzt überwiegend in bezug auf die Arbeitszeitregulierung ab.

Literatur

Aretz, Hans-Jürgen/Hansen, Katrin (2002) Diversity und Diversity Management im Unternehmen. Eine Analyse aus systemtheoretischer Sicht, Münster

Hansen, K./Aretz, H.-J. (2002) „Diversity Management" - eine Herausforderung für deutsche Unternehmen, in: Knauth, P./Wollert, A. (Hrsg.): Human Ressource Management. Neue Formen der betrieblichen Arbeitsorganisation und Mitarbeiterführung, Loseblattwerk Köln, 35. Ergänzungslieferung

Stuber, M. (2002) Corporate Best Practice: What Some European Organizations Are Doing Well to Manage Culture and Diversity, in: Simons, G. F. (ed.) EuroDiversity. A Business Guide to Managing Difference, Amsterdam

Thomas, D. A. /Ely, R.J. (1996) Making differences matter: A new paradigm for managing diversity, in: Harvard Business Review, Sept-Oct, 79-90.

Kapitel 3

ERKENNTNISSE UND ERFAHRUNGSBERICHTE AUS DEN USA

Loriann Roberson
Chances and Risks of Diversity.
Experiences in the U.S.

Diversity management efforts in the United States began in the 1980s as a response to several changes in the workplace. As is well known, the Workforce 2000 report (Johnson/Packer 1987), predicted changes in the demographic composition of new workforce entrants, with greatest increases in the numbers of ethnic minorities, women, and international immigrants. In addition, rises in globalization, the use of cross-functional work teams, a shift toward a service economy, and increased mergers and acquisitions all heightened attention to diversity and the need to manage it effectively (Jackson/ Alvarez 1992).

These changes are not only characteristic of the United States. The factors mentioned above affect all large organizations, thus, diversity is an increasingly important issue worldwide. The similarity of workplace changes suggests that diversity management initiatives developed in the US might also be useful in the European context. However, as noted by Bloom (2002), one cannot wholesale or blindly export US diversity management techniques to other cultural contexts. In particular, looking to US diversity management practices for guidance necessitates an evaluation of those efforts to ascertain what types of interventions are most likely to be effective. The purpose of this chapter is to discuss the effectiveness of diversity management programs in

Loriann Roberson, Ph.D. is Associate Professor at the Arizona State University, Management Department, Globalization & Diversity Management.

the US. This is not an easy task as the evaluation of the impact of diversity management initiatives has been secondary to the development and implementation of such programs.

I The Extent of Diversity Management

On one level, the US experience in diversity management has been a huge success. Lynch (1995) reported that 70% of Fortune 50 firms had some form of formal diversity management program. Diversity training, which has been called the essence of a diversity initiative (Arredondo 1996), is also a popular intervention. Lubove (1997) reported that 50% of US firms with more than 100 employees have implemented diversity training at a cost of $10 billion. A more recent survey (Lippmann 1999) of *all* US firms found that 36 percent offer diversity training to employees. These numbers show that diversity proponents have successfully raised awareness of the importance of diversity management, and that organizations are implementing diversity management programs at a high rate.

Yet, while diversity training and other diversity management programs have proliferated, the evaluation of these programs has not kept pace. The lack of attention to evaluation of diversity training programs has been noted by several writers (Ellis/Sonnenfeld 1994; Noe/Ford, 1992; Rynes/Rosen 1995). When programs are evaluated, anecdotal case studies and qualitative feedback from participants are the most prevalent evaluation methods (Bhawuk/Triandis, 1996). Few organizations measure how employees' behavior or organizational outcomes are influenced by training or other interventions (Carnevale/Stone, 1994).

Recently, however, in the academic literature there has been more attention to examining the components of diversity management initiatives and the factors that may influence the effectiveness of diversity management.

2   Studies of organizational diversity policies

One important aspect of diversity management concerns attention to human resource policies and systems. For example, Cox (1994) argued that human resource management systems such as selection, evaluation, and promotion practices are reflections of the organization's culture and the extent to which diversity is valued. Organizations seeking to benefit from diversity will be conscious of identity group memberships such as gender, ethnicity, and age in their policies. There have been several recent investigations of these claims. Konrad and Linnehan (1995) studied 138 US organizations and found that the number of identity conscious human resource policies (e.g., diversity training, workplace accessibility for the disabled, recruiting minorities and women, systems for monitoring turnover and promotion rates by group membership, accountability of managers for meeting diversity goals) was related to the percentage of people of color or ethnic minorities in management positions and also to having high ranking women in management.

Perry-Smith and Blum (2000) examined only work family policies (e.g., day care facilities on-site, time off for elder care, flexible schedules) that are often part of a diversity initiative. In a sample of 500 firms they found that organizations with a greater range and number of work-family policies had higher organizational performance, market performance, and profit and sales growth.

Button (2001), in a study of 537 employees working in 38 organizations, found that policies that explicitly affirm sexual orientation diversity (e.g., partner benefits, diversity training that included a focus on sexual orientation, network groups for gays/ lesbians, policies prohibiting discrimination) resulted in lower perceived treatment discrimination, and higher job satisfaction and organizational commitment by gay and lesbian employees.

Although these correlational studies do not prove causation, their results are consistent with the claim of diversity proponents that increasing human resource policies that explicitly affirm and value diversity will result in better employment outcomes for both individuals and for organizations.

In addition, evidence for the effectiveness of diversity training is also accumulating. Roberson, Kulik, and Pepper (2001) examined the impact of a half-day diversity training program on three types of outcomes: knowledge about diversity, attitudes toward diversity, and behavioral skills in dealing with diversity. The training program was effective in increasing all three of these outcomes. Chrobot-Mason (2001) also reported positive effects on diversity attitudes, reactions to interracial situations at work, and skill in dealing with diversity issues from a diversity training program.

Research is also beginning to reveal both characteristics of individuals and of organizations that influence the effectiveness of diversity management programs.

Characteristics of individuals - Identity group membership

Identity group membership of employees has been cited as a major influence on receptivity to diversity efforts (Linnehan 1999). Initiatives such as diversity training typically involve attempting to change organizations to become more multicultural. A multicultural organization values cultural diversity and has eliminated biases so that members of all identity groups are fully integrated into the informal and power structures of the organization (Cox 1994). Such changes toward multiculturalism may be perceived as having adverse effects on currently dominant groups by altering the distributions of power and resources (Kossek/Zonia, 1994). Therefore, whites and males, who currently hold favored positions in most US organizations, may be the most negative towards diversity initiatives as the efforts are viewed as a threat to their power and status.

Consistent with this analysis, studies have found that whites and males see less need for change in organizations, view diversity efforts more negatively, and react less favorably to the presence of workgroup diversity than do women and ethnic minorities (Kossek/Zonia 1993; Tsui/O'Reilly 1989). Roberson et al (2002) found that these differences go beyond attitudes toward diversity efforts. Males were found to gain less in terms of changes in knowledge and attitudes from diversity training programs than females.

Characteristics of organizations - Top management support

Top management support for diversity programs has been identified as critical for the success of diversity efforts (Cox 1994). Rynes and Rosen (1995) found that human resource managers perceived diversity training as more effective in producing change when there was top management support for the program and its goals. Konrad and Linnehan's (1995) study, cited earlier, found top management support related to the number of identity conscious human resource policies existing in the organization. Gilbert/Ivancevich (2000) also reported that top management support was critical for success of diversity initiatives. This key role of top management support has been consistently noted by others (Kerka 1998; Mobley/Payne 1993; Wentling/ Palma-Rivas 1998).

In addition, Roberson et al (2002) found that support of the immediate supervisor predicted employee skill learning from diversity training and extent to which diversity skills were used on the job. Employees learned more from the training program and exhibited more skills when they believed that their immediate supervisor would notice and reward behaviors and knowledge learned in training.

These results show that top management must have a strong commitment to diversity programs and make their commitment known to employees. Yet, evidence suggests that top management doesn't always doesn't always demonstrate such strong support. Rynes and Rosen (1995) found that 50% of 750 human resource managers said that their CEO played only a minimal role in deciding to initiate diversity training. Only 11% of the managers reported that the CEO initiated the diversity training program.

3   Demographic composition of the workforce and of those in power

The demographic composition of the work unit is also expected to influence outcomes of diversity training. Kanter (1977) was one of the first to discuss how the sex composition of a firm influenced the experiences of women. When there were few women in a work group, they were more likely to be stereotyped by others and excluded from interactions. The demographic composition of employees influences the amount of direct contact that occurs between different identity groups, with greater heterogeneity resulting in more cross-group contact (Kossek/Zonia 1994), and less intergroup conflict (Cox,1994). Frequency of sexual harassment is also associated with the gender distribution, with more frequent incidents when women are underrepresented (Cox 1994). Not only are the overall demographics of an organization important, but the demographic composition of people in power positions can further influence the experiences of women and minorities and the nature of intergroup relations. Alderfer (1987) argued that power differ- ences heighten boundaries between groups, shifting interaction patterns toward greater homophily (within group interactions) and away from cross- group interactions. Ely (1994) found that the proportions of women at higher levels in the organization affected the experiences of women at all organiza- tional levels. Women in male dominated firms had more competitive rela- tionships with other women, more stereotypical relationships with men, and perceived fewer opportunities for success. Thus, the impact of gender diversity on the firm depended on the gender composition of those in power.

Roberson et al (2002) found that the sex composition at high levels in the work group influenced employee learning from diversity training. Employees in work units with a greater proportion of women at high levels learned more in terms of skills for dealing with diversity than those from units with a greater proportion of men. They argued that trainees from more heterogeneous departments with greater power integration, where cross-group contact is more frequent, may feel they have more to benefit from diversity training, and should be more likely to learn from the training program.

4   Organizational Perspective on Diversity

In addition, not merely a commitment to diversity, but the organization's perspective on diversity can influence outcomes of diversity. Diversity perspective refers to perceptions and beliefs about why diversity is important and how it is related to the work of the firm. Thomas and Ely (1996) defined three different perspectives held by organizations, and proposed that the organizational perspective on diversity affects the performance and outcomes of people of color and members of other underrepresented groups. In the first perspective, fairness and discrimination, diversity is seen as existing in the organization as a way to right past wrongs. The rationale for increasing diversity is that prejudice and discrimination have unfairly kept women and people of color out of the workforce, so to be fair, organizations should become more diverse. This is the most common organizational perspective on diversity in organizations in the United States, given the history of civil rights and equal opportunity legislation. With a discrimination and fairness perspective, the focus of diversity efforts will be primarily to educate members of the majority about other cultures, and to mentor minorities so that they will assimilate to the existing organizational culture. The success of diversity efforts will be seen as a function of recruitment and retention of minorities, and this is usually achieved, especially at lower levels. However, Roberson and Block (2001) argue that the psychological engagement of minority employees will be limited. Psychological engagement is the extent to which people feel free to bring all the knowledge that they possess to bear at work (Kahn 1990). Because the primary rationale for diversity is to demonstrate fairness, then the organization does not view diversity as a resource.

In the second perspective described by Thomas and Ely, access and legitimacy, diversity is seen as existing in the organization to help reach a broader clientele. The rationale for increasing diversity is that an organization needs to diversify demographically to gain access to different segments of the market, so that they are seen as legitimate. This rationale is one of the well known "business cases" that is made for diversity. The result of this organizational perspective is that minorities usually end up serving minority markets where they are seen as having local expertise. However, minorities are not given the opportunity to move into other parts of the business because their experience is seen as only applying in a given niche. Thus, members of racial minorities in access and legitimacy organizations end up feeling exploited when they realize that other parts of the business are not open to them. The organization, then fails to diversify how the work gets done, it simply diversifies certain segments of the work.

In the third organizational perspective described by Thomas and Ely (1996), integration and learning, diversity is seen as a resource to the organization that can improve organizational performance by facilitating the learning of new approaches to work. This approach enables the organization to incorporate employees' different perspectives, experiences, and ways of working into the organizations functioning and enhances work by rethinking tasks, markets, strategies, missions, and culture. Thomas and Ely (1996) present a case study of a law firm that initially hired racial minorities for access and legitimacy reasons, but then changed the type of casework that the firm pursued as a function of the input of the racial minorities. The mission of the organization, and hence the strategies used to pursue it changed as a result of diversity. Thomas and Ely note that there are few organizations character-ized by this type of perspective in the United States.

Ely and Thomas (2001) further examined the relationship between perspec-tive on diversity and individual and organizational outcomes, and found that diversity perspective influenced the impact of diversity. In organizations char-acterized by the access and legitimacy perspective and the discrimination and fairness perspective, there was more unresolved intergroup conflict and people of color felt undervalued and disrespected (Ely /Thomas 2001). Orga-nizations characterized by the integration and learning perspective realized more positive outcomes of diversity.

Gilbert and Ivancevich (2000) reported similar results in that an integration and learning perspective philosophy of diversity was superior to discrimina-tion and fairness (focus on Equal opportunity compliance) in terms of employee turnover, the percentage of minorities in management, and work-force attitudes toward diversity. Thus although the diversity perspective was not related to the amount of diversity in an organization, it was related to the effects of diversity. These results also suggest that one way to minimize the relationship of identity group membership to diversity results is through the diversity perspective. When diversity was viewed as a resource and opportu-nity for learning, there were more positive attitudes and less resistance toward diversity efforts.

5   Perspective toward achievement

Finally, research also suggests that not only the organization's diversity perspective, but its perspective toward achievement is also important in influencing the effect of diversity. In psychology, two orientations toward achievement have been extensively studied. One orientation has been labeled a performance orientation, where people achieve to prove they are more competent than others and to avoid looking incompetent. The other orientation has been labeled a learning orientation, where people achieve with a focus on self-improvement - to learn and improve their skills.

These orientations have been studied and characterized as individual beliefs, and also at the level of work groups and organizations (Vandewalle 1999). Evidence suggests that managers may promote a learning orientation in their work groups by emphasizing intrinsic incentives, absolute standards, self-improvement, and participation (Ames/Archer, 1988; Katz et al. 1997; Nicholls 1984). Learning orientations have been found to result in higher performance than a performance orientation when tasks are difficult or complex (Vandewalle 1999).

Recent research suggests that these orientations are also related to the tendency to stereotype others, and to responses to feeling stereotyped. Dweck (1989) has shown that achievement orientations are associated with views of people's abilities.

A performance orientation results in an entity view, where people's abilities are seen as finite, fixed entities. Thus, an ability like intelligence is seen as an immutable characteristic of a person like his or her height or eye color. On the other hand, a learning orientation results in an incremental view, where people's abilities are seen as malleable and changeable. With this orientation, individuals believe that intelligence can change – it might be at one level now, but can increase through practice and effort, or decrease through not using skills. Stereotyping involves making fixed trait judgments of others. Research has found that individuals with a performance orientation are more likely to make and to believe such stereotypical judgments (Levy/Stroessner/Dweck

1998). This means that minorities, women, and members of other groups about whom negative stereotypes exist may be more likely to face discrimination and biased judgments in groups characterized by a performance orientation.

In addition, research suggests that a performance orientation would influence those on the receiving end of stereotyping. Roberson and Alsua (2002) looked at the impact of achievement orientation on women's responses to preferential selection. Research has shown that gender-based preferential selection for women can have a negative effect on self-evaluations of ability and performance, and on job and task choice (Heilman 1994; Kravitz et al. 1997). Most studies that find negative effects of preferential selection for women are on traditionally male roles, involving leadership or managerial tasks. The negative effects occur because of negative stereotypes - women, as a group, often lack confidence in their abilities to perform such tasks because of the prevalence of such stereotypes (Heilman 1994). However, Roberson and Alsua (2002) found that women's performance and attitudes were negatively affected by preferential selection only under a performance orientation, and not under a learning orientation. They argued this effect occurred because individuals with a performance goal orientation are motivated to demonstrate their ability, which is viewed as a fixed characteristic. This creates a self-evaluative framework for interpreting events, and preferential selection is viewed as sending a message of incompetence, lowering perceived ability and performance. However, individuals with a learning goal are motivated to increase their ability, which is viewed as malleable through effort. This creates a self-improvement framework for interpreting events; thus, within this framework, selection method is irrelevant to the improvement of one's skills, and fails to influence outcomes.

These results suggest that a learning orientation toward achievement may be more likely to result in benefits of diversity programs. Under a learning orientation there is less stereotyping of others, and more positive outcomes for the stigmatized.

6   Summary and conclusions

Although diversity management programs and initiatives have been implemented for more than a decade in the US, we are only beginning to understand when and how such programs will be effective. Research suggests that the identity group membership of participants, the extent of top management support, the demographic composition of the organization, and perspectives toward diversity and achievement influence the success of diversity management and diversity training.

One important question concerns the generalizability of the relationship of these factors to outcomes outside of the US cultural context. In particular, perspectives on diversity may be culturally specific, as they were found to characterize US firms. In Europe other perspectives on diversity that are relevant may be identified.

However, the US experience with diversity shows that diversity management efforts and diversity training can be successful. Our experience also highlights the importance of evaluating programs. Efforts to understand the effects of programs have been hampered by failure to systematically measure outcomes.

References

Alderfer, C.P. (1987) An intergroup perspective on group dynamics, in: J. Lorsch, (ed.), Handbook of Organizational Behavior, Englewood Cliffs, NJ: Prentice Hall, 190-222.

Ames, C./Archer, J. (1988) Achievement goals in the classroom: Student's learning strategies and motivation processes, in: Journal of Educational Psychology, 80, 260-267.

Arredondo, P. (1996) Successful diversity management initiatives: A blueprint for planning and implementation. Thousand Oaks, CA: Sage.

Bhawuk, D.P.S., & Triandis, H. C. (1996) Diversity in the workplace: Emerging corporate strategies, in: G. R. Ferris & M. R. Buckley (ed.) Human resources management: Perspectives, context, functions, and outcomes (3rd ed.) Englewood Cliffs, NJ: Prentice-Hall, 84-96

Bloom, H. (2002) Can the United States export diversity? in: Across the Board, March/April, 47-51.

Button, S.B. (2001) Organizational efforts to affirm sexual diversity: A cross-level examination, in: Journal of Applied Psychology, 66, 17-28.

Chrobot-Mason, D. (April, 2001) Developing multicultural competence to improve cross-race work relationships. Paper presented at the annual conference for the Society of Industrial and Organizational Psychology, San Diego, CA.

Cox, T. (1994) Cultural diversity in organizations: Theory, research, and practice. San Francisco: Berrett-Koehler.

Dweck, C. S. (1989) Motivation, in: A. Lesgold & R. Glaser (ed.) Foundations for a Psychology of Education. Hillsdale, NJ: Erlbaum.

Ellis, C., & Sonnenfeld, J. A. (1994) Diverse approaches to managing diversity, in: Human Resource Management, 33, 79-109.

Ely, R. J. (1995) The power in demography: Women's social constructions of gender identify at work, in: Academy of Management Journal, 38, 589-634.

Ely, R.J. (1994) The effects of organizational demographics and social identity on relationships among professional women, in: Administrative Science

Quarterly, 39, 203-238.

Ely, R.J. & Thomas, D.A. (2001) Cultural diversity at work: The effects of diversity perspectives on work group processes and outcomes, in: Administrative Science Quarterly, 46, 229-273.

Gilbert, J. A. & Ivancevich, J.M. (2000) Diversity management: Time for a new approach, in: Public Personnel Management, 29, 75-92.

Gilbert, J. A. & Ivancevich, J.M. (2000) Valuing diversity: A tale of two organizations, in Academy of Management Executive, 14, 93-105.

Heilman, M. E. (1994) Affirmative Action, some unintended consequences for working women, in: Research in Organizational Behavior, 16, 125-169.

Jackson, S.E. & Alvarez, A.E. (1992) Working through diversity as a strategic imperative, in: S. Jackson & Associates (ed) Diversity in the workplace, New York: Guilford Press, 13-36

Johnson, W.B. & Packer, A.E. (1987) Workforce 2000: Work and workers for the 21st century. Indianapolis: Hudson Institute.

Kahn, W.A. (1990) Psychological conditions of personal engagement and disengagement at work, in: Academy of Management Journal, 33, 692-724.

Kanter, R.M. (1977) Men and women of the corporation. New York: Basic Books.

Katz, T. Y./Block, C.J./Pearsall, S. (August, 1997) Goal orientation in the workplace: Dispositional and situational effects on task strategies and performance. Paper presented at the Academy of Management Annual Meeting, Boston, MA.

Kerka, S. (1998) Diversity training. ERIC Clearinghouse on Adult, Career and Vocational Education Trends and Issues Alert [On-line], Available: http://

ericacve.org/docs/diverse.htm

Kossek, E. E./Zonia, S.C. (1993) Assessing diversity climate: A field study of reactions to employer efforts to promote diversity, in: Journal of Organizational Behavior, 14, 61-81.

Konrad, A.M./Linnehan, F. (1995) Formalized HRM structures: Coordinating equal employment opportunity or concealing organizational practices? in: Academy of Management Journal, 38, 787-820.

Kravitz, D.A./Harrison, D.A./Turner, M.E./Levine, E.L./Chaves, W./Brannick, M.T./Denning, D.L./Russell, C.J./Conard, M.A. (1997) Affirmative action: A review of psychological and behavioral research. Society for Industrial and Organizational Psychology.

Levy, S.R./Stroessner, S.J./Dweck, A.S. (1998) Stereotype formation and endorsement: The role of implicit theories, in: Journal of Personality and Social Psychology, 74, 1421-1436.

Linnehan, F. (1999) Diluting diversity implications for intergroup inequality in organizations, in: Journal of Management Inquiry, 8, 399-414.

Lippman, H. (1999) Harnessing the power of diversity, in: Business and Health, 17(6), 40.

Lubove, S. (1997, December 15) Damned if you do, damned if you don't, in: Forbes, 160, 122-134.

Lynch, F.R. (1997) The diversity machine: The drive to change the white male workplace. New York: The Free Press.

Mobley, M./Payne, T. (1992, December) Backlash! The challenge to diversity training, in: Training and Development, 46 (12), 45-52.

Nicholls, J. G. (1984) Achievement motivation: Conceptions of ability, subjective experience, task choice, and performance, in: Psychological Review,

91,328-346.

Noe, R.A./Ford, J.K. (1992) Emerging issues and new directions for training research, in: Research in Personnel and Human Resource Management, 10, 345-384.

Perry-Smith, J.E./Blum, T.C. (2000) Work-family human resource bundles and perceived organizational performance, in: Academy of Management Journal, 43, 1107-1117.

Roberson, L./Alsua, C. J. (2002) Moderating effects of goal orientation on the negative consequences of gender-based preferential selection, in: Organizational Behavior and Human Decision Processes, 87, 103-135.

Roberson, L./Kulik, C.T./Pepper, M.B. (2001) Designing effective diversity training: Influence of group composition and trainee experience, in: Journal of Organizational Behavior, 22, 871-885.

Roberson, L./Kulik, C.T./Pepper, M.B. (August, 2002) Influence of Climate for Diversity Training Transfer on the Effectiveness of Diversity Training. Paper presented at the Annual Convention of the Academy of Management, Denver, CO.

Rynes, S./Rosen, B. (1995) A field survey of factors affecting the adoption and perceived success of diversity training, in: Personnel Psychology, 48, 247-270.

Thomas, D. A. /Ely, R.J. (1996) Making differences matter: A new paradigm for managing diversity in: Harvard Business Review, Sept-Oct, 79-90.

Tsui, A.S./O'Reilly, C.A., III (1989) Beyond simple demographic effects: The importance of relational demography in supervisor-subordinate dyads, in: Academy of Management Journal, 32, 402-423.

VandeWalle, D. (1999) Goal orientation comes of age for adults: A literature review. Paper presented at the Academy of Management Annual Meeting,

Chicago.

Wentling, R.M./Palma-Rivas, N. (1998) Current status and future trends of diversity initiative in the workplace: Diversity experts' perspective, in: Human Resource Development Quarterly, 9, 235-253.

Regina Caines
Diversity Management at MIT

I How does MIT define "Diversity" and "Diversity Management"?

I would like to begin by thanking Katrin Hansen and her colleagues of the Gelsenkirchen University for inviting me to join you today[1]. I am pleased to be considered a partner with you in the discussions of how to bring the realization of fair and equitable treatment to all members of our respective campus communities both in Germany and here in the United States regardless of race, gender or other human differences.

In the attempt to answer all of the questions you have posed regarding "Diversity" at the Massachusetts Institute of Technology let me start by defining what I believe is meant when we say "diversity".

In the words of the President of MIT, Charles M. Vest, understanding and valuing differences mean that " . . . we must draw on the full range of talents brought to us by the men and women from many different racial, cultural,

---

1   Der Vortrag wurde an der Managing Diversity Konferenz am 13. September 2002 in Köln präsentiert.

Regina Caines is Director for Affirmative Action, Equal Employment Opportunity and Diversity at the Massachusetts Institute of Technology, USA.

economic and ethnic backgrounds;" and that we must meet the challenge "to reduce the under-representation and underutilization of minorities at MIT."

"Diversity" is a term that has followed an evolutionary path beginning with the development of the civil rights laws in America through the institution of Affirmative Action legislation to what is now more generally accepted as the next step along the equality spectrum, diversity. Diversity has a wide range of meanings dependent on the context in which it is used. For some it is a more palatable term for Affirmative Action, which regards protection for the "protected" racial/minority groups against discrimination.

Tabelle I: Protected Groups

Asians or Pacific Islanders: Persons with origins in any of the original peoples of the Far East, Southeast Asia, the Indian Subcontinent or the Pacific Islands

Blacks (Not of Hispanic origin): Persons having origins in any of the Black racial groups of Africa.

Hispanics: Persons of Mexican, Puerto Rican, Cuban, Central or South America, or other Spanish culture

Hispanic Americans or Alaskan Natives: Persons with origin in any of the original peoples of North America who maintain cultural identification through tribal affiliation.

Women, Vietnam Era Veterans, Veterans with Disabilities and Other Eligible Veterans and Persons with Disabilities: These are also protected class members.

In its broadest sense diversity includes all differences that comprise the human experience and make up, i.e. race, gender, culture, ethnicity, physical and mental capacity, size, sexual orientation, religion, education, economic status, etc. We find ourselves in both of these camps on occasion and often sometimes in between.

Abbildung I: Relationship of AA/EEO/Diversity

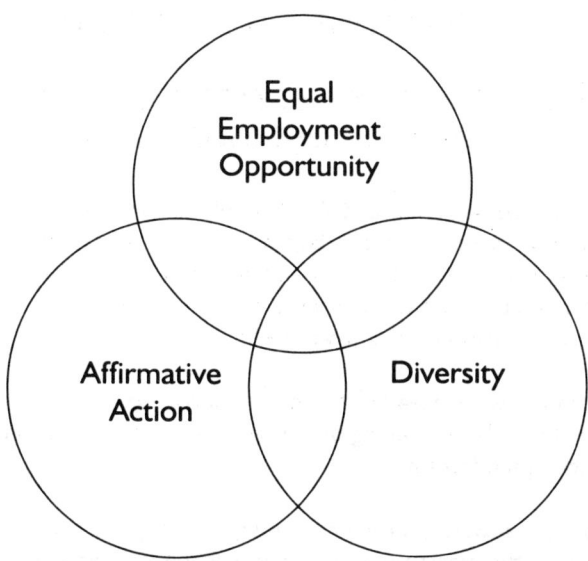

Managing diversity has many facets. In all cases the management of diversity requires that those responsible assure that the environment is representative, inclusive and developmentally acceptable for all members. All known barriers that prohibit the entrance, inclusion, development and advancement of any contributing members regardless of differences or uniqueness should be eliminated. We have not yet fully achieved these laudable conditions here at MIT, but we recognize that improvement and progress in these areas are necessary. Attempts to determine these facts have been made and most recently we have conducted a *Quality of Life Survey*. This survey has helped us become better aware of the conditions that influence how individuals, faculty and staff, feel about coming to, being and remaining at MIT.

Abbildung 2: Survey Coversheet

QUALITY OF LIFE SURVEY
MASSACHUSETTS INSTITUTE OF TECHNOLOGY

SURVEY OF FACULTY and STAFF PERSPECTIVES ON
QUALITY OF LIFE ISSUES AT MIT

The Committee on Family and Work at MIT is conducting a survey of faculty, post doctorates , researchers and staff to understand the quality of life issues within MIT. Candid opinions about the work environment and factors that contribute to a sense of community, support and mission at the Institute are encouraged.

MIT is committed to a leadership role in addressing quality of life issues to ensure both the well-being of the workforce and the continued excellence of the Institute.

Thank you, in advance, for your interest in the topic and willingness to participate in the assessment. Findings will be reported only in the aggregate and individual responses will be kept strictly confidential.

3   Why and since when is MIT doing diversity management? Which are the main goals?

I believe that the main goals for diversity at MIT are to ensure that:

a)   The importance of diversity to MIT is embodied in MIT's mission to achieve excellence in every thing it does. Our primary goals of excellence in education and research require that we fully educate our students so that they are academically sound in their respective disciplines and socially competent in their ability to effectively appreciate and contribute to the globalized world into which they will enter upon leaving MIT. Achieving excellence in research necessitates identifying, developing and utilizing the abilities and talents of every MIT community member from students and faculty who conduct the education processes and research to the staff who support them. There are also efforts under the Affirmative Action Plan goals, prepared annually, to increase the numbers of minority and women in faculty and in senior level staff positions to match their availability in the job market. MIT has been attempting to meet these challenges and achieve these diversity goals for over thirty years. This is evidenced, primarily in the context of affirmative action or racial diversity, by the fact that many minority initiatives exist now at MIT and have been ongoing programs for more than twenty years.

Minority faculty recruitment and hiring initiatives go back to 1971 when the Community Fellows Program was established. It continues to provide professional and leadership opportunities through the MIT Urban Planning and Studies Program for practitioners who work in communities of color across the U. S. concerned with community development and public service. This program has led to the appointment to staff positions at MIT. There is also the Minority Faculty Hiring Initiative, which awards departments new non-budgeted faculty slots with funding upon the appointment of a minority scholar to a regular faculty position. This program enhances the potential for increasing the representation of faculty of color. The Dr. MLK, Jr. Visiting Professor Program brings six to twelve minority professors for recognition and the enhancement of their research to MIT every year; and the MIT/HBCU (Historically Black Colleges and Universities) Partnership Program seeks to stimulate and strengthen research collaborations between the HBCU(s) and MIT.

The second primary goal is:

b)   The fact that MIT recognizes the importance of diversity management in creating a diverse representation among its faculty and staff that mirror the profile of the student populations. That is, there is a strong motivation on MIT's part to have a staff population that approaches in numbers the nearly 30% representation of minority students. These students express the desire to see their like kinds in race and gender represented in the adult faculty and staff populations in all functions that support them. MIT's incoming class a year ago was 47% minority, and at present MIT's combined faculty and staff population is 16%. Current research has documented the importance of diversity in the educational process. We have looked at this research at MIT and believe that diversity within the classrooms and the environment at large represents an educational benefit to minority as well as majority students. The empirical evidence obtained from studies of college teachers' and students' attitudes toward diversity confirm that it provides educational benefits in ways that cannot be duplicated in racially/ethnically homogeneous academic settings. The American Council on Education has sponsored and reported on some of this work. They include, the works of Geoffrey Maruyama, Ph.D. and Jose F. Moreno, "University Faculty Views About the Value of Diversity on Campus and in the Classroom," "College Missions, Faculty Teaching, and Student Outcomes in a Context of Low Diversity" by Roxanne Harvey Gudeman, Ph.D. and Patricia Marin's, Ph.D. report on "The Educational Possibility of Multi-Racial/Multi-Ethnic College Class-rooms." Another highly regarded researcher in this area is Patricia Gurin, Ph.D., Professor of Psychology, University of Michigan, who reported in "New Benefits of Diversity in College and Beyond: *An Empirical Analysis*, 1999, that "Students learn more and think in deeper, more complex ways in a diverse educational environment."

This work was done to mount the a defense to the court challenges aimed to eliminate "diversity" as a factor in the admission policy at the University of Michigan in Chicago, Illinois. The most recent action in this challenge is a ruling from the U. S. Sixth District Court on May 14, 2002 that affirmative action as applied by the University of Michigan is legal. Attempts to remove affirmative action/diversity considerations from college and university admission practices have been spreading across the U. S. over the past ½ dozen years. We expect that the U. S. Supreme Court will rule on this issue ultimately.

4   What actions have MIT taken? Which ones are most effective?

MIT leaders have sponsored several research studies over time to better understand the elements of diversity. These investigations have covered areas of the diversity regarding minority faculty, graduate students and administrative staff. The MIT, study which gained the most significant attention and provided insight into the conditions of gender diversity for women faculty, was "The Status of Women Faculty in Science Report" completed in 1999. This study was a systematic research of the disparity between the women faculty and their male counterparts in the School of Science at MIT. They uncovered distinct negative offsets for women in many areas, e.g. compensation, distribution of funding, advancement, space. This study presented a compelling story of systemic marginalization within the faculty community in the School of Science. Many of these disparities were immediately corrected.

The outcome of this investigation prompted MIT to establish committees in each of the Schools to look into faculty gender issues and to investigate the faculty and staff diversity. In March 2002 the Reports of the Committees on the Status of Women Faculty was published. The findings, very similar to those uncovered in the School of Science Report led to redefined guidelines to enhance the recruitment of women faculty. Additionally, initiatives were launched to understand the gaps in academic performance between students of varying racial and cultural backgrounds. Collectively these undertakings are expected to lead to recommendations that will bring about increased representation and professional advancement of minority faculty and staff and close the student performance gaps where found.

Pro-active programs such as the Committee on Campus Race Relations (CCRR) exist for the purpose of promoting positive inter-racial and multicultural relations at MIT and to keep diversity in the forefront. CCRR, instituted by the President of MIT, Dr. Charles Vest, in the mid-1990s, is funded by the President and is made up of a cross section of faculty, staff and students appointed by the President. The Committee receives input from the MIT community on a variety of issues concerning race relations and other diversity issues. Its charter is to conduct programs and activities that stimulate understanding and interactions among the races and cultures represented, seventy or more. CCRR's Education, Race of the Future and Grants Sub-Committees provide training, educational, programmatic and sponsored multicultural events all of which are conducted to enhance the inter-racial and cultural experience and knowledge of the entire MIT community.

Managing diversity at MIT still has a way to go. To be achieved MIT must meet its goal to have a diverse environment that is inclusive, welcoming and representative of minorities and women that match their availability in the job market from which MIT selects applicants and that more closely reflects the student demographics. The evidence at hand does suggest that MIT, by its committed efforts to apply known and new strategies and to complete the diversity initiatives work and emerging recommendations presently underway, will move closer to the realization of its goals. That is diversity at MIT will be effectively managed, promoted and sustained.

Redia Anderson
Diversity & Inclusion Equals Marketplace Success

Diversity is a business imperative in today's marketplace. It represents the talent source that, when tapped, makes an organization's culture unique; increases the value of ideas and processes that a firm can bring to its clients and enhances an organization's bottom line. In fact, the competitive gains conferred by workplace diversity continue to be independently verified, most recently in research by Jeffrey Gandz, professor and associate dean at the University of Western Ontario. In his report, "A Business Case for Diversity," a heterogeneous work environment helps organizations to:

- identify and capitalize on opportunities to improve products and services

- attract, retain, motivate, and utilize human resources effectively

- improve the quality of decision-making at all organizational levels

- reap benefits from being perceived as a socially conscious and progressive organization

---

Redia Anderson is National Principal, Deloitte & Touche's Diversity & Inclusion Initiative.

He concludes in his study: "These benefits should be manifested in an improved bottom line and maximization of shareholder value."

Diversity is key to the way we approach our business.

At Deloitte & Touche, our Diversity Initiative is an integral part of our business strategy. We understand the economic importance diversity and inclusion bring to our bottom line, and the importance diversity holds for many of our clients.

Our firm strategy, which has four pillars—*market focus, clients, people,* and *innovation*—is very much geared to understanding and anticipating the needs of the marketplace and our clients. Our strategy is designed to shape the delivery of services we provide and the way we deliver them in response to the evolving national and global business environment. More specifically, the "people" pillar of our strategy focuses on how we foster an inclusive environment in which our professionals can fulfill our mission of helping our clients and our people excel.

Over the past two years, Deloitte & Touche has created and implemented a firm-specific strategy to make diversity a hallmark of our firm's culture, success, and the way we do business.

Diversity takes on a broader meaning.

We believe that while race and gender are still keenly important to our societies and must be addressed effectively, they nevertheless represent only two dimensions of diversity. We compete in a national and global marketplace and as such we developed a broad definition of diversity. We define diversity as:

> "...a collective mixture of individuals, cultures, and organizational expertise. It is all these differences that make each of us unique and the commonalities that connect us. Diversity includes everyone. Understanding, appreciating, and leveraging our differences gives Deloitte & Touche a global business advantage."

This definition includes unconventional dimensions of diversity, such as preferred working styles, and right brain/left brain thinking styles, service line, function, values, language, religion and sexual orientation, as well as many of the more-traditional primary dimensions such as age, ethnicity, gender, and national origin. (See Figure 1.)

Why do we choose to define diversity so broadly and unconventionally? Simply, because we truly believe diversity includes everyone. We each come from diverse backgrounds with our own perspectives. The challenge is to leverage the differences in thinking and cultures for the benefit of the firm and our clients.

Diversity of engagement teams is the way we win in the marketplace. We do our best work in teams, and this has been validated for us again and again by our clients. They have consistently told us that our people are the best and the brightest.

Talent identification, attraction, and retention are key elements of our successful diversity strategy. We strongly believe that client service teams replete with divergent, experiences, backgrounds, and perspectives provide clear benefits. The benefits are:

Abbildung I: Diversity Dimensions

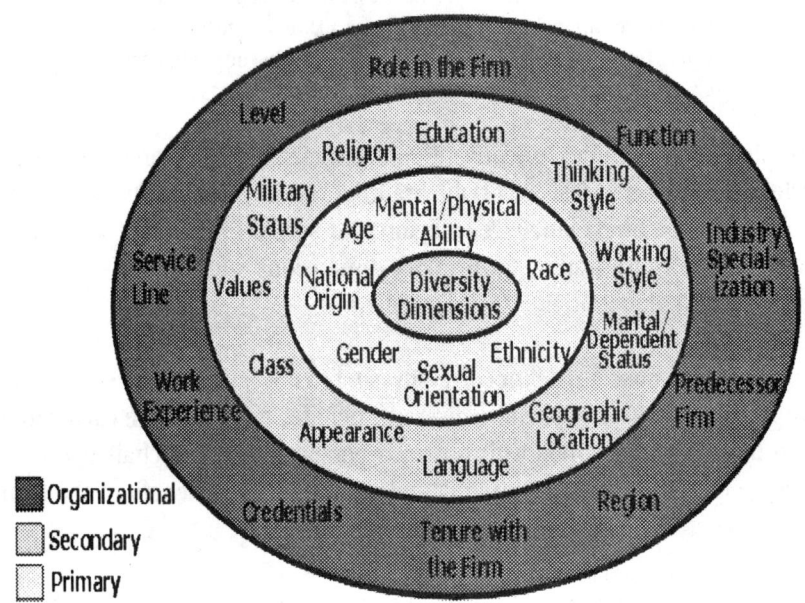

Marilyn Loden, Implementing Diversity, McGraw Hill, New York, New York, 1996.

1) earlier identification of client issues, often due to greater cultural understanding and sensitivities;

2) better defined problems and more focused solutions delivery;

3) increased work efficiency through greater communications; and

4) client satisfaction.

Understanding, appreciating, and leveraging these differences is what continues to frame our firm's competitive edge.

Diversity strategy brings recognition to Deloitte & Touche.

For our results-oriented approach to diversity, we've received accolades, including the following:

- *DiversityInc.com* ranked Deloitte & Touche as number 13 in the top 50 for our diversity initiative.

- *Black Collegian* magazine ranked Deloitte & Touche fifth on its list of "Top 100 Employers for 2002".

- *Training* magazine placed the firm in ninth place on its "2002 Training Top 100" list, the only national ranking of companies based on investment in workforce training and development.

- For the fifth consecutive year, Deloitte & Touche was named to *Fortune* magazine's prestigious list of "100 Best Companies to Work for in America".

- *Working Mother* magazine named the firm as one of the "100 Best Companies for Working Mothers" for the eighth consecutive year.

In addition, we have won several large client engagements because of

- our ability to understand the importance of diversity on our engagement teams

- our ability to meet the clients' needs through diverse subcontractors

- our philanthropic giving, and our community relations work in the communities where we do business.

Diversity and inclusion equals marketplace success. As you can see, the so-called ìsoft things,î read as diversity by some, can definitely have a very hard impact on your business.

Diversity and inclusion equals marketplace success. As you can see, the so-called "soft things," read as diversity by some, can definitely have a very hard impact on your business.

An inclusive culture requires a sustained commitment.

The reality is that the road to a diverse and inclusive culture is *not* an easy one nor a short trip. Large-scale organizational change is often a *very* slow and *long* process. The journey to inclusion requires commitment, steady gains, and a defined a sense of the desired outcome.

In our case, Deloitte & Touche has found that the implementation of our diversity strategy has not been as smooth as we would have hoped. We've had many stops and starts, and frankly, it has made the journey longer and harder. Nevertheless, we have made steady and significant progress over time, and our leaders have impressed upon our people the importance of diversity and inclusion and the depth of our commitment to this journey.

Leadership sets the expectations for diversity.

But how does an organization develop its own workplace view and communicate its rationale?

Our leadership team owns the success of our diversity and inclusion initiative just as we do with any of our other business initiatives. In our experience, the challenge proved to be how to communicate expectations to the U.S. practice of Deloitte & Touche, comprising more than 28,000 professionals, and what should be the consistent metrics by which to gauge our success.

At the end of the day, our people look to our leadership to set the tone and expectations through their behaviors. Rhetoric is just that and it won't galvanize people or help them understand what is expected of them nor understand that for which they will be held accountable. It is still true that actions speak louder than words and, in this arena, this is especially true. The onus falls to leadership to articulate the case and the expectations for action *and* then to hold management and people accountable for those actions.

But why would an organization create a diversity initiative? Our reasons for engaging in a diversity and inclusion initiative include the following Top Ten list:

10.   The firm's growth targets are aggressive. At the same time, our nation and our industry face challenging times. We must be leaders.

9.   Our clients are valuing and focused on diversity and expect the same from our firm.

8.   Our client's clients are diverse.

7.   Clients are looking for diversity on our work teams and expecting us to bring fresh, new ideas and breakthrough solutions to the table.

6.   The competition is stiff. We need to recruit the *best* people, bring together the *best* teams, develop the *best* ideas, provide the *best* service, and create brand eminence. Our marketplace services leader, Rich Fineberg, said it best in relation to a recent win of a major client:

„We know how to win. Our game plan to attack the marketplace in multi-functional teams is the right game plan. We are better at teaming than our competitors. We hear this all the time from our clients and perspective clients. It is clearly a competitive advantage for us, and we know how to execute it. And finally, it always comes back to this: our people constitute the best talent in the business. When Fortune magazine tells the world that year after year we are one of the best places to work and in fact, year after year, no Big 4 firm has ever been as good of a place to work as Deloitte &Touche, then there can be no question that more of the best people come here, work here, and stay here."

5. Building a culture that values diversity improves retention, and our clients benefit from greater continuity of service.

4. Our clients are globalizing and expanding too, so we're encountering a richer mix of people, viewpoints, talents, and experiences.

3. The firm is continuing to globalize operations and expanding our client base. We need global thinkers.

2. Diversity is a core value woven into our strategic business plans and themes. It's linked to our shared beliefs - strength through cultural diversity - and key to the success of our mission, vision, and goals.

1. We work in teams; thus we must fully optimize the skills and talents of every member of our teams. Talent does not come in any particular "package".

Principles for a successful initiative

There are several key principles we've also kept in mind to help us reach our goal of implementing an effective and successful diversity initiative. They include:

- *Have a clear and concise strategy.* Know what the end result looks like. As Stephen Covey wrote in his book, Seven Habits of Highly Effective People, "knowing what the outcomes are and what defines success is critical. Otherwise, how could one ever know if you are making progress."

- *It's an initiative, not a program.* At Deloitte & Touche, we don't like the use of the word "program" to describe our diversity initiative. Instead, we use the term "initiative". This may seem a trivial distinction, but it's not. "Program" implies a project-like mind set with a definite beginning and an ending. "Initiative", on the other hand, defines a process, a significant long-term investment. An initiative approaches diversity and inclusion through a sustained, systemic methodology, and the process and lessons become engrained in the very fabric of the firm.

- *It's about people and talent.* One of the most important components of a successful diversity initiative is the people who make it work (i.e., managers who know how to manage; people who know how to talk to people as individuals; and employees who know how to work effectively together, one-on-one).

- *It's not one-size-fits-all, it's one-size-fits-one.* Diversity initiatives are not "off the shelf" products. We could not overlay the Deloitte & Touche strategy and initiative on any other culture, any more than one could overlay another strategy onto the Deloitte & Touche culture. Why? Because each organization's culture is unique and cannot be replicated by any other organization. While we might articulate similar words to describe our values and our beliefs, organizational cultures are about as different as fingerprints belonging to two different people. No two are exactly the same; therefore, it's key that the diversity strategy, the initiative itself, and the infrastructure to support the strategy, are developed with a clear understanding of the outcome to be achieved.

- *It is about winning in the marketplace with the best people.* At Deloitte & Touche, we have long recognized that if you don't have all of your talent contributing, you are losing an irreplaceable resource. As a people-oriented firm, we live and die by the reputation of integrity, skills, and talents of our people. Fostering an environment that's inclusive - one that attracts, develops, and retains the best people - is critical to our success. Creating an inclusive environment where our people want to stay is not an option for us. Our clients demand the best talent - all the time. They have every right to expect this when they do business with Deloitte and Touche as this has been our hallmark for many years.

Putting our strategy to work.

For Deloitte & Touche, our goal is to ensure that our people and our clients benefit from a strong, active commitment to diversity in the workplace and the marketplace.

We've put in place a strong foundation. Our diversity strategy is built upon two fundamental building blocks - *infrastructure* and *accountability* - and four strategic drivers - *leadership, people, education*, and *communication*.

- **Infrastructure**: To ensure that we continue to advance our objectives, Bill Parrett, U.S. managing partner of Deloitte & Touche, serves as champion for the initiative. We have established an internal structure of function and cluster diversity leaders and councils to ensure that we continue to advance and implement our initiative on a regional and local level. Business Resource Groups, which exist within some of our clusters, bring groups of people with similar interests and backgrounds together who want to share information regarding professional and personal development.

- **Accountability**: At Deloitte & Touche, we have implemented a number of accountability practices and processes by which we hold our firm leadership and our professionals responsible for achieving our diversity goals. To help us stay true to our mission and objectives, we have also commissioned an external advisory board made up of prominent national leaders and authorities, who come from government, academia, and business. Their primary purpose is to help us monitor and track our progress and results in diversity and inclusion.

- **Leadership**: Support from leadership - both on the national and local level - is critical for a successful culture change. Our national and local leadership are the champions of our initiative, and they work with our function and cluster diversity leaders and their councils to create plans annually to help our professionals advance the diversity initiative within the firm.

- **People**: People join and stay with an organization that keeps its commitment on opportunities for development and advancement. Deloitte & Touche makes and keeps this commitment.

  - *Recruitment*: Deloitte & Touche supports minority recruitment, internship, and academic development programs at the undergraduate and graduate levels at majority, and historically black and Hispanic colleges and universities as well as other universities with sizable minority student populations and formalized student business associations. Our recruiters and professionals participate in job fairs, conferences, and campus recruiting to help us attract a wide range of talent from diverse backgrounds. We've found that it is very helpful for all students to see and meet others within our firm who look like them.

- *Work/Life Blending Program:* We have a flexible work environment. Better work/life management is key to retention, and we provide opportunities for our people to better manage their work and personal lives. We have examined how our work gets done and how it can be done differently, and we offer an enhanced telecommuting and "virtual" work options for many of the work assignments.

- *Training*: Our commitment to diversity in the workplace and the success of all individuals extends to training, development, mentoring, and succession planning for all the people of Deloitte & Touche. Joseph Gibbons, national director of Education & Development states:

  > "In order to keep talented professionals, an organization should not only provide them with employment, but with opportunities to expand their minds and their skill sets as well. Deloitte and Touche has made great strides in this area. We provide a wide variety of technical/industry, professional, management, and leadership skills development in addition to many on-the-job development and rotational opportunities. The people we hire join profes-

sional services firms to benefit from the plethora of learning, mentoring, and career development options. Those that take advantage of them are those that advance within the firm."

- *High Visibility Assignments:* We provide opportunities for early identification of talent and for that talent to have access to high visibility assignments that could lead to advancement. We track our highly talented people to ensure that they receive the appropriate education and training as well as the appropriate assignments to prepare them for greater responsibilities.

- **Education**: Getting an organization to buy-in to an initiative does not only involve a change in action, it also entails a change in mindset. Changing the way people view certain things affects their actions. That is why education is very important to understanding and advancing any initiative.

- *Diverse Perspectives, Common Goals,* our diversity education program, was rolled out in December 2000. This mandatory one-day diversity awareness training course is highly interactive and allows our people - over 28,000 across the United States - to participate in the discovery of the meaning of diversity, how it enriches our personal lives and work, and the role diversity plays in our day-to-day business environment. A unique aspect of this course is that it brings together people from different functions, levels, and backgrounds in the same room to learn and interact through skilled, guided facilitation, and learning. Everyone at our firm is taking the course, including top leadership.

  In the first 18 months, more than 7,200 professionals went through the course. Feedback has been excellent. The vast

majority found the course to be informative, effective, and fun.
Even the skeptics told us they were pleasantly surprised and
found it worth their time.

But formal awareness and skill training isn't where our education process ends. We have mini-diversity workshops within
our regional offices, and our diversity councils set up various
learning experiences and activities for the professionals within
their cluster to learn more about diversity and fostering inclusion.

- **Communication**: Ensuring that our message comes through loud
and clear is as key as knowing what we are trying to achieve. At Deloitte
& Touche, we have implemented a comprehensive communication
plan that:

    - supports the business case for diversity and its link to the firm's
    strategies;
    - spotlights our progress;
    - defines our strategies and challenges for the future;
    - explains the role each of us can play in promoting inclusi-
    veness;
    - reports on successes and challenges.

To communicate our mission and progress, we successfully utilize a variety
of methods, including a diversity intranet site, e-mails, voicemails, electronic
newsletters, and discussion forums where various groups can discuss views
with each other.reports on successes and challenges.

The journey will never be completed.

While we have accomplished a great deal, more remains to be done before Deloitte & Touche can fully reflect the national and global diversity of its offices in 141 countries worldwide. Everyday, we take small steps forward. We deepen our commitment, and we see both the personal and professional benefits accruing to our people, our clients, and our business. What sustains this effort is not only the determination of our firms' leaders, but also that we are earning recognition for our commitment. We've laid a strong foundation, and we will continue to build on this initiative through strong sustainable processes and ideas for years to come. This will help us take diversity and Deloitte & Touche to the next level.

Kapitel 4
BEST PRACTICE BEISPIELE AUS DEUTSCHLAND

DaimlerChrysler AG
Ein Gespräch mit Heike Tyrtania

Eszter Belinszki:

In welchem Kontext entstand die Idee von Managing Diversity bei DaimlerChrysler?

Heike Tyrtania:

Den Ausgangspunkt bildete 1998 der Merger der Daimler-Benz AG mit dem US-amerikanischen Unternehmen Chrysler Corporation. Chrysler hatte zum damaligen Zeitpunkt schon verschiedene Aktivitäten und ein weit entwickeltes Programm im Themenbereich Diversity. Die Firma war und ist bekannt und anerkannt, als ein Arbeitgeber, der die Vielfalt seiner Mitarbeiter/innen berücksichtigt, bzw. unterstützt. Diversity ist bei Chrysler ein selbstverständlicher Begriff, und es gibt ein Diversity Department.

Der Merger-Prozess wurde durch ein sog. Post-Merger-Integration-Project unterstützt und begleitet. Die Aufgabe dieses Projektes war es, Synergieeffekte zu identifizieren und die Zusammenarbeit zu gestalten.

Im Feld Human Resources war Diversity ein wichtiger Aspekt. Es gab hierzu ein Projektteam aus Personalleitern. Sie gehörten zu den Hierarchieebenen 1 und 2 und waren unmittelbar dem Vorstand

---

Heike Tyrtania ist Leiterin Personalpolitische Projekte bei der DaimlerChysler AG und Ansprechpartnerin für Chancengleichheit. Das Gespräch wurde im Sommer 2002 geführt.

280

zugeordnet. Die Zusammensetzung der Gruppe spiegelte die Vielfalt des Unternehmens wieder: Kolleginnen und Kollegen aus den USA, aus Südafrika und aus Deutschland arbeiteten zusammen über die Fragen, was Diversity bedeutet, welche Aktivitäten und Programme es z.Zt. gibt und welche Pläne für die Zukunft anvisiert werden können. Damit fing die Diversity-Diskussion für das Unternehmen DaimlerChrysler in Deutschland 1998 an. Die ersten Impulse kamen aus dem Projektteam. Die Ergebnisse dieser ersten Phase wurden in einem Diversity-Statement zusammengefasst und veröffentlicht. Das war ein wichtiger Schritt: Ein gemeinsames Verständnis von Diversity entstand. Darauf folgte eine detaillierte Bestandsaufnahme. Wir haben dabei festgestellt, dass die Anforderungen an Diversity und die zentralen Handlungsfelder in den verschiedenen Standorten nicht die gleichen sind. Deshalb entschied sich das Unternehmen, in jedem Land unterschiedliche Vorgehensweisen zu entwickeln. Globale Aktionen hätten den gewünschten Effekt wahrscheinlich nicht erbracht. Nach Abschluss der Integration wurde die weitere konzeptionelle Entwicklung von Diversity Management im Bereich Personalpolitik angesiedelt. Diversity ist also kein zeitlich begrenztes Projekt, sondern eine Daueraufgabe für die Organisation. Sie ist seit 2000 in die globale Unternehmensstrategie als ein Element im HR-Bereich integriert.

E.B.: Wie war die Akzeptanz zu Beginn?

H.T.: Der Begriff „Diversity" ist am Anfang auf Widerstände und Unverständnis gestoßen. In den Diskussionen während des Integrationsprojektes haben wir festgestellt, dass das US-amerikanische Wort in Deutschland Ablehnung auslöst. Deshalb haben wir uns entschlossen für Deutschland die Begrifflichkeit „Chancengleichheit" statt „Diversity" zu verwenden. Wobei der Fokus hier nicht ausschließlich auf

Chancengleichheit zwischen Frauen und Männer liegt, sondern er wird auf die Gesamtbelegschaft und auf andere Differenzkriterien erweitert. Unterschiede hervorzuheben ist im angloamerikanischen Kontext eine Selbstverständlichkeit. In Deutschland ist es anders, dort gibt es mehr Ressentiments. Wir legten den Schwerpunkt aus diesem Grund weniger auf die Differenzen, sondern auf die Integration und Förderung aller Beschäftigten. Dadurch konnten Widerstände abgebaut werden. Darüber hinaus haben wir im sog. Business Case erarbeitet, welche Chancen Diversity Management für das Unternehmen DaimlerChrysler eröffnet. Soziale Verantwortung ist zwar ein wichtiges Element, aber für die einzelne Führungskraft im täglichen Handeln ist sie keine alleinige Antriebsfeder.

E.B.: Welchen Nutzen von Diversity hat DaimlerChrysler für sich im Business Case identifiziert?

H.T.: Erstens möchten wir mit unseren Produkten einen vielfältigen Kundenkreis erreichen. Dafür benötigen wir vielfältige Mitarbeiterinnen und Mitarbeiter, um die unterschiedlichen Ansprüche von der Kundenseite besser zu verstehen. Zweitens möchte DaimlerChrysler als attraktiver Arbeitgeber auf dem Arbeitsmarkt erscheinen und zwar nicht nur für eine kleine Gruppe von potentiellen Arbeitnehmern. Wir möchten weder durch explizite noch durch implizite Botschaften Personenkreise ausschließen, sondern möglichst breite Schichten ansprechen, um die besten Mitarbeiter/innen zu gewinnen. Wir möchten aber ebenfalls den vorhandenen Kolleg/innen Wertschätzung entgegenbringen und sie bestmöglich in das Unternehmen integrieren. Drittens möchten wir die Kreativitätspotentiale dadurch erhöhen, dass unterschiedliche Sichtweisen zusammengebracht werden. Wenn viele Perspektiven eingebunden werden steigt die Qualität der Entscheidungen. Viertens fördert Vielfalt die Flexibilität, die für ein erfolgreiches Wirtschaftsunternehmen von entscheidender Bedeutung ist. Der wirtschaftliche Nutzen von Diversity für DaimlerChrysler lässt sich in diesen vier Punkten zusammenfassen.

E.B.: Aus welchen Bereichen erfuhren Sie Unterstützung?

H.T.: Die Aufmerksamkeit und die Unterstützung von der Seite des Vorstands ist ein entscheidender Faktor. Für den Erfolg von Diversity Aktivitäten ist es von zentraler Bedeutung, die Mitarbeiter/innen und vor allem die Führungskräfte zu überzeugen. Das wird erleichtert, wenn der Vorstand deutlich sein Interesse an Diversity signalisiert. Darüber hinaus haben wir gezielt nach sog. „Promotoren" im Unternehmen gesucht. Wir wählten Persönlichkeiten aus, die das Thema unterstützen. Die Kontakte entstanden mehr auf der persönlichen Ebene: Die Promotoren wurden nicht „offiziell" mit Diversity-Aufgaben beauftragt, sondern bekundeten Interesse und Verständnis für das Thema und sind bereit, unsere Arbeit zu unterstützen. Solche Personen zu mobilisieren ist ein weiterer Erfolgsfaktor. Das firmeninterne Frauennetzwerk hat das Thema ebenfalls positiv aufgegriffen und kritisch-konstruktiv verfolgt.

E.B.: Gab es in Deutschland Vorläuferprojekte, Erfahrungen, auf die Sie zurückgreifen konnten?

H.T.: In zwei Bereichen gab es Initiativen: zum Thema Vereinbarkeit von Beruf und Familie und zum Thema Förderung von Frauen. Erstere wurde schon Ende der 1980er Jahre entwickelt, ab Anfang der 1990er Jahre geriet die Förderung von Frauen, vor allem Frauen in Führungsfunktionen, in den Mittelpunkt des Interesses. Damals entstanden Projekte in vier Bereichen: Es gab spezielle Seminare für Frauen, als Weiterbildungsmaßnahmen zur Vorbereitung auf Führungspositionen und zum Erfahrungsaustausch. Das Thema wurde auch im Personalmarketing aufgenommen: gezielte Akquise von weiblichen Führungskräften und Führungsnachwuchs. Außerdem wurde ein Mentoringprogramm für Frauen etabliert - das bis heute läuft - mit Teilnahme von weiblichen und männlichen Mentor/innen. Bewerben können sich Frauen in höheren Sachbearbeitungsfunktionen, die Interesse und Potential für weiterführende Aufgaben haben. Die Auswahlgespräche finden im Personalbereich statt. Die Mentor/innen sind Führungskräfte aus dem Unternehmen. Ein Programmdurchlauf dauert 12 Monate, wobei die Kontakte häufig weiterhin erhalten bleiben.

Darüber hinaus gibt es seit längerer Zeit Maßnahmen zum Thema Flexibilität: Unterschiedliche Möglichkeiten für flexible Arbeitsformen, für Gruppenarbeit oder für autonome Zeitgestaltung sowie für Telearbeit werden angeboten. In erster Linie steht die verbesserte Berücksichtigung und Unterstützung der Wünsche und Bedürfnisse der Mitarbeiter/innen im Mittelpunkt,. Aus diesen verschiedenen Projekten in bezug auf Chancengleichheit und Flexibilität resultieren viele Erfahrungen, die für die Diversity Aktivitäten von Bedeutung sind. Neben den guten Ideen sind die Anregungen wichtig, wie man Projekte besser kanalisieren und effektiver steuern kann. Die Notwendigkeit solche Einzelinitiativen konzeptionell zusammenzubinden wird deutlich.

E.B.:   Was sind die Grundzüge des Diversity-Konzeptes bei DaimlerChrysler?

H.T.:   Das Konzept ist in die globale HR-Strategie eingebunden. Die Idee ist, dass DaimlerChrysler, als weltweit tätiger Automobilhersteller, den vielfältigen und hohen Ansprüchen der Kunden nur gerecht werden kann, wenn er gute Mitarbeiter/innen hat, die ihre Potentiale in der Arbeit einbringen können. Das setzt voraus, dass das Unternehmen die Mitarbeiter/innen mit Fairness begegnet und die individuellen Unterschiedlichkeiten anerkennt, bzw. schätzt. In Deutschland sind fünf Handlungsfelder für Diversity/Chancengleichheit definiert: Förderung von Frauen, Vereinbarkeit von Beruf und Familie, Beschäftigung von Schwerbehinderten und eingeschränkt einsatzfähigen Mitarbeiter/innen, Umgang mit unterschiedlichen Nationalitäten und das Angebot von unterschiedlichen, flexiblen Beschäftigungsformen. Für jeden Schwerpunkt wurden einzelne Vorgehenskonzepte entwickelt. Zum Beispiel im Thema Förderung von Frauen haben wir eine Betriebsvereinbarung mit dem Betriebrat abgeschlossen. Aufgrund der Erfahrungen von den o.g. früheren Projekten wurden die Eckpunkte eines kontinuierlichen Prozesses festgelegt und Ziele definiert. Wir haben keine Punktziele, sondern unterschiedliche sog. Zielkorridore in bezug auf die Gesamtbelegschaft, auf Führungskräfte und auf die Ausbildung. Zielvereinbarungen sind ein wichtiges Steuerungsinstrument bei DaimlerChrysler. Um eine höhere Verbindlichkeit zu erzeugen, haben wir uns entschlossen, auch im Bereich Diversity Ziele zu setzen.

Es gab allerdings Widerstände, nicht nur im Management, sondern auch von Frauen. Sie befürchteten, dass sie nur als „Quotenfrauen" zu Positionen gelangen und damit ihre Kompetenzen in kollegialen Kreisen in Frage gestellt werden. Dagegen wehren sie sich und wir betonen immer wieder, dass die Qualifikation und Kompetenz weiterhin im Vordergrund steht.

Aus den Zielkorridoren können Ziele für die verschiedenen Bereiche und Standorte abgeleitet werden. Das bedeutet, dass alle einen Beitrag zur Erreichung der Ziele leisten müssen. Da die Standorte unterschiedlich strukturiert sind, verschiedene Historien, Produkte und wirtschaftliche Situationen haben, wäre es nicht sinnvoll, Ziele zentral und universal für alle festzuschreiben. Die Entwicklung und Umsetzung von Maßnahmen erfolgt dezentral.

Zusätzlich zum quantitativen Controlling besteht ein qualitatives Controlling: Der Fokus liegt also nicht ausschließlich darauf, ob ein Zielkorridor erreicht wird, sondern welche Veränderungen zu erkennen sind. Gibt es positive Tendenzen?

Ein zentraler Steuerungskreis bewertet die Ergebnisse und berichtet dem Vorstand. Die Standorte erhalten ebenfalls eine Rückmeldung, auf dieser Basis können sie die weiteren Aktivitäten planen.

Es gibt Themenfelder, in denen die Festlegung quantitativer Ziele, Steuerung und Messung kaum möglich sind, wie z.B. Vereinbarkeit von Beruf und Familie . Die Aktivitäten sind hier übergreifender: DaimlerChrysler beteiligte sich an dem „Vätertag" des Bundesministeriums. Diese Aktion diente dazu, ein Zeichen zu setzen und einen Beitrag zur Kulturveränderung zu leisten. Das Unternehmen hat außerdem eine neue Betriebsvereinbarung über Familienzeit abgeschlossen. Im Vergleich zu der früheren Vereinbarung von 1989 gibt es hier deutliche Unterschiede, vor allem in bezug auf die Integration und Flexibilität. Die Freistellung kann für maximal neun Jahre in Anspruch genommen werden. Ein wichtiges Anliegen war, Männer zu integrieren, sie als Väter explizit anzusprechen, damit Familienzeit kein „Frauenthema" mehr wird. Die flexible Regelung wiederum ermöglicht, die neun Jahre in mehreren Phasen in Anspruch zu nehmen: z.B. einen Teil nach der Geburt des Kindes, einen anderen Teil in der Zeit der Einschulung. Zwischenzeitlich ist es möglich zum Unternehmen zurückzukehren, um den Anschluss im Beruf nicht zu verlieren. In bezug auf die Familienzeit können wir selbstverständlich keine Zahlen als Zielkorridore festlegen, schließlich geht es um die individuell unterschiedlichen Lebensplanungen unserer Mitarbeiter/innen. Aber wir können die Rahmenbedingungen so festlegen, dass diese die Individualität weitestgehend zulassen.

Ähnlich erfolgt das beim Thema zeitlich flexible Beschäftigungsform. Die Rahmenbedingungen für Teilzeit sind sehr vielfältig und ermöglichen individuelle Arrangements. Wir legen aber nicht nur auf die strukturellen Bedingungen Wert, sondern auch auf die Überzeugung von Führungskräften. Die offenen Voraussetzungen können wenig erfolgreich sein, wenn sie nicht genutzt werden. Durch verschiedene Kommunikationskanäle, in Videos und im internen Fernsehkanal vermitteln wir deshalb positive Beispiele, Best Practice, um zu zeigen, dass Teilzeit durchaus auch für erfolgreiche Führungskräfte möglich ist. Überzeugungsarbeit ist sehr wichtig in diesem Feld.

Im Themenfeld Multinationalität haben wir gerade mit der konzeptionellen Arbeit und Planung begonnen. Hier gibt es zwei Schwerpunkte: erstens die internationale Zusammensetzung des Managements. Hierfür gibt es klare Zielsetzungen in der HR-Strategie, diese werden in der Personalentwicklung entsprechend berücksichtigt. Der zweite Schwerpunkt ist der Umgang mit unterschiedlichen Nationalitäten in der Gesamtbelegschaft. Wir haben ebenfalls einzelne Initiativen in diesem Bereich: Training zum Thema Offenheit und Toleranz in der Ausbildung, Diversity-Trainings für Kolleg/innen, die durch ihre Arbeit internationale Kontakte haben. Im Moment arbeiten wir daran, ein übergreifendes Konzept zu entwickeln und entsprechende Steuerungsmechanismen auszuarbeiten.

Wir haben eine Integrationsvereinbarung für Schwerbehinderte abgeschlossen. Auch in diesem Feld gab es schon seit längerer Zeit Aktivitäten, vor allem vor dem Hintergrund des Technologiewandels. Wir entwickeln Maßnahmen für die Integration, untersuchen Produktionsstandorte, inwieweit sie Arbeitsplätze für Eingeschränkte anbieten können und bilden die Führungskräfte in diesem Thema weiter.

Neben diesen fünf Schwerpunkte gewinnt ein zusätzlicher Bereich an Bedeutung: Alter. Die ersten konzeptionellen Überlegungen diesbezüglich werden gerade entworfen. In der Zukunft scheint das ein sehr wichtiges Thema zu werden.

E.B.:   Wer ist in die Arbeit von Diversity Management eingebunden? Wo liegen die Verantwortlichkeiten?

H.T.:   Die Konzepte und Ideen entstehen im Bereich HR und werden in einem Aushandlungsprozess und in Zusammenarbeit mit dem Betriebsrat bei Bedarf konkretisiert. Der Verhandlungsstand wird regelmäßig mit dem Linienmanagement konsultiert. Die Einbindung des Linienmanagements ist sehr wichtig, um Rückmeldungen zu bekommen und die spätere Akzeptanz zu sichern. Unsere Aufgabe im Bereich Personalpolitik ist u.a. auch diese Vermittlung. Darüber hinaus koordinieren wir die konzeptionellen Entwicklungen. In der Implementierungsphase bieten wir Austausch, Informationen, Netzwerke und beteiligen uns aktiv an dem Controlling und der Evaluation. Wir geben Impulse, verstärken die Kommunikation, machen Best-Practice-Beispiele bekannt, aber die tatsächliche Umsetzungsverantwortung liegt bei den Führungskräften vor Ort. Diversity ist Teil der Führungsverantwortung. Das spiegelt sich ebenfalls in der Zuteilung von finanziellen Ressourcen wieder. Es gibt ein zentrales Budget für Kommunikation, Konzeptentwicklung und internes sowie externes Marketing. Aber die Aktivitäten, Projekte und Maßnahmen sind Teile der regulären Führungsaufgaben, d.h. die Kosten sind in das Budget vor Ort integriert. Das signalisiert, dass Diversity kein „Zusatz" ist, sondern „normaler" Bestandteil der Führungsarbeit.

E.B.:   Erfahren Sie Hindernisse in der Arbeit?

H.T.:   Massive Widerstände habe ich nicht erlebt. Es gibt allerdings viel Erklärungsbedarf, warum das Thema für das Unternehmen und für die einzelnen Beschäftigten wichtig ist. Es ist sehr wichtig, den Business Case in den Mittelpunkt der Argumentation zu stellen. Es gibt ebenfalls Verständnisprobleme aufgrund der Komplexität des

Themas. Zum Teil liegt das darin, dass Führungskräfte neben Diversity gleichzeitig mehrere andere Konzepte und Themen bearbeiten und diese in ihre Arbeit integrieren müssen. Aber ein Grund ist sicherlich auch, dass Wertvorstellungen bearbeitet werden müssen. Das ist ein langwieriger Prozess, Überzeugungsarbeit ist kontinuierlich notwendig. Einige fragen immer noch, warum das Unternehmen Frauen fördert. Teilzeit wird häufig immer noch als eine Beschäftigungsform für Frauen mit kleinen Kindern verstanden, obwohl neuere Studien zeigen, dass viele Studierende ebenfalls Lebensmodelle entwerfen, in denen Arbeit keine lebenslange Beschäftigung mit 40-50 Wochenstunden bedeutet. Das Unternehmen muss sich auf solche Alternativen einstellen, davon müssen die Führungskräfte überzeugt werden. Die aktuelle wirtschaftliche Situation erschwert es Diversity-Aktivitäten weiter auszubauen. Aber Diversity als Thema bleibt bei DaimlerChrysler trotzdem präsent, die Unterstützung des Vorstandes ist weiterhin vorhanden. Diversity ist Teil der neuen Unternehmensstrategie, entsprechende Aktivitäten wurden vereinbart.

E.B.: Wie wird Diversity intern für die Belegschaft vermittelt?

H.T.: Wir haben für unsere Mitarbeiter/innen Broschüren entwickelt, in denen die Eckpunkte und Aktivitäten zusammengefasst werden. Wir präsentieren Informationen im Intranet und verschicken sie auch per Email. In der zentralen Mitarbeiterzeitung DC-Times und in den Werkszeitungen veröffentlichen wir regelmäßig Berichte, Reportagen und Geschichten als Best-Practice-Beispiele. Des Weiteren nutzen wird das firmeninterne, internationale Fernsehprogramm DC-TV als Kommunikationskanal. Wir haben z.B. vor kurzem zum „Vätertag" einen Film gemacht, in dem wir u.a. Männer im Erziehungsurlaub vorstellen. Unser Mentoring-Programm und das Thema Telearbeit waren ebenfalls auf dem Bildschirm zu sehen. Hier wurde auch der

Diversity- Steuerkreis persönlich vorgestellt. Es gibt viele kleine Elemente im Informationsfluss. Unser Anliegen ist es, dass Diversity als Dauerthema präsent ist und damit im Gedächtnis verhaftet bleibt.

E.B.:   Wie wird Diversity nach außen kommuniziert? Welche Reaktionen erfahren Sie im Umfeld des Unternehmens?

H.T.:   Die Reaktionen sind gering. Das liegt z.T. daran, dass DaimlerChrysler bis jetzt Diversity-Themen kaum im externen Marketing eingebunden hat. Kommunikationskonzepte sind gerade in der Entwicklungsphase. Besonders im Personalmarketing ist es wichtig, potentielle Bewerber/innen darüber zu informieren, welche Aktivitäten beim Unternehmen in bezug auf Diversity stattfinden und wie die Integration in der Firmenkultur verankert ist. Es gibt Austausch in Netzwerken und wir arbeiten mit anderen Unternehmen, z.B. im Forum „Frauen in der Wirtschaft", zusammen. Das sind Kontakte, die seit längerer Zeit bestehen und für uns sehr wertvoll sind.

E.B.:   Gibt es schon Erfahrungen in bezug auf die Evaluation?

H.T.:   Wir haben selbstverständlich Evaluation vorgesehen, aber bis jetzt sind nur wenige Erfahrungen vorhanden. Wie oben ausgeführt, gibt es einige Bereiche, in denen quantitative Vorgaben in Form von Zielkorridoren gut funktionieren und die Veränderungen in Zahlen nachvollziehbar sind. In anderen Themen müssen wir nach neuen Wegen der Bewertung und Erfolgsmessung suchen. Anhaltspunkte liefert u.a. regelmäßig durchgeführte Mitarbeiter/innenbefragungen. Diese beinhalten auch Fragen über die Zufriedenheit mit der Arbeitsumgebung und Chancengleichheit. Die Mitarbeiterbefragungen werden in den Standorten lokal durchgeführt und ausgewertet, die Kolleg/innen vor Ort geben uns eine Rückmeldung. Die Ergebnisse werden für die

Belegschaft veröffentlicht und auf dieser Basis werden neue Maßnahmen und Projekte geplant.

E.B.: Gibt es etwas, was Sie anhand der bisherigen Erfahrungen anders machen würden?

H.T.: Wir haben fünf „Säulen" festgelegt, die Schritt für Schritt bearbeitet werden. Der Vorteil dieses Verfahrens liegt darin, dass das Thema in „handhabbare" Portionen gegliedert ist und die Komplexität reduziert wird. Die ersten Projekte laufen schneller an, Veränderungen sind früher erkennbar. Andererseits bedeutet das aber auch dass, aufgrund des relativ langen Zeitraums und der getrennten Schwerpunkten, der Gesamtzusammenhang nicht mehr so deutlich ist. Das Interesse richtet sich auf die einzelnen Aktivitäten, das Gesamtbild ist für viele nicht mehr klar. Es ist schwierig zu entscheiden, welche Strategie besser ist: stärker auf das Gesamtkonzept Diversity oder stärker auf einzelne Elemente zu fokussieren.

Als wir 1999 mit unserer Arbeit in Deutschland begonnen haben, war es wie beschrieben nicht möglich die Begrifflichkeit „Diversity" in den Mittelpunkt zu stellen, deshalb haben wir uns für „Chancengleichheit" entschieden. Jetzt könnte der richtige Zeitpunkt sein mit Diversity auch das Thema Individualisierung, Individualität aufzugreifen. Dieser Aspekt erhielt bisher in Deutschland zu wenig Aufmerksamkeit in den Diskussionen. Individualität berührt stärker noch Fragen im Kontext Work-Life-Balance und unterschiedliche Lebensmodelle als Chancengleichheit.

Grundsätzlich kann ich aber feststellen, dass unsere Diversity-Aktivitäten bis jetzt sehr erfolgreich waren. In den letzten Jahren entstand ein offener Dialog über das Thema Chancengleichheit und Diversity. Die Führungskräfte sind sensibler geworden, schenken diesen Fragen mehr Aufmerksamkeit. Diversity wird als Teil der Firmenkultur mehr und mehr anerkannt und dies stimmt mich zuversichtlich, dass weitere Entwicklungen möglich sein werden.

E.B.: Vielen Dank für das Gespräch!

Deutsche Bank AG
Ein Gespräch mit Aletta von Hardenberg und Elisabeth Girg

Eszter Belinszki:

In welcher Situation befand sich das Unternehmen, als Managing Diversity Konzepte ins Gespräch gebracht wurden?

Aletta Gräfin von Hardenberg:

Die Deutsche Bank wollte schon Ende der 1980er Jahre einen zusätzlichen Standbein im Investment Banking Geschäft aufbauen. 1989 erfolgte die Akquise von Morgan Grenfell. Der Integrationsprozess verlief dabei sehr, sehr langsam. Zuerst wurde die Gesellschaft separat geführt und dann Schritt für Schritt in die Organisation der Deutschen Bank eingebunden. Dabei wurden auch einige unerwartete Schwierigkeiten sichtbar, z.B. in der interkulturellen Zusammenarbeit. Es erfolgten Spannungen zwischen dem „traditionellen" deutschen- und dem angelsächsischen Arbeitsstil. Schon in dieser Zeit entstand die Notwendigkeit, neue und effektivere Wege für den Umgang mit Vielfalt zu suchen. Ausschlaggebend für die Deutsche Bank war darüber hinaus auch der Wandel von einem klassischen internationalen Universalbank mit deutschem Schwerpunkt hin zu einem Global Player. Dieser Prozess läuft also schon seit fast 15 Jahren. Ein großer Meilenstein auf dem Weg zu einem global agierenden Finanz-

---

Aletta Gräfin von Hardenberg und Elisabeth Girg sind Vice Presidents und Diversity Consultants bei der Deutschen Bank.. Das Gespräch wurde im Frühjahr 2002 geführt.

konzern war 1999 die Akquisition von Bankers Trust. Das ging selbstverständlich mit kulturellen Veränderungen einher. Die Deutsche Bank hat erkannt, dass die Belegschaft natürlich anders zusammengesetzt ist, als in den 1970er Jahren. Damals hatte sie eine überwiegend deutschstämmige Belegschaft und jetzt sind viele, ganz unterschiedliche Kulturen unter den Mitarbeiter/innen vertreten. Die große Frage war: Wie können wir diese Unterschiedlichkeit zu Nutze machen? Damit wurde die Grundidee geboren, Vielfalt zu institutionalisieren und Global Diversity in den Mittelpunkt zu stellen. Diese Idee wurde dann während des Akquiseprozesses mit Bankers Trust weiterentwickelt. Anhand der Erfahrungen mit Morgan Grenfell wurde deutlich, dass Integrationsprozesse von Organisationen mit unterschiedlicher kultureller Hintergrund nicht einfach „passieren", sondern sie müssen aktiv begleitet werden um ein optimales Ergebnis für die Organisationen erzielen zu können.

Elisabeth Girg:

In den USA hat Diversity Management schon seit längerer Zeit eine wichtige Bedeutung, z.T. aufgrund juristischer Vorschriften. Bei Bankers Trust gab es schon seit mehreren Jahren eine sehr erfolgreiche Diversity Gruppe, unter der Leitung von Mona Lau. Nachdem die Entscheidung bei der Deutschen Bank gefallen war, dass auch hier ein Schwerpunkt Diversity aufgebaut werden soll, hatte Frau Lau die Funktion übernommen, Diversity für den Gesamtkonzern zu etablieren. In Deutschland gab es schon früher ein Team, das sich sehr aktiv mit den Fragen der Chancengleichheit beschäftigt hat. Seit 1997 lag der Fokus ihrer Arbeit auf dem Thema Frauen in Führungspositionen. Der Personalvorstand Heinz Fischer unterstützte damals schon sehr nachdrücklich dieses Vorhaben, er betonte, dass die Deutsche Bank immer noch zu wenig Frauen in höheren Hierarchieebenen hat. Er befürwortete gezielte Aktionen, z.B. Workshops, um den Frauenanteil längerfristig erhöhen zu können. Das globale Diversity-Team entstand also letztlich durch die Integration der US-amerikanischen Diversity und der deutschen Chancengleichheitsgruppe. Von Anfang an war es wichtig, anhand konzeptionellen Überlegungen Prozesse bewusst zu gestalten, und nicht erst „hinterherzurennen".

E.B.: Wer waren die Initiatoren?

A.v.H.: Der Personalbereichsvorstand Dr. Tessen von Heydebreck und der oben erwähnte Bereichsvorstand Personal Herr Heinz Fischer. Sie haben sich damals für Diversity entschieden und dem Vorstand die Überlegungen präsentiert. Der Gesamtvorstand unter dem Vorsitz von Herrn Dr. Breuer hat die Idee angenommen und die Ausführung in Auftrag gegeben. Die Entscheidung fiel also auf der obersten Hierarchieebene.

E.B.: Wie war die Akzeptanz in der Entstehungsphase?

A.v.H.: Nun, ich glaube, die Akzeptanz war sehr unterschiedlich. Die amerikanischen Kolleg/innen kannten Diversity, auch für die Mitarbeiter/innen in England waren Diversity Ansätze zum größten Teil bekannt. In Deutschland dagegen war Diversity ein unbeschriebenes Blatt. Viele stolperten besonders am Anfang darüber, dass es ein englischer Begriff ist. Obwohl bei uns die Geschäftssprache schon seit längerer Zeit überwiegend Englisch ist, konnten die meisten wenig unter dem Wort vorstellen. Obwohl wir in den letzten Jahren sehr viel daran gearbeitet haben und wichtige Erfolge verbuchen können, gibt es sicherlich immer noch einige, für die Diversity nichts sagt. Daran unterscheiden wir uns immer noch deutlich von den USA. Obwohl eine gewisse Ablehnung gerade aufgrund der englischen Wortwahl zu befürchten war, haben wir uns bewusst entschieden, an dem Begriff

„Global Diversity" auch in Deutschland festzuhalten. Unser Ziel ist es zwar global einheitliche Standards zu setzen, die jedoch Spielräume für regionale Besonderheiten zulassen. Die Schwerpunkte in der Diversity-Arbeit sind also je nach Region unterschiedlich. Wir sind sehr darauf bedacht, die spezielle Situation und die besonderen Bedürfnisse in den einzelnen der 93 Ländern, in denen wir vertreten sind, zu berücksichtigen. Es gibt bei uns regionale Teams, z.Z. in New York, London, Frankfurt am Main und seit kurzem auch in Singapur.

E.B.:   Äußerte sich die Ablehnung oder eine reservierte Haltung auch in expliziter Form?

E.G.:   Von einer richtigen Ablehnung kann man nicht sprechen. Es ging viel mehr darum, dass die Diversity-Arbeit nicht wahrgenommen wurde. Das lag z.T. daran, dass viele Umstrukturierungen erfolgten, die tiefgreifende Neuerungen für die Mitarbeiter/innen bedeuteten. Der Wandel zu einem Global Player in den letzten 10 Jahren brachte massive Veränderungen sowohl für die Bank als auch für die Mitarbeiter/innen mit sich. Viele von ihnen, die schon lange bei der Deutschen Bank gearbeitet haben, gingen zuerst mehr auf Distanz. In diesen Fällen war Sensibilität sehr wichtig, ganz genau zu erklären: Was ist das, warum machen wir das? Das ist nicht ein theoretischer Ansatz aus der Ferne der Zentrale oder aus den USA. Man muss hinzufügen, dass den Ideen aus den USA immer mit einer gewissen Skepsis und etwas Angst begegnet wurde, da nicht alles gleichermaßen erfolgversprechend ist. Wir haben großen Wert darauf gelegt, deutlich zu machen, dass wir die deutschen Besonderheiten sehr genau berücksichtigen und Konzepte speziell für Deutschland entwikkeln, auch, wenn es natürlich Verbindungslinien zu den USA gibt. Aber wir können aus Fehlern und aus den Erfahrungen in den USA bzw. bei Bankers Trust lernen und diese schon von Anfang an in der

Planung berücksichtigen. Darin bestand ein großer Vorteil für uns. Ein wesentlicher Punkt in unserer Herangehensweise ist es, praxisorientiert vorzugehen. Wir wollen schnell und deutlich sichtbar machen, warum Diversity notwendig ist, damit jede/r Mitarbeiter/in das erkennen kann. Das ist ein sehr wichtiges Mittel, um die Akzeptanz zu erhöhen.

E.B.:   Wie Sie geschildert haben, gab es verschiedene Vorkenntnisse, Erfahrungen. Wie wurden diese Erfahrungen eingebunden?

A.v.H.: Die Einbindung erfolgte z.T. durch die Person von Mona Lau. Darüber hinaus gab es in der Bank schon früher ein Personalentwicklungsprogramm, in dessen Rahmen Mitarbeiter/innen aus dem Bereich Personal sich mit verschiedenen zukunftsorientierten strategischen Themen beschäftigt haben. Diversity war ein Themenkomplex, der in einem kleinen Team von 3-5 Personen schon seit 1999 bearbeitet wurde. Sie haben eine Studie darüber erstellt, wie man Diversity pragmatisch und erfolgsversprechend in der Deutschen Bank umsetzen kann. Diese Konzepterstellung war ein sehr wichtiger Schritt. Die Empfehlungen, die diese Gruppe ausgesprochen hat, haben wir in unserer weiteren Arbeiten berücksichtigen können.

E.B.:   Wie ist es mit den Erfahrungen aus der Arbeitsgruppe Chancengleichheit?

A.v.H.: Mit diesem Thema hat sich die Deutsche Bank schon sehr viele Jahre beschäftigt. Nur damals nannte man das noch nicht Gender oder Work Life Balance. Es gab bereits 1990 eine erste Betriebsvereinbarung, in der sehr fortgeschrittene Ansätze aufgegriffen wurden. Das war der Auftakt. Telearbeit und Teilzeitarbeit wurden Mitte der 1990er Jahre implementiert. Wichtige Anregungen kamen von den Workshops, die wie oben erwähnt, von Herrn Heinz Fischer initiiert und unterstützt wurden. Er war früher bei Hewlett Packart tätig. Er hatte viele innovative Ideen, die er in der Bank verwirklichte oder zumindest anstieß. Chancengleichheit war für ihn ein sehr wichtiges Thema. Die Deutsche Bank hatte einen sehr konservativen Ruf und war wenig frauenfreundlich. Das spiegelte sich dann im niedrigen Frauenanteil in den Führungspositionen wider. Obwohl im Bankgeschäft traditionell viele Frauen beschäftigt waren und sind - ca. die Hälfte der Beschäftigten sind bei uns, wie bei den meisten Banken, weiblich - hatten wir 1997 nur einen Frauenanteil von 16% in den Führungspositionen, d.h. im sog. außertariflichen Bereich. Aus diesem Grund wurden wichtige Initiativen in die Wege geleitet, wie z.B. Mentoring-Programme, die das Ziel verfolgten, Frauen in verschiedenen Positionen sichtbar zu machen. Diese Aktivitäten waren durchaus sehr erfolgreich und trugen u.a. dazu bei, innerhalb von 5 Jahren den Anteil von Frauen in Leitungspositionen um 8 Prozentpunkte zu erhöhen. Ein wichtiger Beitrag ist auch die Frauennetzwerkbildung in den verschiedenen Regionen. An diesem Punkt knüpften wir wieder an den Erfahrungen aus den USA bzw. von Bankers Trust an. Dort gab es schon seit einigen Jahren ein sog. „Women on Wallstreet" - Konferenz unter der Führung von Mona Lau. Anhand dieser Anregungen haben Frauen in Führungspositionen der Deutschen Bank im Jahr 2000 die „Women in European Business" - Konferenz ins Leben gerufen. Zur ersten Konferenz trafen sich über 1000 Teilnehmerinnen und einige Männer in Frankfurt am Main. Im Jahr 2002 gab es sowohl im Januar in London zum ersten Mal, als auch wiederum im März in Frankfurt die 3. WEB-Konferenz. Es entstand auch ein weltweites Senior Women - Forum, in dem sich Frauen in Senior-Positionen engagieren und die Diversity-Implementierung unterstützen. Das Thema Geschlecht war also aufgrund dieser Vorgeschichte ein wichtiger Schwerpunkt im Rahmen des Diversity-Ansatzes. Aber wir betonen auch, dass es nur ein Thema ist neben anderen. Diversity lässt sich nicht auf das Geschlechterthema reduzieren.

E.B.: Woran bestehen die Grundzüge des Diversity Konzeptes in Ihrem Hause?

A.v.H.: Eins der wichtigsten Elemente ist, dass Diversity kein Projekt ist. Es ist vielmehr ein Prozess des Umdenkens. Darüber hinaus ist Diversity eine Geschäftsausrichtung. Die Vielfalt unserer Belegschaft spiegelt die Vielfalt unserer Kunden wieder. Ziel ist dabei eine stärkere Kundenorientierung. Diversity ist kein Projekt, weil es fest in der Unternehmensphilosophie verankert ist: Unsere Arbeit zielt darauf, den Diversity-Gedanken in die Geschäftsprozesse einzuarbeiten. Diversity ist eng mit den Werten und mit der Kultur in diesem Unternehmen verbunden. Zentrale Punkte sind dabei erstens der Kundenfokus, wie ich gerade erwähnt habe, d.h. wir wollen in der Belegschaft ebenso vielfältig sein, wie unsere Kunden es selber sind. Zweitens Innovation und Teamarbeit: Diese beiden hängen eng zusammen. Wir haben beobachtet, dass heterogene Gruppen innovativer sein können, als homogene, deshalb achten wir bei der Zusammensetzung auf gemischte Teams. Drittens Leistung: Das ist gewissermaßen der Kern des Gesamtkonzeptes. Bei Diversity geht es nicht darum, dass wir bestimmte Gruppen von Mitarbeiter/innen aufgrund von bestimmten Merkmalen, sei es dem Geschlecht, der ethnischen Zugehörigkeit, sexueller Identität oder dem Alter etc. übervorteilen möchten. Der Fokus liegt auf der Leistung. Wir halten es für wichtig, jedem/r unserer Mitarbeiter/innen die besten Chancen zu bieten, um ihr/sein Leistungspotential in der Deutschen Bank zu entwickeln. Die Zugehörigkeit zu einer oder anderen Gruppe darf auf keinen Fall eine Barriere darstellen. Als vierten Punkt möchte ich noch Vertrauen und Toleranz nennen: Diese beiden bilden die Basis für den Diversity-

Prozess. Ohne den Abbau von Vorurteilen ist es nicht möglich, Diversity in den Alltag zu integrieren.

E.G.: Wir haben verschiedene Dimensionen im Diversity-Konzept berücksichtigt. Wir bei der Deutschen Bank beschäftigen uns nur mit den sog. Kerndimensionen: Eigenschaften, die sozusagen „angeboren" sind. Diese sind Geschlecht, Alter, ethnische Zugehörigkeit, sexuelle Identität und Behinderung. Man könnte noch weitere Aspekte einbeziehen, aber z.Z. fokussieren wir auf diese fünf.

E.B.: Wie wurde das Konzept in den Einzelheiten entwickelt? Wie verliefen die Kommunikationsprozesse?

E.G.: Wir entschieden uns, „zweigleisig" zu fahren: Sowohl top-down, da der Vorstand sich für das Thema entschieden hat und es engagiert vertritt, als auch bottom-up. Wir unterstützen bzw. forcieren die Netzwerkbildung unter den Mitarbeiter/innen. Es gibt z.B. Frauennetzwerke, ein schwul-lesbischer Netzwerk und in den USA Netzwerke für ethnische Minoritäten. Es gibt allerdings einen wichtigen Unterschied zwischen USA bzw. England und Deutschland. Die Deutsche Bank konzentriert sich vor allem auf London und auf New York, aber in Deutschland sind wir von Flensburg bis in den Bayerischen Wald überall vertreten. Deshalb haben wir uns entschieden, die Regionsaufteilung, die wir bei der Bank haben, zu nutzen, und die Mitarbeiter/innen zu motivieren, ihre eigenen regionalen Netzwerke zu bilden. Natürlich kann man Netzwerkbildung nicht von oben verordnen, aber man kann sie unterstützen. Das ist der Sinn, warum wir gleichzeitig top-down und bottom-up Ansätze folgen. Diese unterstützen und ergänzen sich gegenseitig.

E.B.: Welche konkreten Maßnahmen entstanden anhand des Konzeptes? Wie verlief die Implementierungsphase?

E.G.: Die Implementierung ist bei uns ein fortlaufender Prozess. Ich beschränke mich im folgenden auf die deutsche Region, in anderen Ländern liegen die Schwerpunkte ggf. etwas anders. Wie schon darauf hingewiesen wurde, hatten wir am Anfang den Fokus darauf gelegt, dass der Begriff und das Konzept erstmalig Zugang zu den Mitarbeiter/innen finden. Wir mussten also einiges für das „Marketing" tun, Bewusstseinsbildung zu schaffen und zu stärken. Wir haben diese Aufgabe sehr konsequent und strukturiert auf mehreren Kommunikationskanälen verfolgt. Wir veröffentlichen regelmäßig Artikel in unserem Mitarbeitermagazin „Forum" und nutzen unser Intranet-Informationsportal der Deutschen Bank „dbnetwork". Wir haben einen Informationsbereich auf unserer Deutschen Bank Internet-Website wie auch eine globale Intranet-Website für die internen Mitarbeiter/innen aufgebaut, die sehr umfangreich sind und das Thema Diversity bzw. die Aktivitäten aus vielen Perspektiven darstellen. Wir haben Broschüren, Flyer entwickelt, die kontinuierlich mit den einzelnen Projektschwerpunkten ergänzt werden. Diese Unterlagen verwendet man sowohl bei Recruiting als auch bei internen Veranstaltungen. Durch die Netzwerke wurden verschiedene interne Veranstaltungen initiiert, z.B. Paneldiskussionen und Vorträge. Wir haben außerdem große, freistehende Plakatwände, sog. Topcharts gemacht. Diese wurden im letzten Jahr an unterschiedlichen Stellen in der Bank aufgestellt. Die Leute „stolpern" darüber, da die Inhalte, die auf diesen Wänden stehen recht untypisch für eine Bank sind. Die Mitarbeiter/innen haben diese Texte sich angeschaut und daraufhin besuchten sie unser Homepage oder sprachen uns direkt an. Durch diese Aktion sind sehr viele auf Diversity aufmerksam geworden. Wir waren auch auf vielen externen Veranstaltungen und wurden in Presseberichten zitiert. Aber wir haben uns sehr bewusst dafür entschieden, ersteinmal den Fokus auf die interne Kommunikation zu legen. Wir wollten zuerst in unserer Belegschaft ein entsprechendes Bewusstsein schaffen und Ergebnisse vorzeigen, bevor wir intensiver an die Öffentlichkeit treten. Um das Vertrauen und die Unterstützung der Kolleg/innen zu gewinnen ist es sehr wichtig, dass sie intern über Veränderungsprozesse informiert werden und nicht erst aus den Medien erfahren, was im eigenen Unternehmen passiert.

E.B.:   Diese internen Kommunikationsprozesse verliefen also erfolgreich?

A.v.H.: Ja, denn Diversity wird in der Bank nach und nach sichtbarer. Obwohl wir im Gegensatz zu den angelsächsischen Ländern fast bei null angefangen haben. Natürlich kann man nicht immer alle Mitarbeiter/innen ansprechen. Und manchmal entwickelt sich der Kommunikationsprozess anders, als geplant. Z.B. gab es ein Interview im Mitarbeitermagazin Forum in Deutschland mit Mona Lau. Diese Zeitschrift wird von vielen gelesen. Im Gespräch ging es um die Homosexualität in der Bank und um die sexuelle Identität der Mitarbeiter/innen. Aufgrund dieses Artikels kamen sehr viele Leserbriefe. Zuerst befürchteten wir die negativen Rückmeldungen, besonders, als die ersten Briefe abgedruckt wurden. Aber dann entwickelte sich die Angelegenheit zu einem Riesenerfolg. Es entstand eine sehr offene und positive Diskussion. Das führte zur Bildung eines schwul-lesbischen Netzwerkes, das von uns tatkräftig unterstützt wird. Das ist die sog. Rainbow-Group in Deutschland. In den USA gibt es auch eine ähnliche Gruppe, aber die deutsche, die erst im Januar 2001 formell gegründet wurde, wuchs enorm. Z.Zt. gibt es ca. 150 Mitglieder, alle sehr engagiert. Sie versuchen u.a. zusammen mit uns den unternehmenskulturellen Wandel im Unternehmen voranzutreiben. Ein Ziel ist z.B., dass die eingetragenen Lebenspartnerschaften die gleichen

Benefits im Unternehmen bekommen, wie Ehepaare. Dies ist teilweise schon umgesetzt. Wie erfolgreich die Zusammenarbeit mit dem Netzwerk ist, zeigt, dass die Deutsche Bank in 2002 vom Bundesverband der schwulen Manager, dem Völklinger Kreis e.V., den Max-Spohr-Preis erhielt. Das ist gleich aus zwei Perspektiven bedeutsam: Einerseits ist das wichtig für uns intern im Unternehmen, zum anderen erscheint das Thema sexuelle Identität auch für die breite Öffentlichkeit in einem anderen Licht, wenn ein so traditionelles Unternehmen, wie die Deutsche Bank sich dafür engagiert.

E.B.: Das ist eine Art Signalwirkung.

E.G.: Genau. Deshalb ist dieser Preis für uns ein Meilenstein.

E.B.: Ich möchte gerne zum Punkt interne Kommunikation zurückkommen. Gibt es nach Ihrer Erfahrung Gruppen unter den Mitarbeiter/innen, die schwierig zu erreichen sind? Durch welche Wege versuchen Sie Unterstützung zu mobilisieren?

A.v.H.: Wir haben die Erfahrung gemacht, dass es sehr wichtig ist, die positiven Kräfte zu bündeln. Es gibt Kolleg/innen, die gegenüber neuen Ideen grundsätzlich offener sind und bereit sind, sich neben ihrer Arbeit zu engagieren. Diese Personen müssen ausfindig gemacht werden. Deshalb achten wir sehr darauf, zuerst in den einzelnen Divisionen sog. Champions für den Prozess zu gewinnen. Wären wir den anderen Weg gegangen, und hätten erstmals die distanzierten und resistenten Gruppen versucht zu überzeugen, hätten wir sehr viel mehr Energie in der Anfangsphase verloren. Dann wäre eine andere Diskussion entstanden, die mehr die negativen Aspekte in den Mittelpunkt rückt. Demgegenüber bündeln wir die positiven, unterstützenden Kräfte und mit ihnen zusammen erreichen wir einen viel größeren Personenkreis.

E.B.: Die Champions sind also Multiplikatoren in einzelnen Bereichen. Auf welchen Wegen wurden sie in die Arbeit eingebunden?

E.G.: Die Wege waren sehr unterschiedlich. Einerseits natürlich durch persönliche Kontakte bzw. durch das persönliche Interesse der Einzelnen. Das war der Fall u.a. bei einem Bereichsvorstand aus dem Private Banking Bereich. Zum anderen aber erfolgt die Zusammenarbeit manchmal eher sachbezogen, von der konzeptionellen Seite heraus. Beispielsweise in der Retail-Bank der ehemaligen DB24 begannen wir integrativ an einem europäischen Marketing-Konzeptidee mitzuarbeiten. Dort ging es darum, Diversity als Thema zu nutzen, mehr über die Kundenwahrnehmung zu erfahren. Durch die Präsenz von Mona Lau und ihrer direkten Berichtslinie über den Bereichsvorstand zum Vorstand entstanden auch weitere Kontakte. Das Interesse und die Unterstützung des Vorstandes öffnete auch viele Türen.

E.B.: Welche Maßnahmen planen Sie für die nächste Zeit?

A.v.H.: Die Marketingmaßnahmen und die Bewusstseinsbildung wird weiterlaufen. Es gibt darüber hinaus noch eine zusätzliche Perspektive, die in der Arbeit aufgegriffen wird, und zwar das Ressourcenmanagement in der Bank. Wir möchten die Mitarbeitergruppen nicht verlieren, die sich aus irgendeinem Grund vom Tagesgeschäft entfernen, z.B. weil sie Eltern geworden sind. Wir überlegen verschiedene Möglichkeiten, sie weiterhin in die Aktivitäten einzubinden. Z.B. bieten wir in Kooperation mit einem Vermittlungsservice den Mitarbeiter/innen diverse Dienstleistungen von Kinderbetreuung bis hin zur Pflege älterer oder kranker Angehörigen, eine Unterstützung also für Notfälle in der Familie. Das ist nicht nur für die Einzelnen sehr wichtig, sondern ebenfalls für das Unternehmen, schließlich sind wir daran interessiert, dass unsere Mitarbeiter erfolgreich arbeiten können. In bezug auf die einzelnen Dimensionen von Diversity: Wir werden selbstverständlich an dem Schwerpunkt Geschlecht weiterarbeiten, allerdings mit einer breiteren Basis. Zu Beginn haben wir interne Mentoring-Programme ausschließlich für Frauen erarbeitet und wir nahmen an Cross-Mentoring Programmen in Zusammenarbeit mit anderen Unternehmen teil. Wir möchten diese auf jeden Fall fortsetzen und so ausbauen, dass eine Beteiligung für Männer ebenfalls möglich wird. Wir planen ein weiteres großes Thema aufzunehmen, und zwar das Thema Alter bzw. Generationen. Das Wort „Alter" benutzen wir nur ungern, weil dadurch der Anschein entsteht, als würden wir „nur" ältere Mitarbeiter/innen ansprechen, obwohl nach unserer Meinung es hier mehr um ein übergreifendes Thema geht. Wir haben schon in unserem Private-Banking-Geschäftsbereich ein Pilotprojekt erfolgreich abgeschlossen, in dem ein erfahrener und ein weniger erfahrener Mitarbeiter ein Tandem bildeten. Wir hoffen dadurch Synergieeffekte für mehr Innovationspotential nutzen zu können: Erfahrung auf der einen und der „frische Blick" auf der anderen Seite. Wir möchten außerdem den Kontakt zu den Behindertenbeauftragten mehr ausbauen, damit Behinderung, als eine der Kerndimensionen von Diversity mehr integriert wird. Zum Thema Interkulturalität: Es gibt bei uns sehr viele Trainingsmaßnahmen, die z.T. vom Personalbereich koordiniert werden. Diese zielen z.B. darauf, Mitarbeiter vorzubereiten, die eine Delegation antreten. Wir haben gerade über die Erarbeitung eines Management-Tools nachgedacht, der es für die Manager/innen ermöglicht, Diversity-Aspekte in den Planungsprozess als eine Selbstverständlichkeit einzubauen. In welcher Form diese Tool entsteht und vermittelt wird, z.B. durch Trainingsmaßnahmen oder Workshops für die Top 200 später evtl. Top 1000 Führungskräfte, ist noch nicht festgelegt. Aber wir möchten auch in diesem Bereich weiter Fortschritte erzielen. Die längerfristige Planung sieht es auch vor, entsprechende Kriterien in die sog. Leistungsbeurteilung mit einfließen zu lassen. Das Thema kultureller Hintergrund, Ethnizität ist vor allem in den anderen Regionen, in England und in den USA ein Schwerpunkt. Das liegt vor allem daran, dass sich die Mitarbeiterstruktur dort deutlich von der in Deutschland unterscheidet.

E.G.:   Das ferne Ziel ist natürlich die feste Verankerung von Diversity in den Prozessabläufen und Instrumenten der Deutschen Bank, d.h. eine Art „Mainstreaming Diversity". Ich möchte noch zusätzlich auf die Aktivitäten der Alfred-Herrhausen-Gesellschaft hinweisen. Die Gesellschaft arbeitet im Rahmen der Deutschen Bank, ist aber nicht Teil der AG und ist nicht in den Tagesgeschäften involviert, sondern engagiert sich mehr im wissenschaftlichen und kulturellen Bereich. Das Jahresthema 2002 war Toleranz, Vielfalt, Identität. Wir unterstützen die Gesellschaft u.a. im großen Jahreskolloquium, stellen unsere Projekte vor, wir pflegen die Kontakte mit den externen Wissenschaftler/innen und tragen zu den Publikationen bei.

E.B.:   Wie ist die Budgetplanung? Auf welche Ressourcen können Sie zurückgreifen?

E.G.:   Es gibt ein globales Budget, über das wir eigenständig verfügen. Wir beantragen das Budget immer im Voraus. Die geplanten Projekte werden dabei einzeln vorgestellt. Die Netzwerke erhalten von uns individuelle Budgets. Die Abwicklung der Zahlungsvorgänge erfolgt über uns. Eine Zahlungsabwicklung durch die einzelnen „Geschäftseinheiten" wäre schon aus dem Grund nicht möglich, weil die Netzwerke aus Mitarbeiter/innen unterschiedlicher Divisionen und Geschäftsbereiche bestehen.

E.B.: Wie kommunizieren Sie das Thema Diversity nach außen? Z.B. im Bereich PR, Investor Relations?

A.v.H.: Auf vielfältigen Wegen. Erstmals pflegen wir von Beginn an den Kontakt mit wissenschaftlichen Einrichtungen. Außerdem sind wir an Veranstaltungen, Podiumsdiskussionen, Kongressen präsent. Wir engagieren uns in Netzwerken, wie z.B. „Frauen in der Wirtschaft". Das sind wichtige Möglichkeiten, unsere Arbeit nach außen zu präsentieren. Die Preise, die wir gewonnen haben, wie das Total-Equality-Prädikat oder der oben erwähnte Max-Spohr-Preis zeigen der Öffentlichkeit ebenfalls, welche Ergebnisse die Deutsche Bank in Diversity erreicht hat. Mehr indirekt erfolgt die Außenpräsentation über die Alfred-Herrhausen-Gesellschaft und über deren Veranstaltungen. Im Geschäftsbericht der Deutschen Bank ist das Thema selbstverständlich auch mit einbezogen. Im Bereich Investor Relations sind wir noch am Anfang. Die Bedeutung der Präsentationsnotwendigkeit wurde mittlerweile erkannt, aber es dauert eine gewisse Zeit, bis dies in die Realität umgesetzt wird. Vor kurzem hat sich die Bank an einer Ausschreibung für ein aus Landesmitteln finanziertem Projekt in Deutschland beteiligt. Dort wurde gezielt nach Diversity-Aktivitäten gefragt. Das traf die dortigen Mitarbeiter unerwartet. Für unser Team war das eine weitere Chance, auf unsere Arbeit im Unternehmen aufmerksam zu machen: Wir haben die Zuständigen mit entsprechenden Materialien über die Projekte und Ergebnisse versorgt. In den USA ist es mehr gewöhnlich, dass in Ausschreibungen nach Diversity-Initiativen, Projekten und Aktivitäten gefragt wird. In Deutschland war das ein Novum.

E.B.:   Welche Reaktionen kommen vom Umfeld?

E.G.:   Die Reaktionen sind überwältigend positiv, von Kunden wie auch von Investoren, also alle Stakeholder-Gruppen. Viele sind erstaunt, dass gerade die Deutsche Bank, die ein sehr konservatives Image hat, marktführend in Deutschland in bezug auf Diversity ist. Die Web-Konferenz der Führungsfrauen, wie auch der Max-Spohr-Preis waren große Erfolge für die Öffentlichkeitsarbeit. Ebenso die Aktivitäten in bezug auf den Familienservice für unserer Mitarbeiter/innen.

E.B.:   Begegnen Sie in Ihrer Arbeit Interessenskonflikte? Wie gehen Sie damit um?

A.v.H.: Interessenskonflikte gibt es sicherlich. Gerade in der Marktlage, in der wir uns momentan befinden, in der Zeit der Entlassungen, die auch an unserem Konzern nicht spurlos vorübergeht. Natürlich wird dann die Frage gestellt: Wie kann man das Konzept Diversity vertreten kann, wenn es einen Mitarbeiterabbau gibt? Viele sagen, dass ja mal wieder bei den Frauen oder den Älteren etc. abgebaut wird. Es ist tatsächlich so, dass in der Abbauphase unsere Ideen und Ansätze nicht vollständig berücksichtigt werden können. Man darf ja nicht vergessen, dass die Bank weiterhin eine profitorientierte Organisation ist und bleibt, auch, wenn wir Ansprüche und Bedürfnisse der Mitarbeiter/innen jetzt anders wahrnehmen und berücksichtigen. Natürlich ist es auch so, dass bei einigen Entscheidungsträgern der Diversity-Gedanke noch nicht so fest im Kopf verankert ist, dass sie in ihren Entscheidungen diese Punkte entsprechend berücksichtigen könnten. Unsere Aufgabe besteht gerade darin, diese Diskrepanzen zwischen „Hochglanzbroschüren" und Umsetzung zu minimieren.

E.G.: Es gibt auch konfliktauslösende Faktoren, die von uns nicht zu beeinflussen sind und trotzdem eine große Auswirkung haben, wie z.b. die wirtschaftliche Lage einzelner Regionen in Deutschland oder der Mangel an Kinderbetreuungsinstitutionen, Ganztagsschulen, Pflegeinstitutionen etc. Wir können zwar versuchen, Lösungsideen zu entwikkeln, um für eine punktuelle Entlastung unserer Mitarbeiter/innen zu sorgen, aber letztlich können diese Defizite nur durch entschlossenes staatliches Handeln beseitigt werden. Unsere Möglichkeiten sind stark begrenzt. Darüber hinaus gibt es immer noch eine grundlegende vorherrschende Einstellung in der deutschen Gesellschaft darüber, dass ein erfolgreicher Mann eine Frau zu Hause braucht, die ihn der Rücken frei hat. Wir geben Signale, auch an unsere Mitarbeiter/innen aber auch an die Öffentlichkeit, wir regen andere Ideen an, aber letztlich bleibt es offen, wer wieviel davon für das eigene Leben annimmt. Ein Überdenken kann man nicht erzwingen.

E.B.: Welche wichtigen Hindernisse identifizieren Sie in ihrer Arbeit?

E.G.: Ein sehr wichtiger Punkt ist die Arbeitsbelastung. Viele Personalbetreuer fürchten z.B., dass sie mit Diversity ein zusätzliches Thema haben, das sie den Kunden vermitteln sollen, neben vielen anderen Instrumenten, die sie implementieren müssen. In Zeiten des Wandels und der Strukturveränderungen laufen verschiedene Prozesse parallel und die Präferenzen und Prioritäten werden manchmal anders gesetzt.

E.B.: Droht Diversity ein Verschwinden in den Krisenzeiten?

A.v.H.: Diese Befürchtung wird zwar von vielen geäußert, aber das teilen wir nicht. Wir sind ein kleines Team von 16 Mitarbeiterinnen und Mitarbeiter weltweit in einem Großkonzern von ca. 85 Tausend Beschäftigten. Das stellt keine große finanzielle Belastung für das Unternehmen dar. Unsere Erfahrungen zeigen, dass auch mit einem kleinen Budget Erfolge erzielt werden können, es kommt auf die Kreativität an. Und ob Abschwung oder nicht, die rechtliche und - was viel wichtiger ist - die gesellschaftliche Notwendigkeit bleibt, Diversity weiterhin im Auge zu halten. Obwohl es in Deutschland z.Z. noch keine entsprechenden Gesetze gibt, kann sich das ändern. Darauf deuten Signale hin, wenn man sich z.B. die Entwicklungen auf der europäischen Ebene anschaut. Das Thema Diversity bleibt also präsent. Vielleicht steht es nicht immer an der ersten Stelle, schließlich ist die Deutsche Bank eine Bank, ihr Ziel ist es also, im Geschäft erfolgreich zu sein, aber Diversity ist gerade wichtig, um die Geschäftsziele noch besser zu erreichen. Diversity ist nicht ein soziales Engagement, sondern fördert das Unternehmen dabei, den Anforderungen am Markt jetzt und in der Zukunft besser zu entsprechen.

E.B.:   Zum Thema Evaluation: Welche Maßnahmen planen Sie bezüglich der Erfolgsmessung?

E.G.:   Die Messbarkeit bei einem Thema, wie Diversity ist nicht einfach. Wir arbeiten momentan an diesem Punkt. Ein einfacher Weg ist, wie oben schon erwähnt, den Erfolg z.B. durch den steigenden Anteil von Frauen in Führungspositionen zu messen. Wir könnten auf ähnliche Weise den Anteil von Personen mit unterschiedlicher sexueller Identität, mit unterschiedlichem ethnisch-nationalem Hintergrund etc. messen. Das ist allerdings nicht problemlos, da die gesetzlichen Grundlagen in den verschiedenen Ländern sehr unterschiedlich sind. Homosexualität ist in Süd-Ost-Asien ein Thema, dem man mit großer Vorsicht und viel Sensibilität begegnen sollte. In den USA, UK und auch Deutschland ist die Frage nach der ethnischen Zugehörigkeit nicht zulässig, die Angaben dürfen nur auf freiwilliger Basis erfolgen.

Auch, wenn wir andere Ziele damit verfolgen, also wie bei Diversity gerade den Abbau von Benachteiligung, müssen wir mit solchen Fragen und Ergebnissen sehr vorsichtig umgehen, damit der Vorwurf der Diskriminierung nicht entsteht. In der Zukunft planen wir aber weitere Wege der Messbarkeit zu begehen, z.B. in das Beurteilungssystem der Leistungsbewertung Diversity Kriterien bzw. das Gedankengut fest zu verankern, aber das dauert noch seine Zeit. Jetzt dient für uns als Anhaltspunkt, inwieweit das Thema im Unternehmen in die Diskussion kommt und Gesprächsstoff liefert. Andererseits muss man auch vor den Augen halten, wo die Grenzen der Messbarkeit liegen bzw. diese Grenzen verdeutlichen. Diversity trägt auf einer sehr subtilen Art und Weise zum Geschäftserfolg bei, u.a. auch dadurch, dass es die Haltung eines Menschen verändert. Inwieweit das mit den „klassischen" Instrumenten der Controlling messbar sind, steht offen. Wir haben natürlich regelmäßig Mitarbeiterbefragungen, das bietet einige Anhaltspunkte. Wir interessieren uns auch für die Frage, inwieweit Diversity-Kriterien in die Balanced-Scorecard aufgenommen werden können.

E.B.: Nach Ihren bisherigen Erfahrungen gibt es etwas, was Sie im nachhinein in bezug auf Diversity anders machen würden? Welche alternativen Wege sehen Sie für die Einführung von Diversity in ein Unternehmen?

A.v.H.: Ein sehr wichtiger Punkt ist, wo der Diversity-Team in der Unternehmenshierarchie angesiedelt ist. Die Nähe ans Business hat klare Vorteile für einen besseren Start. Je nachdem wie etabliert der Personalbereich in einem Unternehmen ist, wie gut die Betreuung, die unterstützenden Systeme, wie Personalentwicklungsmaßnahmen etc. sind, hat man bessere oder eben schlechtere Ausgangsbedingungen. Unser Team arbeitet zwar im Rahmen der Personalabteilung, aber wir haben von Anfang an den Ansatz der Stakeholder-Value verfolgt. Personal ist nur ein Bereich für Diversity, neben anderen. Aus diesem Grund sind wir verhältnismäßig unabhängig vom Personalbereich. Und natürlich ist es auch personenabhängig: Das Thema wird nie sichtbar, egal wo es positioniert wird, wenn es keine Personen gibt, die es mit Engagement vertreten und die Akzeptanz dafür erarbeiten. In unserem Unternehmen hat Mona Lau sehr viel für Diversity getan. Ebenso zentral ist die Rolle der Champions: Dadurch kann erreicht werden, dass Diversity nicht ein Lippenbekenntnis bleibt, sondern erfolgreich integriert wird.

E.G.:   Als wir mit unserer Arbeit vor fast 2 Jahren angefangen haben, mussten wir uns in das Thema gründlich einarbeiten, eine Art Know-How aneignen und natürlich auch unsere eigene Einstellung zu Diversity im Vergleich zu anderen Sichtweisen klären. Wir hatten zwar eine Definition über Diversity, aber das musste noch in einem langen Prozess von Diskussionen verfeinert und modifiziert werden. Wir suchten auch nach externem Know How. Leider gibt es in diesem Bereich sehr wenig Angebote. Diversity-Manager werden bis jetzt nicht ausgebildet. Trainings gibt es vor allem im Bereich interkulturelles Management. Es gibt für die Praxis kaum brauchbare Materialien auf dem Markt. Es gibt sehr wenige gut qualifizierte, kompetente und erfahrene Berater/innen oder Consulting Unternehmen, die Leistung auf entsprechendem Niveau anbieten würden. Wir haben zum Glück einen Berater gefunden, mit dem wir seit längerer Zeit erfolgreich zusammenarbeiten.

E.B.:   Vielen Dank für das Gespräch!

Ford Werke Deutschland
Ein Gespräch mit Wilma Borghoff

Eszter Belinszki:
Welche Bedeutung hat Diversity für Ford in Deutschland?

Wilma Borghoff:
Unsere Auseinandersetzung mit dem Thema Diversity begannen wir mit der Erarbeitung eines sog. Business Case. Der Business Case, d.h. der wirtschaftliche Vorteil, den wir uns durch Diversity versprechen, beruht im wesentlichen auf drei Säulen. Erstens möchten wir die Wünsche unserer Kunden aus aller Welt am besten erfüllen. Unser Kundenkreis ist sehr vielfältig, wir müssen also innovative Lösungen finden, unsere Produkte müssen entsprechend entwickelt werden. Je vielfältiger wir sind, desto besser können wir den Ansprüchen der Kunden gerecht werden, denke man nur daran, dass heterogen zusammengesetzte Teams meistens kreativer sind, als homogene. Das berührt schon den zweiten Aspekt, unsere Mitarbeiter/innen. Damit sie ihr ganzes Potential bei der Arbeit entfalten können, dürfen sie nicht in irgendein „Korsett" eingeengt sein. Sie müssen die Chance bekommen, ihre Ziele bei der Arbeit zu verwirklichen, das bedeutet nämlich auch für das Unternehmen eine Bereicherung. Drittens müssen wir auch auf die Entwicklungen am Arbeitsmarkt reagieren.

Wilma Borghoff war zur Zeit des Interviews Diversity Managerin bei Ford Deutschland. Das Gespräch wurde im Frühjahr 2002 geführt.

Wir möchten nicht nur eine bestimmte Gruppe von Arbeitnehmer/ innen ansprechen, z.b. weiß, männlich, 35 Jahre, Ingenieur. Deshalb müssen wir neue Wege überlegen, wie wir andere Zielgruppen erschließen können. Das sind die drei zentralen Gründe, warum Diversity bei Ford einen hohen Stellenwert hat.

E.B.: Was war auf den Entstehungskontext von Managing Diversity bei den Ford-Werken in Deutschland charakteristisch?

W.B.: Das Unternehmen befand sich 1996, als wir die Diversity-Arbeit aufgenommen haben, in einer stabilen, abgesicherten wirtschaftlichen Situation. Der Anstoß kam aus der US-amerikanischen Muttergesellschaft. Dort wurde Diversity schon erfolgreich umgesetzt. Einen konkreten „Auslöser" gab es in Deutschland nicht, sondern die Erwartung war naheliegend, die Erfolge aus den USA auch hier zu übernehmen. Der Initiator war unser damaliger Personalvorstand, Herr Hans-Peter Becker. Obwohl der Impuls aus den USA kam, wurde von Anfang an festgelegt, dass wir hier in Deutschland selbst entscheiden, was in welcher Form umgesetzt wird und die Arbeit an den deutschen Gegebenheiten anpassen. Herr Becker hatte alle Geschäftsbereiche aufgefordert, einen Vertreter in den neu zu gründenden Arbeitskreis „Deutsches Diversity Council" zu entsenden. Dieses Council hatte dann die Aufgabe zu überlegen, was Diversity in Deutschland bedeutet, welche Maßnahmen relevant sind etc. Wichtig ist dabei, dass im Council Repräsentanten des gesamten Unternehmens zusammenarbeiten. Wir arbeiten zwar unabhängig von den USA, aber es gibt durchaus Kooperationen und Austausch. Wir prüfen, welche Konzepte in den USA verwendet werden, welche Trainings es gibt und was wir davon in Deutschland erfolgsversprechend übernehmen können. Es gibt einige Maßnahmen, die überhaupt nicht eingeführt werden können, aufgrund der gesellschaftlichen und kulturellen Unterschiede in Vergleich zu den USA, andere müssen modifiziert, angepasst und überarbeitet werden. Eine engere Kooperation besteht auf der europäischen Ebene. Seit August 2000 gibt es einen Direktor für Diversity in Europa. Der Austausch zwischen den Arbeitsgruppen in England, Frankreich, Spanien, Belgien und Deutschland ist sehr intensiv. Neben dem Vorstandsvorsitzenden in Deutschland (Rolf Zimmermann bis August 2002, seitdem Bernhard Mattes) bin ich aufgrund der Matrix-Organisation im Unternehmen auch dem europäischen Diversity-Chef verantwortlich.

E.B.: War die Akzeptanz für Diversity schon in der Entstehungsphase groß?

W.B.: Nein, am Anfang gar nicht. Das war ein unbekannter Begriff. 1996 konnte niemand in Deutschland mit „Diversity" etwas anfangen, weder bei Ford, noch außerhalb. Die zentrale Aufgabe des Councils war gerade, das Wort mit Inhalt zu füllen. Zuerst waren die Mitarbeiter/innen wie auch das Management überall sehr reserviert. Es gab Ablehnung: „Wozu brauchen wir das hier? Das ist ein Konzept, was in den USA benötigt wird, hier aber nicht." Solche Reaktionen gab es auf unterschiedlichen Hierarchieebenen. Wir haben aber diese Phase relativ schnell überwunden dadurch, dass wir das Konzept von Anfang auf die Situation, Bedürfnisse und Möglichkeiten in Deutschland zugeschnitten haben. Darauf haben wir einen sehr großen Wert bei der Durchführung der verschiedenen Aktionen gelegt: Alles muss zu Deutschland passen. Wir haben immer wieder betont, dass es kein amerikanisches Konzept ist, sondern ein deutsches. Wir haben den Business Case erarbeitet um zu belegen, warum das wichtig ist, welche Notwendigkeit hinter Diversity stecken. Im Laufe der Jahre wuchs die Akzeptanz sehr stark. Diversity bedeutet eine Kulturveränderung, erfordert sehr viel Change Management. Natürlich gibt es bei Einzelnen ein Widerstand   gegenüber der Kulturveränderung:

„Warum neue Wege einschlagen? Wir haben das schon immer so gemacht. Warum auf einmal anders?" Es gibt an Trainings immer wieder die Diskussionen, wofür soll das ganze gut sein. Einige sagen immer noch: „Nein, ich brauche das nicht." Nun, nicht alle Mitarbeiter haben es verstanden, worum es bei Diversity geht. Das ist eine „normale" Begleiterscheinung von Veränderungsprozessen. Aber diese stellen kein gravierendes Hindernis dar. Wir sind auf solche Situationen gut vorbereitet, wir haben aus diesen Diskussionen sehr viel gelernt und Erfahrungen gesammelt. Solche Gegenargumente tauchen nur punktuell auf, ansonsten erfahren wir eine breite Unterstützung, wie das sich auch in der Mitarbeit in einzelnen Projekten zeigt.

E.B.:   Wer nahm an der Ausarbeitung des Konzeptes teil?

W.B.:   Das Konzept wurde weitestgehend vom Council erarbeitet, d.h. von Mitarbeitern aus allen Geschäftsbereichen. Neben Mitarbeiter/innen aus der Personalabteilung und Trainingsabteilung auch Führungskräfte mit Linienfunktion. Daran lag ein wichtiger Grund dafür, warum das Konzept sehr tragfähig wurde und eine hohe Glaubwürdigkeit bei den Mitarbeiter/innen erhielt: Die Gruppe war und ist sehr vielfältig zusammengesetzt und die Anregungen kommen aus sehr unterschiedlichen Bereichen, aus unterschiedlichen Perspektiven.

E.B.:   Gab es Vorläuferprojekte in Deutschland, auf deren Erfahrungen zurückgegriffen werden konnte?

W.B.:   Es gab einige Initiativen, die mit dem Thema zusammenhängen, wie interkulturelles Training, Elternurlaub, Vereinbarkeit von Beruf und Familie etc. Diese waren aber vereinzelte, voneinander isolierte Maßnahmen. Der Council hat diese gesammelt, gebündelt und mehr bekannt gemacht. Früher gab es kein zusammenhängendes Konzept. Dadurch entstand z.B. Doppelarbeit. Es wurde geprüft, was passt wie zusammen.

E.B.: Haben Sie Anregungen in der Managementliteratur gefunden?

W.B.: Nein. Wir haben uns erstmal angeschaut, was in den USA gemacht wurde. Von dort erhielten wir die meisten Impulse, wobei diese wie gesagt, an die deutschen Verhältnisse angepasst werden mussten. Von Anfang an stand bei uns die praktische Umsetzbarkeit im Vordergrund.

E.B.: Wie ist Diversity in der Unternehmensphilosophie verankert?

W.B.: Diese Verankerung erfolgt auf vielfältiger Weise. Diversity ist in den Diskussionen über Unternehmenswerte präsent. Es ist ein Aspekt in den Zielvorgaben, d.h. viele Manager müssen Diversity Kriterien entsprechend berücksichtigen. Diversity wurde mittlerweile ein fester Bestandteil unserer Unternehmenskultur, wird im Alltag in unterschiedlichen Kontexten umgesetzt und ihre Bedeutung wird akzeptiert. Das zeigt u.a. das Beispiel Personalrecruitment. Wir haben als Slogan formuliert: „Diversity ist Einstellungssache". Das trifft in zweierlei Hinsicht zu: Wir erwarten von potentiellen Mitarbeiter/innen, dass sie eine positive Grundeinstellung, eine Offenheit der Vielfalt gegenüber mitbringen und diese Offenheit bieten wir als Arbeitgeber ebenfalls an. Im Unternehmen wird deutlich erkannt, welche gesellschaftliche Bedeutung Diversity hat und wie die Verbindungslinie zum gesellschaftlichen Engagement unserer Mitarbeiter/innen entsteht. Die Ford Werke möchten den Diversity-Wert ebenfalls nach außen, in der Gesellschaft vertreten, u.a. durch die Aktivitäten ihrer Mitarbeiter, die hier unterstützt werden. Das ist eine Art soziale Verantwortung.

E.B.:   Woran bestehen die Grundzüge des Diversity-Konzeptes? Wo liegen die Schwerpunkte?

W.B.:   In den ersten Jahren ging es vor allem darum, Diversity bekannt zu machen. Wir haben die Mitarbeiter/innen darüber informiert, was Diversity ist, warum es wichtig ist, was der Business Case ist. Woran bestehen die Unterschiede zu anderen Konzepten, wie z.B. Frauenförderung? Der Schwerpunkt lag also am Anfang auf Kommunikation. Wir haben eine Informationsbroschüre entwickelt und verbreitet, in drei Sprachen, Deutsch, Englisch und Türkisch. Die „Amtssprache" bei uns ist Englisch, aber wir haben auch viele türkische Mitarbeiter/innen. Aus diesem Grund haben wir uns entschieden, Material in diesen drei Sprachen vorzubereiten. Der nächste Schritt war die Bewusstseinsbildung. Wir haben ein Trainingskonzept entwickelt. Alle Führungskräfte und Angestellte haben am Training teilgenommen; auch die meisten Mitarbeiter/innen im Lohnbereich sind trainiert. Nach und nach begannen wir dann einzelne Projekte zu entwickeln, wobei der Fokus immer an praktischen Anwendungen lag: Die Mitarbeiter/innen müssen damit etwas anfangen können. Ein Thema war die Vereinbarkeit von Beruf und Familie, so entstand die Idee des Kindergartens. Wir haben einen Ford-eigenen Kindergarten für den Bedarfsfall aufgebaut. Ein weiterer Punkt war die Zusammenarbeit zwischen türkischen und deutschen Kollegen. Im Herbst 2001 war es 40 Jahre her, dass die ersten türkischen sogenannten „Gastarbeiter" nach Deutschland kamen. Aus diesem Anlass haben wir eine Reihe von Events organisiert, zum Thema „40 Jahre türkische Migration". Und ein drittes Beispiel: Dieses Jahr stehen Mädchen im Mittelpunkt. Wir organisierten einen „Girl's Day", d.h. die Töchter unserer Mitarbeiter/innen wurden eingeladen, um die Ford Werke näher kennenzulernen. Ziel ist es, speziell die Mädchen mit technischen Berufen in Kontakt zu bringen, da Mädchen im Unterschied zu Jungen sich immer noch auf einige wenige nicht-technische Berufe konzentrieren. Das Interesse zu erwecken kommt nicht nur den Mädchen zu gute, sondern auch dem Unternehmen, da sie potentielle Mitarbeiterinnen der Zukunft sind. Neben solchen Projektinitiativen legen wir einen sehr großen Wert auf die Unterstützung von Mitarbeiter/innennetzwerken in verschiedenen Bereichen. Das deutsche Diversity Council arbeitet eng mit ihnen zusammen: U.a. unterstützt es sie dabei, ihre Beweg- und Hintergründe sowie Aktivitäten im Unternehmen bekannt zu machen. Ein Netzwerk ist z.b. GLOBE, Gay, Lesbian or Bisexual Employees. Dieser existiert schon seit einigen Jahren und ist sehr erfolgreich. Wir unterstützen aktiv den Christopher-Street-Day, der von den GLOBE-Mitarbeiter/innen mitorganisiert wird. Das ist vor allem ein Marketing-Event, aus diesem Grund gibt es eine Zusammenarbeit mit den Kollegen aus dem Bereich Marketing. Ein anderes Netzwerk heißt WEP, Women's Engineering Pannel. Diese Gruppe besteht überwiegend aus Ingenieurinnen, es sind aber auch Frauen aus anderen Berufen engagiert. Ihr Ziel ist, den Anteil von Frauen in Ingenieurberufen zu erhöhen. Sie arbeiten mit Universitäten zusammen und werden ebenfalls vom Council unterstützt. Gerade neu gegründet wurde noch ein Netzwerk unserer türkisch- und kurdischstammigen Mitarbeiter/innen, die sich u.a mit den Fragen beschäftigen, wie türkische Kunden in Deutschland oder in der Türkei besser angesprochen werden können und inwieweit in der Rekrutierung und Personalentwicklung dieser Aspekt berücksichtigt wird: Wie kann man türkische bzw. kurdische Menschen besser erreichen. Das Problem ist bekannt: Nur ein kleiner Anteil türkischer Jugendlichen absolviert eine Lehre, noch geringer ist ihre Zahl unter den Abiturienten. Wir suchen nach Möglichkeiten, sie zu gewinnen, bei Ford eine qualifizierte Ausbildung zu machen bzw. sich hier weiterzuentwickeln. Das ist wichtig sowohl für die Zukunft dieser jungen Menschen, als auch für das Unternehmen, da dadurch potentielle Arbeitskräfte gesichert werden können. Wie Sie sehen, hat dieser „Vernetzungsgedanke" bei uns eine zentrale Bedeutung: Wir möchten Diversity durch die Netzwerke etablieren. Darüber hinaus arbeiten Diversity Councils in verschiedenen Geschäftsbereichen, z.B. hat der Einkauf sein Diversity Council. Die Aufgabe dort ist es, nach Wegen zu suchen, Diversity im Einkauf umzusetzen. Wir motivieren die Mitarbeiter/innen, sich zu vernetzen und Aktionen in den eigenen Bereichen zu initiieren.

E.B.:   Diversity bezieht sich also nicht nur auf den Bereich Personal?

W.B.:   Nein, das war nie der Fall bei uns. Obwohl der Anstoß damals von dem Personalvorstand, von Herrn Becker stammte. Aber in der Konzepterarbeitung, Definition, Planung und Umsetzung waren von Anfang an alle Bereiche einbezogen. Meine Position als Diversity Manager ist nicht in die Personalabteilung eingegliedert, ich berichte an den Vorstandsvorsitzenden. Bei den Ford Werken wird also Diversity nicht als Aufgabe des HR, sondern als Aufgabe des gesamten Managements angesehen. In den Netzwerken sind Kollegen aus der Produktion, Marketing, Einkauf, Finanz etc. engagiert. Sie bringen ihre eigenen Perspektiven mit. Diversity muss in allen Bereichen und an allen Ebenen präsent sein. Daran liegt eine wichtige Ursache für unseren Erfolg. Councils entstehen mittlerweile in den unterschiedlichen Geschäftsbereichen, aber auch regional organisiert.

E.B.:   Beruht das auf der Eigeninitiative der Mitarbeiter?

W.B.:   Initiiert werden die Councils immer von der Leitungsebene heraus. Z.B. möchte der Chef des Einkaufs in seinem Bereich ein Council etablieren. Dieser Arbeitskreis wird von Mitarbeiter/innen aus dem jeweiligen Bereich aus unterschiedlichen Hierarchieebenen besetzt.

Das bedeutet, dass Angestellte neben dem Top-Manager sitzen, Frauen und Männer zusammen, Angehörige verschiedener Minoritäten, Kulturen sind beteiligt. Auf die Vielfalt der Zusammensetzung wird ein großer Wert gelegt, damit die unterschiedlichen Interessen und Bedürfnisse besser artikuliert werden können. Diese Gruppe diskutiert dann, in welchem Zusammenhang in dem gegebenen Bereich Diversity relevant wird, welche Probleme es gibt, was sich die Mitarbeiter wünschen. Teilweise wird in Form von Fokusgruppendiskussionen die Meinung der Kolleginnen und Kollegen eruiert: Wo sehen sie Verbesserungsmöglichkeiten? Manchmal sind es gerade die Kleinigkeiten, die wichtig sind, wie z.B. ein Bankautomat, die Möglichkeit, Bankgeschäfte zu erledigen. Das ist auch Teil der Work-Life-Balance. Auf dieser Basis entstehen also die Vorschläge und Aktionen. Der Vorteil dieses Verfahrens ist es, dass die Maßnahmen praxisnahe sind, sehr genau auf die Bedürfnisse abgestimmt werden. Dadurch wird für alle Beteiligten deutlich, dass Diversity allen zu gute kommt. Wir betonen, dass Diversity kein Programm für Minderheiten oder nur für Frauen ist. Die Offenheit, die Toleranz, die Wertschätzung der Vielfältigkeit, die Chance, sich in der Arbeit verwirklichen zu können und das Gleichgewicht mit anderen Lebenszielen aufrechtzuerhalten ist für alle hier eine Bereicherung, ebenso, wie auch für das Unternehmen, als solches.

E.B.: Wie werden praktische Einzelheiten bei der Umsetzung der Projekte ausgehandelt, z.B. in bezug auf die Ressourcen?

W.B.: Diversity ist bei uns ein top-down und bottom-up Prozess gleichzeitig. D.h. die Initiative kommt sowohl vom Management oder vom Council, wie auch von den Mitarbeiter/innen selbst. Die Verhandlungen sind dann von Fall zu Fall unterschiedlich. Da Diversity ein Teil unserer Unternehmenskultur ist, ist es selbstverständlich, dass ein/e Mitarbeiter/in einen gewissen Anteil seiner Arbeitszeit für Diversity-Projekte oder Netzwerke aufbringen kann, soll und darf. Manchmal wird jemand aus seinem/ihrem Arbeitsbereich für ein Projekt in einem gewissen Zeitrahmen freigestellt. Die Details werden dann immer fallspezifisch mit den Beteiligten, Vorgesetzten etc. abgesprochen. Durch meine Funktion bin ich meistens die Ansprechpartnerin. Wir legen gemeinsam fest, wie viel Zeit für ein bestimmtes Projekt veranschlagt wird, meistens gibt es keine langwierige Diskussionen darüber. Diversity und die Mitarbeit in Diversity Aktivitäten wird im Unternehmen weitestgehend akzeptiert. Der Girl's Day bietet ein sehr schönes Beispiel dafür. Ich habe während der Vorbereitung viele Werkleiter und Führungskräfte kontaktiert. Obwohl die Veranstaltung zeit- und arbeitsintensiv war, haben die Kollegen sie sehr gerne und mit großem Engagement unterstützt. Die Mitarbeiter/innen wurden freigestellt und haben begeistert geholfen. Mit dem Kindergarten ist es ähnlich. Die Kolleg/innen sind gerne bereit, dort mitzuhelfen. Die Vorteile sind deutlich. Es gibt keine zentralen Budgets für Projekte, sondern jeder Bereich, der sich beteiligt, bezahlt aus dem eigenen Haushalt. Das ist eine Investition, die später finanzielle Vorteile bringt. Z.B. arbeitete die Marketing Abteilung bei dem Projekt „Türkische Migration" aktiv mit, da es ja klar ist, dadurch können neue potentielle Kunden erreicht werden.

E.B.: In den Projekten gibt es also eine Kooperation zwischen Netzwerken und verschiedenen Geschäftsbereichen?

W.B.: Ja. Ein gutes Beispiel für die erfolgreiche Zusammenarbeit von unterschiedlichen Bereichen ist eine Initiative des o.g. GLOBE Netzwerkes. Seit 2001 gibt es ein Gesetz über die eingetragenen Lebenspartnerschaften von homosexuellen Paaren. GLOBE und das deutsche Diversity Council haben eine Arbeitgruppe ins Leben gerufen, an der sich andere Mitarbeiter/innen z.B. aus der Personalabteilung ebenfalls beteiligt haben. Ziel ist, dass die registrierten Partnerschaften die gleichen Benefits wie Ehepaare erhalten, von bezahlter Abwesenheit bis hin zu Begleitung bei Auslandsreisen. Eine Liste von 11 Punkten wurde erstellt. Wir streben eine vollständige Gleichstellung von Ehe und eingetragener Lebenspartnerschaft an. In diesem Prozess arbeiten das Mitarbeiternetzwerk GLOBE, der Council und verschiedene betroffene Abteilungen zusammen und verhandeln über Details und über die Fragen der Umsetzung. Es gibt auch eine enge Kooperation mit der Abteilung für Öffentlichkeitsarbeit. Sie unterstützen die jeweiligen Projekte in der internen und externen Kommunikation, z.B. bei Pressekonferenzen, bei der Erstellung von Broschüren, Vorbereitung von Veranstaltungen.

E.B.: Wie gestaltet sich die Zusammenarbeit mit dem Betriebsrat?

W.B.: Wir erfahren Unterstützung und Akzeptanz von der Seite des Betriebsrats. In einem Projekt über „Partnerschaftliches Verhalten am Arbeitsplatz" gab es eine enge und sehr erfolgreiche Zusammenarbeit zwischen dem deutschen Diversity Council, Personalabteilung und Betriebsrat. Wie überall, gibt es auch in unserem Unternehmen Mobbing, Belästigung. Mitarbeiterinnen und Mitarbeiter beschweren sich über ungerechtfertigte Behandlung. Ziel unserer Initiative war, ein klares Zeichen zu setzen: Mobbing, Diskriminierung und Belästigung werden bei Ford nicht geduldet. Wir haben in Kooperation mit dem Betriebsrat und der Personalabteilung eine Betriebsvereinbarung zu diesem Thema verabschiedet, die gerade umgesetzt wird. Es geht dabei darum, alternative Möglichkeiten für die Kolleg/innen zu eröffnen, die mit ihrer Beschwerde nicht den Weg durch den Vorgesetzten, Personalabteilung oder Betriebsrat gehen wollen. Wir etablieren ein beratendes Gremium, paritätisch besetzt aus Mitglieder

der Geschäftsführung und aus Mitarbeiter/innen, die das Vertrauen der Kolleg/innen genießen. Man kann sich an dieses Gremium wenden, sie sind auf Kommunikation und auf Beratung ausgerichtet, vor allem in mündlicher Form.

E.B.: Welche Maßnahmen planen Sie längerfristig im Rahmen von Diversity?

W.B.: Wir haben 2002 eine Broschüre entwickelt. Wir bekommen sehr viele Nachfragen von außerhalb. Aus diesem Grund stellen wir Informationsmaterial zusammen, die wir z.b. der Presse weitergeben können. Die bisherigen Veröffentlichungen wendeten sich vor allen an die Mitarbeiter/innen, intern. Diese neue Broschüre stellt z.B. die Mitarbeiter/innennetzwerke vor. Außerdem erläutert sie die Frage nach der gesellschaftlichen und wirtschaftlichen Bedeutung von Diversity und beschäftigt sich mit der Frage, was Diversity z.B. bei Recruitment bedeutet. Ein weiteres Projekt heißt Work-Life-Balance. Besonders die Frauen fragen danach: Wie kann ich mein Privatleben und meinen Beruf besser miteinander kombinieren? Seit dem Jahr 2002 findet jedes Jahr im Herbst eine einwöchige Veranstaltung mit Workshops und Vorträgen zum Thema statt. Die einzelnen Abteilungen diskutieren dann, was Work-Life-Balance für sie bedeutet, wie sie mit der Frage umgehen. Die Abteilungen erarbeiten also eigene Ideen und tauschen dann untereinander diese aus. Darüber hinaus haben wir seit letztem Jahr einen Preis ins Leben gerufen, den sog. Chairmans Leadership Award for Diversity. Das steht unter der Schirmherrschaft von dem Präsidenten und CEO von Ford Europe. Für diesen Preis können Mitarbeiter in verschiedenen Kategorien nominiert werden, die sich für Diversity besonders engagiert haben. Es gibt Kategorien für Einzelpersonen oder für Teams. Diversity Councils können auch nominiert werden: Solche Councils gibt es mittlerweile in vielen Bereichen, auf lokaler, nationaler und europäischer Ebene. Und die vierte Kategorie ist für die Mitarbeiter/innennetzwerke, wie Women's Engineering oder türkische Ressource Group etc. Das ist ein europäischer Preis, d.h. Vertreter aus allen Ländern und aus allen Bereichen können nominiert werden. Alle Mitarbeiter/innen können Vorschläge machen, nicht nur die Führungskräfte. An der Preisverleihung im Rahmen einer Feier nimmt das ganze europäische Top-Management teil. Damit wird das hohe Ansehen des Themas signalisiert.

Diversity ist mittlerweile fest verankert in der Unternehmenskultur. Das zeigt sich darin, dass das ganze Management dafür zuständig ist, jeder muss es ein seinem Bereich umsetzen. Diversity ist in den Zielvorgaben integriert. Das ist ein sehr wichtiger Punkt. Meine Vision ist längerfristig, dass meine eigene Position mit den Jahren nicht mehr notwendig sein wird, da Diversity überall präsent ist. Diversity ist kein Projekt, das man beginnt und dann abschließt. Es entstehen Vernetzungen, die permanent weiterarbeiten, immer neue Ideen entwickeln, damit wird Diversity zum Alltag gehören.

E.B.: Vielen Dank für das Gespräch.

Deutsche Lufthansa AG
Ein Gespräch mit Monika Rühl

Eszter Belinszki:
Aus welchen Gründen wurde Diversity für Lufthansa relevant?

Monika Rühl:
Dafür gibt es vor allem drei Gründe: erstens die Globalisierung. Wenn die Märkte und Produktionsstandorte sich auf der ganzen Welt verteilen, sind interkulturelle Kompetenzen unerlässlich. Man muss kulturelle Unterschiede in verschiedenen Märkten wahrnehmen und angemessen darauf reagieren, will ein Unternehmen Erfolge erzielen. Das funktioniert nicht durch „Export" von Kultur und Mitarbeitenden. Die Menschen vor Ort müssen gewonnen werden, da sie sich am besten auskennen. Auf der anderen Seite kann Globalisierung für das jeweilige Land durch die erhöhte interkulturelle Kompetenz der Menschen, durch den Transfer von universalen Werten die Demokratisierung verstärken. Lufthansa ist ein weltweit agierendes Unternehmen. Wir fliegen in 90 Staaten, die Star Alliance sogar in insgesamt 130. Die kulturelle Vielfalt unserer Kunden berührt also unmittelbar unser Geschäft. Wir haben zwar Mitarbeiterinnen und Mitarbeiter aus 150 Nationen, aber trotzdem „exportieren" wir unsere Führungskräfte immer noch häufig. Mittlerweile gibt es lokale Manager in den

Monika Rühl ist Leiterin „Change Management und Diversity" bei der Deutschen Lufthansa Aktiengesellschaft. Das Gespräch wurde im Frühjahr 2002 geführt.

einzelnen internationalen Standorten, aber zur Zeit stammt keine der Lufthansa Führungskräfte von anderen Gesellschaften, die der Star Alliance angehören. Die obere Leitungsebene der Lufthansa ist immer noch immer überwiegend „deutsch". Die meisten unserer ausländischen Mitarbeiter/innen stammen aus Österreich. Das ist ein Hinweis darauf, dass die Sprache ein wichtiger Faktor im Unternehmen ist. Letztlich kann man aber feststellen, dass unsere internen Strukturen die externe Vielfalt nicht in dem Maße wiederspiegeln, wie sie sich in der Realität darstellen.

Der zweite Grund liegt an den demographischen Entwicklungen. Die Geburtenrate in Deutschland liegt z.Z. bei 1,3. Die Umdrehung der Alterspyramide ist eine logische Folgerung. Man kann mit einer Verlängerung der Lebensarbeitszeit rechnen, nicht nur wegen den erhöhten Lebenserwartungen und dem besseren Gesundheitszustand, sondern auch wegen der geringeren Anzahl junger Menschen, die die Versorgungsleistungen der vielen Alten in ca. 20 Jahren nicht mehr tragen können. Damit ergibt sich eine Reihe von Konsequenzen für die Personalpolitik in Unternehmen: Z.B. muss die Personalentwicklung auf diese Tendenzen reagieren und Möglichkeiten auch für die Mitarbeiter/innen im fortgeschrittenen Alter offen halten, damit sie sich nicht in die „innere Kündigung" verabschieden. Gleichzeitig muss ein Unternehmen erkennen, welche neuen Ressourcen das Wissen erfahrener Kolleg/innen für sie eröffnet, nicht ausschließlich im operativen Geschäft, sondern auch in allen anderen Bereichen. Mitarbeitende oberhalb einer bestimmten Altersgrenze könnten neue Aufgaben finden als Coach, Supervisor, Mentor oder Berater/in. Ferner ist damit zu rechnen, dass ein Ausstieg aus dem Erwerbsleben nicht mehr immer abrupt erfolgen wird, wie früher, sondern vielmehr Schritt für Schritt, die sich über mehrere Jahre hinziehen können.

Im Jahr 2000 wurden verschiedene Szenarien für die Entwicklung der Bevölkerungsdaten in Deutschland errechnet. Aus diesen Ergebnissen wird deutlich, dass eine massive Zuwanderung von ausländischen Arbeitnehmern notwendig wäre, um die Einwohnerzahlen und vor allem die Zahl der Erwerbstätigen konstant zu halten. Daraus folgt, dass den Unternehmen immer mehr ausländische Mitarbeitende zur Verfügung stehen würden. Damit müssen sich Unternehmen mit den Fragen der Multikulturalität innerhalb der eigenen Organisation auseinandersetzen. Darüber hinaus ist es damit zu rechnen, dass Frauen noch stärker in das Arbeitsleben integriert werden. Das lässt sich u.a. auf die bessere Qualifikation und erhöhte Erwerbsorientierung zurückführen. Obwohl es in den Zeiten der steigenden Arbeitslosigkeit etwas merkwürdig klingt, aufgrund der demographischen Tendenzen muss die deutsche Wirtschaft trotzdem mittelfristig mit Arbeitskräftemangel - zumindest im qualifizierten Bereich - rechnen. Die Unternehmen werden also vor die Frage gestellt, wie können sie neue potentielle Mitarbeitergruppen unter Ausländern, unter Frauen oder unter älteren Arbeitnehmern ansprechen, wie können sie Behinderte oder chronisch Kranke integrieren.

Schließlich ist als dritter Grund für die Relevanz von Diversity die steigende Tendenz zur Individualisierung zu nennen. In der Produktwelt bedeutet das „customization", Anbieter müssen sich immer mehr auf ganz individuelle Wünsche der Kunden einstellen. Beispiele aus der Auto- oder Textilindustrie zeigen, dass die Erweiterung der Gestaltungsmöglichkeiten ein wichtiger Faktor zum Markterfolg ist. Im Dienstleistungssektor ist es auch nicht anders. Unternehmen müssen aber demnächst nicht nur den besonderen Kundenwünschen mehr Aufmerksamkeit schenken, sondern auch die individuell unterschiedlichen Bedürfnisse, Interesse und Lebensentwürfe ihrer Mitarbeitenden mehr berücksichtigen. Wenn man seine Position als attraktiver Arbeitgeber behalten will, muss man rechtzeitig auf diese Art von Vielfalt eingehen.

E.B.: Welche Motivationen gab es im Unternehmen, Diversity Management einzuführen?

M.R.: Nun, wir beschäftigten uns im Unternehmen schon länger mit dem Thema Chancengleichheit, das vor etlichen Jahren auf den Wunsch der Betriebsräte, als Ergebnis eines bottom-up-Prozesses eingeführt wurde. Obwohl 42% der Beschäftigten bei Lufthansa weiblich sind, ist ihr Anteil auf der unteren Führungsebene 28%, unter den leitenden Angestellten ca. 13,5%. Das ist immer noch nicht ausreichend, obwohl wir durch verschiedene Maßnahmen in den letzten Jahren Erfolge erzielen konnten. Die Zahlen zeigen, dass die Frage nach der Chancengleichheit immer noch sehr aktuell ist. Im Jahr 2000 nahm der neue Personalvorstand, Herr Lauer, seine Arbeit auf. Er interessierte sich von Anfang an für diese Thematik. Im Unternehmen wurde die Weiterentwicklung diskutiert: eine größere Fokussierung auf Männer, Gender Mainstreaming oder Diversity. Das Thema Diversity, also die Öffnung des Chancengleichheitsgedankens in Richtung anderer Dimensionen neben „Gender", schien nach den Gesprächen am besten In die Geschäftsstrategie der Lufthansa zu passen. Mit dem Entstehen der Abteilung „Diversity" handelte es sich um einen top-down-Prozess. Insgesamt sind jedoch die einzelnen Facetten nicht völlig neu, sie waren bis dahin nur nicht in einer Organisationseinheit gebündelt.

E.B.: Wie war die Akzeptanz in dieser ersten Phase?

M.R.: Das Thema wurde sehr positiv aufgenommen. Wir begannen zunächst mit einer breiten Kommunikationsoffensive. Wir haben die Belegschaft informiert, u.a. durch die interne Zeitung „Lufthanseat". Unser Ziel war es, vor allem Führungskräfte zu mobilisieren, weil wir ihr Handeln nicht ersetzen können und möchten. Die Ereignisse am 11.

September 2001 und die darauf folgende schwierige wirtschaftliche Situation haben unsere Bemühungen zwar etwas zurückgeworfen. Z.Z. stehen weniger Ressourcen zur Verfügung. Aber das Thema bleibt im Unternehmen präsent. Es ist wichtig, klarzustellen, dass es sich bei Diversity nicht um ein „Schönwetterthema" handelt, das man nur in einer wirtschaftlich gesicherten Situation auf die Tagesordnung nimmt. Diversity ist eine Frage, die das tägliche Geschäft berührt.

E.B.: Worin besteht das Grundkonzept für Diversity bei Lufthansa?

M.R.: Der zentrale Gedanke von Diversity ist die Inklusion. Früher hatte jedes Unternehmen eine für seine Geschäftsziele als geeignet bewiesene Unternehmenskultur. Die Mitarbeitenden hatten sich dieser unterzuordnen. Aber der Markt wird immer enger, und immer mehr Menschen mit anderem kulturellen Hintergrund und Werten geraten in die Unternehmen. Will man das Potenzial der vielfältig zusammengesetzten Belegschaft möglichst weitgehend einbeziehen, muss man Rücksicht auf ihre Wünsche und Vorstellungen nehmen, statt sie mit Anpassung zu überfordern. Die Menschen arbeiten produktiver, wenn ihre Umgebung sie in ihrer Vielfalt wertschätzt, und wenn sie ihr „Anderssein" nicht als Barriere und Defizit erleben, sich nicht mit Ablehnung konfrontiert fühlen.

Für Unternehmen ist Innovation ein sehr wichtiger Erfolgsfaktor. Homogenität produziert aber nicht genügend Innovation. D.h. die Vielfalt der Belegschaft bedeutet mehr Kreativität und steigert damit das Innovationspotential. Dies wiederum bedeutet einen großen Nutzen für das Unternehmen. Der Heterogenität der Kundenwünsche kann besser nachgegangen werden, wenn die internen Strukturen diese im Unternehmen ebenfalls wiederspiegeln. Auf diesem Wege können neue Marksegmente eröffnet werden, nicht nur durch differenziertes Zielgruppenmarketing, sondern auch durch das Image einer offenen Unternehmenskultur, die niemanden ausschließt. Allerdings muss man sich aber vor Augen halten, dass Heterogenität schwieriger zu organisieren ist. Ein durchdachtes Diversity Management ist deshalb notwendig. Ziel ist es, dieses zum Bestandteil der Führungskompetenzen zu machen. Wenn ein Unternehmen Vielfalt als ausschließlich sozialpolitisches Thema betrachtet, wird es sie immer nur neben den Geschäftsaktivitäten betreiben. Diversity bleibt in solchen Fällen ein Extra, von dem man sich in schwierigen Zeiten einfach trennen kann, weil es vermeintlich keinen Wertbeitrag leistet. Bei Lufthansa ist es anders: Diversity ist inhärenter Bestandteil der Unternehmensphilosophie.

Unsere Strategie beinhaltet drei Stakeholder, die Kunden, die Mitarbeiter/innen und die Aktionäre. Die Interessen dieser drei Gruppen sind interdependent: Motivierte Mitarbeiter/innen arbeiten besser, die Kundenbedürfnisse werden besser befriedigt, der wirtschaftliche Erfolg steigt. Diversity Management basiert also auf Nachhaltigkeit. Dennoch ist Diversity ein Begriff, den man nicht universell definieren kann. Jedes Unternehmen muss in den einzelnen Ländern seine eigene Definition entwickeln. Bei Lufthansa in Deutschland haben wir fünf Primärkriterien: Geschlecht, Alter, nationale bzw. ethnische Herkunft, Behinderung und sexuelle Orientierung.

E.B.: Wer ist an der Ausarbeitung des Konzeptes und in den diesbezüglichen Entscheidungen beteiligt?

M.R.: Das Konzept wurde in der Fachabteilung entwickelt und mit den Vorgesetzten und dem Personalvorstand abgestimmt. Die einzelnen Projekte in der Phase der Realisierung werden dann je Fall verhandelt und einzeln mit den Geschäftsbereichen abgestimmt, die betroffen sind. Wenn die Abstimmungsprozesse abgeschlossen sind, starten wir die breitere Kommunikation. Es hängt von dem Umfang, Schwerpunkt etc. des jeweiligen Projektes ab.

E.B.:   Gab es Vorläuferprojekte oder frühere Erfahrungen, auf die Sie zurückgreifen konnten?

M.R.:   Ja. Ich war sechs Jahre lang Beauftragte für Chancengleichheit. Diversity wuchs aus dieser Tätigkeit heraus. Die Erfahrungen durch verschiedene Projekte, wie z.B. das Cross-Mentoring für Frauen, die in Kooperation mit anderen Unternehmen gemeinsam durchgeführt wurde, fließen selbstverständlich in die Diversity-Arbeit hinein. Wie bereits erwähnt, hat es bereits langjährige Aktivitäten zu den einzelnen Diversity-Dimensionen gegeben. Das Know how zu diesen Dimensionen war größtenteils im Unternehmen noch vorhanden, so dass ich mir nicht alles komplett neu erarbeiten musste.

E.B.:   Welche konkrete Maßnahmen haben Sie bis jetzt umgesetzt?

M.R.:   Wenn man einmal davon absieht, dass der Bewusstseinswandel das eigentliche Ziel ist, was eine permanente Kommunikation erfordert, dann bleiben einige Projekte übrig. So haben wir zum Beispiel das erste Mentoring in Deutschland für Menschen mit Behinderung gestartet. Wir wollen damit das Ziel erreichen, die Umgangsunsicherheiten mit behinderten Menschen abzubauen.
Ein weiteres, sehr wichtiges Projekt ist die Positionierung gegen die Ausländerfeindlichkeit. Lufthansa, als Transportunternehmen lebt davon, dass die Menschen ins Ausland fahren bzw. ausländische Gäste Deutschland besuchen, er lebt aus dem Vertrauen der Menschen. Die Förderung der Toleranz und der Offenheit gegenüber anderen Kulturen ist uns schon aus diesem Grund sehr wichtig. Wir haben verschiedenes in diesem Thema entwickelt. Leider mussten wir die

Umsetzung aufgrund der Ereignisse am 11. September 2001 verschieben.

Ein drittes Beispiel sind die Aktivitäten zur Chancengleichheit. Das Cross-Mentoring existiert schon in der vierten Generation. Es gibt andere Initiativen zur Work-Life-Balance. Relativ neu ist unsere Ausnahmebetreuung für Kinder, die an sieben Tagen geöffnet ist. Sie kommt immer dann zum Tragen, wenn die Regelbetreuung kurzfristig ausfällt. Wir bieten den Familien-Service an, der nach eingehender Beratung maßgeschneiderte Betreuungslösungen für Kinder, aber auch für die eigenen Eltern vermittelt. Je nach Bedarf kann das eine Tagesmutter, ein öffentlicher Kindergarten oder eine -tagesstätte, eine Elterninitiative, oder auch eine Kombination von allen sein. Lufthansa übernimmt die Beratungskosten und Vermittlungsgebühren (außer bei Au Pairs), die Eltern kommen für die Betreuungskosten auf. Diese dezentrale Lösung passt sehr gut zu den unterschiedlichen Lebenslagen und Wünschen, wie auch zur Unternehmensorganisation.

Wir beginnen uns gerade mit dem Thema „Alter" auseinanderzusetzen: ca. 16% unserer Mitarbeiter/innen sind über 50 Jahre alt. Wir sind momentan in der Konzeptentwicklungsphase: Was bedeutet das steigende Durchschnittsalter in der Belegschaft und in der Gesellschaft für das Unternehmen? Welche Rolle spielt das Unternehmen in dem Leben der älteren Mitarbeiter/innen? Was bedeutet das für die Vergütung und für die Freizeit? Mit solchen Fragen beschäftigen wir uns.

E.B.: Wer ist in der Durchführung der Projekte beteiligt?

M.R.: Das ist sehr unterschiedlich. Die Anregungen kommen nicht nur von uns, sondern auch aus den Kreisen der Mitarbeiter/innen oder von der Unternehmensleitung. Konzepte entwickelt meistens unser Team.

Häufig gibt es Teilprojekte für die Konzerngesellschaften, dann
entsteht dort eine engere Kooperation.

E.B.:   Gibt es ein zentrales Budget für Diversity Projekte?

M.R.:   Ja. Wenn ein größeres Einzelprojekt geplant wird, muss das im
Vorjahr im Budgetprozess genehmigt werden. Es gibt aber auch
Beispiele für eine dezentrale Finanzierung. Wir haben Qualifizierung
für sog. Change Agents durchgeführt. Dafür gab es kein eigenes
Budget, sondern die beteiligten Abteilungen haben aus den eigenen
Budgets bezahlt. In anderen Fällen, wie z.B. bei dem Kinderbetreu-
ungsprojekt, ist das anders, da kann man die Kosten nicht genau je
nach Person oder Einrichtung identifizieren, dort macht ein zentrales
Budget Sinn.

E.B.:   In welcher Form erfolgt die Evaluation der Ergebnisse?

M.R.:   Wir machen jährlich einen Personalbericht, der u.a. auch Diversity-
Themen beinhaltet. Eine qualitative Evaluation machen wir nicht,
sondern wir stützen uns auf die Personalstammdaten. Wir haben
Statistiken über den Anteil von verschiedenen Gruppen in der Belegschaft und in Führungspositionen. Wichtig ist es aber anzumerken,
dass wir nicht eine einfache „Status-quo"-Analyse machen, sondern
den Blick auf die Verlaufszahlen richten: Was hat sich in dem gegebenen Zeitraum geändert? Welche Tendenzen kann man feststellen?
Die Ergebnisse der Analyse sind im Intranet „Personal" für alle
zugänglich. Außerdem schauen wir uns immer da, wo es möglich ist,
an, ob die Investition einen „return on investment" bringt. Wenn z.B.
die Ausnahmebetreuung zum Ziel hat, die Fehlzeiten zu reduzieren,
dann muss sie dies nach einem gewissen Zeitraum auch erbringen.

E.B.: Gab es Hindernisse, Widerstand oder Interessenskonflikte in der Diversity-Arbeit?

M.R.: Das größte Hindernis war der 11. September 2001 und dessen Auswirkungen. Aber wie bei jedem Veränderungsthema gibt es auch bei diesem, und dieses verändert mittelfristig die Unternehmenskultur, ist also von großer Auswirkung, Widerstand. Dieser lässt sich aber weder einer Gruppe noch Hierarchien zuordnen. Er ist eher bei einzelnen zu finden. Es gibt bestimmte Themen, die schwieriger zu vermitteln sind. Dazu gehört das Thema der älteren Mitarbeitenden. Wir müssen mit dem Widerspruch, dass wir Ältere in den Vorruhestand schicken und andererseits Wertschätzungsinitiativen für die Bleibenden ergreifen, umgehen. In diesem Feld sehe ich also noch großen Handlungsbedarf. Anders ist es bei dem Thema Internationalität, interkulturelle Kompetenz oder Chancengleichheit. Mittlerweile sind das „normale" Bestandteile unserer täglichen Arbeit. Sexuelle Orientierung wurde durch das neue Lebenspartnerschaftsgesetz zum Thema. Wir haben im Winter 2001 einige neue Regelungen geschaffen, die diejenigen, die in eingetragener Lebenspartnerschaft leben, in eine bessere Position bringen. Wir haben darüber einen Artikel in der Mitarbeiterzeitung „Lufthanseat" veröffentlich. Wie bei allen Veränderungsprozessen, gibt es Menschen, die sich engagieren, andere, die auf die Barrieren hinweisen und wiederum andere, die sich neutral verhalten.

E.B.: Wie kommunizieren Sie Diversity nach außen?

M.R.: Wir sind auf vielen internen und externen Veranstaltungen präsent. Mit unseren Initiativen gehören wir zu den Vorreitern in Deutschland. Die Resonanz ist sehr positiv. Durch die Pressearbeit vermitteln wir auch Informationen nach außen. Es gibt außerdem manchmal Frage-

bögen von Rating-Agenturen und Fondsgesellschaften, in denen
Diversity-bezogene Themen angesprochen werden.

E.B.: Welche Reaktionen gibt es aus dem Umfeld des Unternehmens?

M.R.: Von der Seite der Investoren ist die Nachfrage eher marginal. Nur
einige US-amerikanische Investoren beschäftigen sich mehr mit den
Diversity-Aktivitäten bei der Lufthansa. Die breitere Öffentlichkeit zeigt
ein großes Interesse. Viele erkundigen sich, was Diversity ist, wie man
das im Unternehmen einführen kann. Wir leisten Aufklärungsarbeit.
Unsere Aufgabe ist es nicht, Beratung anzubieten, aber die Idee und
den Begriff bekannter zu machen, unsere Erfahrungen weiterzu-
geben. Ich habe den Eindruck, dass es mit der Zeit immer mehr
Veranstaltungen in Deutschland zum Thema stattfindet.

E.B.: Sie haben mehrmals den 11. September 2001, den Terroranschlag
gegen den World Trade Center und dessen Folgen erwähnt. Inwieweit
hat sich Ihre Arbeit dadurch geändert?

M.R.: Die Ereignisse haben uns ein Stück zurückgeworfen. Es gab zwar im
Unternehmen keine feindseligen Auseinandersetzungen. Wir haben
sofort die Möglichkeit zur Konfliktmoderation angeboten, die wurde
aber nicht angefordert. Darin zeigt sich, dass Toleranz und Offenheit
als Werte in unserer Belegschaft weit verbreitet sind, sie sind Teile der
Unternehmenskultur. Das Problem liegt vielmehr darin, dass Lufthansa von den wirtschaftlichen Auswirkungen sehr stark betroffen
war. Die Unsicherheit, mögliche Entlassungen, sinkende Gewinn-
chancen - das ist kein günstiger Rahmen über Vielfalt und Wertschätzung zu sprechen und Geld für Umsetzungsprojekte auszugeben.

E.B.: Nach den bisherigen Erfahrungen gibt es etwas, die Sie anders machen würden?

M.R.: Ja. Chancengleichheit war eine mehr personalpolitische Aufgabe. Bei Diversity sollte man von Anfang an breiter ansetzen und sich nicht nur auf den Personalbereich beschränken. Diversity ist mit der Unternehmensstrategie zu verbinden, weil es den Markt genauso betrifft wie die Mitarbeitenden. Wir haben zu Beginn viel Zeit mit der Planung der Maßnahmen verbracht und erst später konzeptionell über die strategic fits nachgedacht. Jetzt arbeiten wir gerade an diesem Punkt weiter: Diversity flächendeckend in allen Bereichen der Organisation einzuführen, seine Bedeutung sichtbar zu machen und an die Unternehmensstrategie anzudocken. Diversity ist kein Projekt, das für einen im voraus festgelegten Zeitrahmen beschränkt ist. Diversity ist eine Daueraufgabe. Wenn der Diversity-Gedanke überall im Unternehmen fest verankert wird und zum Alltag gehören wird, dann erübrigt sich irgendwann meine Position hier. Das ist das längerfristige Ziel. Diversity bleibt aber präsent.

E.B.: Ich bedanke mich für das Gespräch.

Procter & Gamble Deutschland
Ein Gespräch mit Olaf Peters

Eszter Belinszki:

Wie entstand die Idee bei P&G Deutschland Diversity Management im Unternehmen zu etablieren?

Olaf Peters:

In unserer US-amerikanischen Muttergesellschaft hat Diversity schon seit längerer Zeit eine große Bedeutung. Die ersten Impulse lassen sich auf die juristischen Rahmenbedingungen zurückführen. Als Global Player wurde Diversity schnell als eine wichtige Voraussetzung und als ein wichtiger Wettbewerbsvorteil identifiziert. Als weltweit operierendes Unternehmen ist es sehr wichtig zu verstehen, wie die lokalen Märkte funktionieren und wie die Mitarbeiter/innen vor Ort eingebunden werden können. Auch in Deutschland wurde die Notwendigkeit von Diversity Management erkannt. Wir haben u.a. festgestellt, dass der Anteil von Frauen unter den Führungskräften gering ist, da viele Frauen das Unternehmen verlassen haben, bevor sie eine Top-Positionen erreicht haben. Innerhalb der Diversity-Initiative wurde der Schwerpunkt auf Gender-Diversity gelegt.

E.B.: Wer waren die Initiatoren der Diversity Aktivitäten?

Olaf Peters ist Personalleiter im Europäischen Forschungszentrum von Procter&Gamble in Schwalbach. Das Gespräch wurde im Sommer 2002 geführt.

O.P.: Vor allem drei Personen haben die Entwicklung entschieden vorangetrieben. Eine Abteilungsleiterin aus der zweiten Managementebene im Bereich Personal hatte sich sehr früh für das Thema engagiert und in Deutschland die Grundsteine gelegt. Auf der der Geschäftsleitungsebene befasste sich eine Direktorin aus den USA intensiv mit der Thematik und unterstützte die Aktivitäten mit viel Energie. Mit ihrer tatkräftigen Unterstützung als Sponsor habe ich das Diversity Team in unserer Organisation von der Personalseite geführt. Meine Aufgabe ist es, sicherzustellen, dass die „richtigen", d.h. relevanten Themen in der Organisation bearbeitet werden. Die Kooperation zwischen Linienmanagement und Personal in dieser Form ist ein wichtiger Erfolgsfaktor für unsere Arbeit. Dadurch ist gewährleistet, dass der Informationsaustausch gut funktioniert und in der Entwicklung unterschiedlicher Projekte die Bedürfnisse der Organisation und der Mitarbeiter/innen entsprechend berücksichtigt werden.

E.B.: Wie entstand das Diversity -Team?

O.P.: Die o.g. Direktorin, einige interessierte Mitarbeiter/innen und ich haben zusammen an einem Belegschaftsforum vor ca. 400 Kolleg/innen die Ergebnisse einer Mitarbeiterbefragung zum Thema Diversity vorgestellt. Außerdem haben wir Aktionsschritte vorgeschlagen, die im vorhinein mit unserem Management-Team diskutiert worden war. Nach der Präsentation fragten wir nach Interessierten die für die Mitarbeit bereit wären. Darüber hinaus sprachen wir gezielt Mitarbeiter/innen und Führungskräfte an, von denen wir wussten, dass sie sich für das Thema interessieren. Wichtiger Bestandteil der Einführungsstrategie war und ist, Teammitglieder mit großen persönlichen Engagement an der Diversity Arbeit zu finden. Dies ist nach unserer Erfahrung ein wesentlicher Erfolgsfaktor.

E.B.:   Auf welche Leitgedanken basiert Diversity Management bei P&G?

O.P.:   Diversity bedeutet für Procter&Gamble, die Vielfalt und Individualität der Mitarbeiter/innen zu respektieren, zu schätzen und zu nutzen. Nur dadurch kann ein Umfeld geschaffen werden, in dem jeder Einzelne seine Fähigkeiten und Fertigkeiten optimal einbringen kann. Dementsprechend verstehen wir bei P&G unter Diversity nicht alle gleich zu behandeln, sondern jedem individuell und fair zu begegnen. Das Management hat erkannt, dass Diversity ein bedeutender Faktor für den langfristigen Erfolg eines innovativen Unternehmens ist. Die Interessen des Unternehmens und der Mitarbeiter/innen sind miteinander untrennbar verbunden. Das Unternehmen muss die unterschiedlichen Bedürfnisse, Vorstellungen, Lebenssituation etc. des Einzelnen verstehen und respektieren. Wir schätzen die persönliche Kompetenz aller unserer Mitarbeiter/innen und möchten ihnen - aus eigenen wirtschaftlichen Interessen - die Möglichkeit bieten, ihre beruflichen Vorstellungen zu verwirklichen. Es geht darum, die Mitarbeiter/innen in der Organisation entsprechend einzubinden. In den USA spricht man mittlerweile nicht über Managing Diversity sondern Managing Inclusion. Dies bedeutet, alle Mitarbeiter einzubeziehen, ohne im vorhinein   Unterschiedlichkeitsdimensionen wie zum Beispiel „weiblich/männlich" oder unterschiedliche Nationalität zu manifestieren.

E.B.:   Welche Impulse waren für Ihre Arbeit wichtig?

O.P.:   Es erfolgten verschiedene Studien und Befragungen. Sie legten den Schwerpunkt   auf Gender Diversity: In welchem Zusammenhang spielt Gender Diversity eine Rolle? Ist das ein Problem für die Karriere? Was sind die Faktoren die Probleme verursachen? Es gab Fokusgruppengespräche mit Frauen aller Hierarchieebenen, Befragungen in unterschiedlichen Geschäftsbereichen und zu spezifischen Aspekten, wie z.b. flexible Arbeitszeiten oder Kinderbetreuung. Die Resultate wurden im Management präsentiert und diskutiert. Aus den Ergebnissen entstanden wichtige Eckpfeiler für die weitere Arbeit und für die späteren Projekte. Unser Blickwinkel war immer darauf gerichtet, was die relevanten Fragen für die Organisation sind. Es gab auch Impulse aus den USA, wobei die kulturellen Unterschiede in manchen Kontexten doch deutlich wurden. Diversity Zielvorgaben in Prozentsätzen zu formulieren, z.B. „40% Frauen auf der Hierarchieebene X", das erzeugt, vor allem am Anfang, eher Irritationen. Hier ist es wichtiger, Überzeugungsarbeit zu leisten. Schritt für Schritt zu erklären was für Vorteile für das Unternehmen entstehen. Es geht anfangs vor allem um Tendenzen, weniger um konkrete Zahlen. Allerdings ist eine quantitative Maßzahldefinitionen wichtig, um den langfristigen Erfolg der Diversity Aktivitäten zu messen. Ich finde es sehr wichtig, die spezifischen Gegebenheiten in Europa in Relation zu den USA zu berücksichtigen. Bedauerlicherweise haben wir festgestellt, dass die meisten Bücher und Artikel aus der Diversity-Literatur, sowie ein Großteil der Berater und Forschungsgruppen, aus den USA stammen und die europäische Perspektive häufig ausgeklammert wird.

E.B.: Wie war die Akzeptanz der Diversity-Arbeit zu Beginn und später?

O.P.: Nachdem wir die Ergebnisse der Befragungen präsentiert haben, gab es teils recht kontroverse Diskussionen mit unserem Management. Einige haben sogar die Relevanz des Themas in Frage gestellt. Schritt für Schritt entwickelte sich dann langsam ein Prozess von einer defensiven zu einer mehr neutralen Haltung, aus der später Unterstützung wurde. Diese Entwicklung war sehr wichtig für den Erfolg. Wenn in einer Organisation das Topmanagement für ein solches

Thema nicht gewonnen wird, kann man keine Erfolge erzielen. Danach haben wir das mittlere Management eingebunden. Um das Bewusstsein für Diversity zu erwecken, führten wir Diversity-Workshops durch. Das ist eine Art offene Diskussion. Es ging nicht darum, den Teilnehmer/innen beizubringen, was „richtig" oder „falsch" wäre, sondern durch die Gespräche das Nachdenken zu fördern. An den Workshops nahmen immer Vertreter der Führungskräfte aus dem Seniormanagement-Bereich teil. Mit ihnen diskutierten die Teilnehmer/innen und sie beantworteten kritische Fragen. Das gab die Möglichkeit, Zweifel und Probleme anzusprechen. Mittlerweile übernimmt das mittlere Management diese Trainingsaufgaben selbst, d.h. sie führen Workshops für die Belegschaft durch. Auf diese Weise werden sie mehr in die Thematik eingebunden. Natürlich ist es nicht so ganz einfach, Akzeptanz zu schaffen. Das liegt zum Teil daran, dass die meisten Manager in ihrem Lebensalltag kaum mit dem Thema Gender Diversity in Berührung gekommen sind. Für viele von ihnen standen entweder solche Entscheidungen zwischen Beruf und Familie nicht an oder sie haben es vermieden, sich damit auseinander zusetzen. Jetzt geraten sie in eine Situation, in der sie mit solchen Fragen umgehen müssen. Bei dual-career-Paaren sieht es anders aus. Dort ist es von Anfang an klar: die Familienarbeit, der Haushalt, die Kinderbetreuung muss geteilt werden, es müssen andere Lösungen her. Wir finden es also wichtig, durch von uns geführte, schrittweise Diskussionen, die Führungskräfte im mittleren Management dazu zu bringen, sich mit dem Thema auseinander zusetzen, Argumente zu erarbeiten und später als Vertreter für Zukunftsszenarien tätig zu werden. Wenn sie selbst einen Trainingsworkshop für die Mitarbeiter vorbereiten und durchführen, beschäftigen sie sich intensiv mit dem Thema und die eigene Akzeptanz steigt entsprechend.

E.B.: Warum hat P&G in Europa den Schwerpunkt auf das Thema Gender gelegt?

O.P.: Die Individualität hat sehr viele verschiedene Facetten die nicht unbedingt an bestimmten Kriterien, wie Gender, Ethnie oder sexuelle Orientierung, festgemacht werden können. An diesem Punkt gibt es momentan Diskussionen bei P&G auf der europäischen Ebene. Es stellt sich nämlich die Frage, inwieweit eine Fokussierung auf Gender im Rahmen von Diversity sinnvoll ist. Kann man ein Kriterium in den Mittelpunkt stellen, obwohl es im weitesten Sinne um die Individualität geht? Wird dadurch das Problem nicht vereinfacht? Hinter solchen Argumentationen ist zwar manchmal eine Vermeidungsstrategie von männlichen Führungskräften verborgen, die das Thema unangenehm finden. Die Antwort ist durchaus simpel: Wir konzentrieren uns auf den Bereich Gender, weil die Probleme dort noch am größten sind. Wir möchten nicht die Energien gleichzeitig unter vielen Aufgaben verteilen. Es gibt natürlich Bereiche, in denen andere Dimensionen relevant werden. So arbeiten beispielsweise in unserem Forschungszentrum am Standort 15 Nationalitäten zusammen. Die Perspektive wird also später auf jeden Fall erweitert. Wichtig ist es hinzuzufügen, dass der Schwerpunkt zwar auf Gender liegt, aber die Projekte nicht mit Frauenfördermaßnahmen gleichzusetzen sind. Das zeigt sich in den Konzepten dieser Maßnahmen.

E.B.: Um welche konkreten Maßnahmen geht es?

O.P.: Wir haben u.a. ein Working-Parents-Network ins Leben gerufen. Hier können Eltern ihre Erfahrungen über Möglichkeiten und Schwierigkeiten der Kinderbetreuung austauschen. Diese Frage beschäftigt nämlich alle unsere Mitarbeiter/innen die Kinder haben. Wir haben aber von Anfang an betont, im Mittelpunkt des Interesses stehen nicht die Frauen als Mütter, sondern Männer und Frauen als Eltern. Zur Zeit bedeutet dieses Projekt sicherlich vor allem für Frauen eine große Unterstützung, da sie sich aufgrund der traditionellen Rollenverteilung in der Familie um die Kinder kümmern.Wir möchten jedoch, dass das Netzwerk offen bleibt, um zu zeigen, Väter können und sollten sich auch mit diesen Fragen auseinandersetzen. Deshalb bieten wir als Unternehmen für alle Eltern unsere Unterstützung an. Wir bieten eine beschränkte Anzahl an Ganztags-Kindertagesplätze im benachbarten Kindergarten an. Das Unternehmen übernimmt für die Kinder der nicht ortsansässigen Mitarbeiter/innen den kommunalen Teil der Kosten. Die Eltern haben also den Vorteil, dass ihre Kinder hier in der Nähe im Kindergarten untergebracht werden, das erleichtert die zeitliche Organisation für sie. In diesem Bereich der Mitarbeiter/innen-Unterstützung bei der Kinderbetreuung ist die Initiierung eines Kinderbetreuungsnetzwerkes unser neuestes und vielleicht innovativstes Projekt. P&G, die Nachbarkommune Eschborn und ein Tagesmütterverein haben mit Unterstützung des Landes Hessen ein Netzwerkkonzept entwickelt. Ziel ist es, die Tagesmütter-Infrastruktur in der Region durch die Vernetzung verschiedenster Partner qualitativ und quantitativ auszubauen. Im Netzwerk kooperieren Firmen, Kommunen der Region und Kinderbetreuungsinstitutionen bei der Rekrutierung, Qualifizierung und Vermittlung von Tagesmüttern. Ein Internetportal unterstützt die Vermittlung von Tagespflegeplätzen, und ermöglicht Information und Kommunikation zwischen Tagesmütter und Eltern.

Work-Life-Balance als relevantes Thema für alle Mitarbeiter/innen beschränkt sich natürlich nicht nur auf die Vereinbarkeit von Familie und Beruf. Hobbies wie Sport oder Musik, soziales oder politisches Engagement erfordern eine zeitliche Koordination mit der Arbeitszeitplanung. Um Beruf und private Interessen besser vereinbaren zu können, versuchen wir Besprechungen in den späten Nachmittagsstunden zu vermeiden. Natürlich ist das nicht immer umsetzbar, besonders in einem globalen Unternehmen wie P&G. Bedingt durch das gemeinsame Zeitfenster mit den USA kann vieles nur am Nachmittag erledigt werden. Falls eine Besprechung trotzdem später stattfindet, kann sich der Mitarbeiter auch von zu Hause per Telefon einwählen. Zeitliche Flexibilität ist ein wichtiger Bestanteil unserer Maßnahmen: flexible Arbeitszeiten und diverse Teilzeitmodelle, ggf. Möglichkeiten für Heimarbeit oder Sabbaticals. All diese Angebote sind für Frauen wie auch für Männer offen.

Dies gilt natürlich auch für unser Mentoring. Für Frauen mag Mentoring eine wichtigere Rolle spielen als für Männer, die sowieso gewohnt sind berufliche Kontakte und Karriere-Netzwerke aufrechtzuerhalten. Deshalb unterstützt das Unternehmen Mentoring und gibt dafür einen strukturellen Rahmen. Neben dem internen Mentoring beteiligen wir uns an einer Cross Mentoring Initiative mit anderen Unternehmen. In diesem Programm werden weibliche Führungsnachwuchskräfte mit erfahrenen Führungskräften eines anderen Unternehmens zum Erfahrungsaustausch zusammengebracht - die Resonanz aller Beteiligten ist sehr positiv. Eine weitere wichtige Maßnahme ist die Sensibilisierung für das Thema Diversity um Rollenmodelle zu vermitteln. Wir laden Mitglieder der Unternehmensleitung oder externe Topmanager zu Diversity-Vorträge und Diskussionen ein. Sie berichten über ihre Erfahrungen und persönlichen Gedanken über Diversity, um Anregungen zu geben. Dieser Erfahrungsaustausch ist für die Teilnehmer sehr wertvoll. Außerdem wird damit signalisiert, dass die Unternehmensleitung die Diversity-Initiative unterstützt.

E.B.: Wer beteiligt sich in der Entwicklung von Maßnahmen? Wer sind die Ideengeber und wer ist für die Durchführung verantwortlich?

O.P.: Das ist sehr unterschiedlich, je nach Projekt. Wenn z.B. Expertisen notwendig sind übernimmt das gewöhnlich der Personalbereich. Manche Ideen und Aktivitäten entstehen aus der Zusammenarbeit im europäischen Diversity-Netzwerk, das von unserer europäischen Topmanagement sehr stark unterstützt wird. Häufig leiten auch Line Manager Aktivitäten selbst, die Kooperation zwischen ihnen und der Personalabteilung ist sehr eng. Ich arbeite bspw. in einem der Kinderbetreuungsprojekte mit einer Kollegin aus dem Finanzbereich für die Entwicklung von Finanzierungskonzepten zusammen. Viele Ideen kommen von den Mitarbeiter/innen selbst, die Interesse an dem Thema Diversity haben. Häufig sind es Frauen, die selbst mit bestimmen Fragen konfrontiert sind oder Anregungen aus anderen Unternehmen erfahren haben. Aber auch Männer sprechen uns an. Es gibt Mitarbeiter/innen, die aufgrund ihrer Erfahrungen, z.B. in Folge eines längeren Auslandsaufenthaltes, sich für das Thema Diversity zu interessieren beginnen. Für uns ist es wichtig, die Mitarbeiter/innen entsprechend einzubinden. Persönliche Energie und Enthusiasmus sind wichtige Erfolgsfaktoren, besonders wenn es um die Anregung von Prozessen der Bewusstseinsbildung geht.

E.B.: Mit welchen Ressourcen sind Sie ausgestattet? Wie werden die einzelnen Teilprojekte finanziert?

O.P.: Wir haben keine Mitarbeiter/innen, die sich als Hauptbeschäftigung um Diversity kümmern. Diversity ist ein Teil meiner Aufgaben, neben anderen. Das ist ein Vor- und Nachteil gleichzeitig. Selbstverständlich stehen damit weniger persönliche Ressourcen zur Verfügung, aber Diversity ist damit besser in die Organisation integriert. Die Finanzierung der Projekte ist unterschiedlich. Es gibt kein etabliertes Budget. Bei jeder einzelnen Maßnahme wird über die Finanzierung beraten. Das bedeutet auch eine strenge Kosten-Nutzen-Kalkulation. Damit können wir immer belegen, dass die Projekte, in die investiert wird, sich für das Unternehmen entsprechend rentieren. Ein Zuschuss für die Kindertagesstätte ist z.b. sinnvoll, weil damit einige Mitarbeiter/ innen für die Firma erhalten bleiben, in deren Ausbildung viel Geld investiert wurde.

E.B.: Gab es oder gibt es Hindernisse, Probleme und Widerstände in der Implementierung von Maßnahmen?

O.P.: Widerstand gab und gibt es hin und wieder. Wenn sich das Unternehmen das Ziel setzt, mehr Frauen in Führungspositionen zu haben, verstehen das viele Männer als schlechtere Chancen für die eigene Beförderung. Der persönliche Dialog ist hier ein wichtiges Mittel, um diese Widerstände zu adressieren. Beim Thema Kinderbetreuung fragen die Mitarbeiter/innen, die keine Kinder haben, warum die Kolleg/innen mit Kinder eine besondere Förderung und Unterstützung von der Firma bekommen. Sie fragen sich dann: Was nützt mir das? Und wenn man sich ausführlich mit Kinderbetreuung beschäftigt, dann stellt man fest, wie komplex das ist und welche zusätzliche Fragen und Probleme damit verbunden sind. Ich denke da nur an Öffnungszeiten, pädagogische Konzepte oder Kosten für einen Betreuungsplatz. Wie legt man die Zahl der Betreuungsplätze fest? Wie kann man das im Voraus planen? Welche Auswahlkriterien werden angewandt, wenn die Plätze nicht ausreichen? Wer wird bevorzugt, wer wird benachteiligt? Wenn eine Direktorin und eine Sekretärin die gleiche Förderung erhalten und die gleiche Zuzahlung aufbringen müssen - ist das gerecht? Es gibt darüber hinaus weitere zusätzliche Aspekte: Unser Unternehmen hat eine sehr starke Firmenkultur, mit vielen persönlichen Kontakten, auch im privaten Bereich. Vielleicht möchten einige Eltern nicht, dass die Firma sogar in der Kindererziehung präsent ist. Viele dieser Fragen werden erst dann bewusst, wenn die Projekte zur Kinderbetreuung umgesetzt werden. Deshalb haben wir uns entschlossen, der Strategie der kleinen Schritte zu folgen. Wir planen nicht übergreifende und ressourcenintensive Maßnahmenpakete, sondern ergänzen nach und nach die laufenden Projekte. Auf diese Weise können wir immer prüfen, ob das den gewünschten Effekt bringt und können ohne größere Verluste und Risiken vorgehen.

E.B.:   Wie kommunizieren Sie Diversity in der externen Öffentlichkeit?

O.P.:   Wir arbeiten eng mit unserem kommunalen sowie regionalen Umfeld zusammen und nehmen auch am nationalen bzw. internationalen Erfahrungsaustausch teil. Wir geben Anregungen weiter und bekommen Rückmeldungen und Anerkennung für unsere Arbeit, nicht nur von anderen Firmen, sondern auch von den Kommunen in der Region oder vom Landesministerium. Die Reaktionen sind positiv. Obwohl ich sehe, welche zusätzliche Aktivitäten möglich und wichtig wären, können wir feststellen, dass wir mit unserem Diversity - Engagement zu den führenden Unternehmen in Deutschland gehören Ein bisschen stolz sind wir auch darüber, dass wir in 2002 zum zweiten Mal den E-Quality Award entgegennehmen durften. Dies ist eine Firmenzertifizierung, die Diversity-Anstregungen auswertet und anerkennt.

E.B.:   Wie werden die verschiedenen Diversity-Aktivitäten evaluiert? Welche Bewertungskriterien gibt es und wie werden diese angewandt?

O.P.:   In Bezug auf Gender Diversity prüfen wir regelmäßig die Zahlen: Wie viele Frauen arbeiten in welcher Hierarchieebene? Was sind die Entwicklungstendenzen? Diese Analysen sind sehr detailliert. Wir prüfen auch die Messzahlen, die mit einzelnen Aktionen verbunden sind: Inwieweit wird die Möglichkeit der flexiblen Arbeitszeiten genutzt? Wie viele Teilzeitkräfte gibt es? Wie viele arbeiten in Telearbeit? Wie viele Mentor-Mentee-Paare gibt es? Werden die Angebote einer Maßnahme in der Belegschaft entsprechend angenommen oder nicht? Woran liegt es, wenn das Interesse nicht groß ist? Wurden die Bedürfnisse falsch eingeschätzt oder lag es an der Implementierung? Die Ergebnisse werden im Management diskutiert und die weiteren Entscheidungen werden auf dieser Basis getroffen. In festgelegten Zeiträumen stellen die Projektgruppen ihre Resultate vor. Die einzelnen Führungskräfte im Topmanagement werden ebenfalls daran gemessen, was sie in bezug auf Diversity erreicht haben. Auch in den Jahresbewertungsgesprächen der mittleren Management-Ebene wird das Thema an Relevanz zunehmen.

E.B.: Gibt es etwas, was Sie im nachhinein aufgrund der bisherigen Erfahrungen anders machen würden?

O.P.: Konzeptionell nicht. Es gibt natürlich immer kleinere organisatorische Fragen, die man im nachhinein anders lösen würde, aber grundsätzlich bewegen wir uns in die richtige Richtung. Es gibt einen Bereich, den ich in der Zukunft mehr in den Mittelpunkt des Interesses stellen würde: cultural Diversity. Da P&G ein global agierendes Unternehmen ist, müssen die unterschiedlichen kulturellen Kontexte, aus denen die Mitarbeiter stammen, besser berücksichtigt werden. Damit müssen wir uns auseinandersetzen und konzeptionelle Überlegungen entwickeln.

E.B.: Was hat sich Ihrer Meinung nach im Unternehmen durch die Diversity-Aktivitäten geändert?

O.P.: Nun, wir sehen positive Veränderungen. Das Bewusstsein für Diversity ist im Unternehmen gestiegen. Zudem ist Diversity mittlerweile ein integraler Bestandteil der Personalbeschaffung, -planung und -entwicklung geworden. Wir sehen auch eine bessere Bindung von Frauen an das Unternehmen. So kehren zum Beispiel mehr Frauen aus der Elternzeit ins Unternehmen zurück. Außerdem kann man sagen, dass die Unternehmenskultur ein Stück offener geworden ist, offener für unsere individuellen Unterschiede. Das ist unser wichtigster Erfolg.

E.B.:   Vielen Dank für das Gespräch!

Eszter Belinszki
Die Praxis von Diversity Management.
Zusammenfassende Betrachtung von Best Practice Beispielen

In diesem Kapitel wurden fünf Großkonzerne in Deutschland dargestellt, die Diversity Management praktizieren. Die hier folgende Zusammenfassung bietet einen Überblick über Gemeinsamkeiten und Unterschiede in den Konzepten und Herangehensweisen. Das Ziel ist es, verschiedene Wege und Interpretationen aufzuzeigen und zu präsentieren, wie Ideen und Maßnahmen an die situativen Gegebenheiten in Organisationen angepasst werden können.

Diversity und Diversity Management sind in den USA schon seit längerer Zeit bekannte Begriffe. Wie die hier vorgestellten Beispiele zeigen, erhielten deutsche Unternehmen erste Impulse in bezug auf Diversity-Aktivitäten z.T. durch Mergers oder aus US-amerikanischen Konzernzentralen. Dies bedeutet freilich weder das Diversity nur für Organisationen interessant wäre, die Geschäftsbeziehungen in den USA unterhalten, noch das Konzepte unmittelbar übernommen werden sollten. Der konzeptionelle Rahmen muss kontextuell in der Organisation verankert werden. Den Unterschieden in der gesellschaftlichen und wirtschaftlichen Situation in Deutschland und in den USA muss dabei Rechnung getragen werden. Die Erfahrungen der

Eszter Belinszki Dipl. Ökon., wissenschaftliche Mitarbeiterin und Koordinatorin des Projektes „Umgang mit personeller Vielfalt in Organisationen" im Interdisziplinären Frauenforschungzentrum der Universität Bielefeld.

interviewten Diversity-ManagerInnen bestätigen die Bedeutung der organisationsinternen Einbettung: Nur dann kann sichergestellt werden, dass Managing Diversity an den Bedürfnissen des Unternehmens nicht „vorbeigeht" und nicht zu einer rhetorisch präsenten aber inhaltsleeren Kategorie wird („Lippenbekenntnis"). Für global agierende Unternehmen, wie die hier vorgestellten, hat das fein abgestimmte Gleichgewicht zwischen konzernübergreifenden Leitgedanken, wie z.B. Diversity-Statements, und kontextgebundener Planung von Aktivitäten und Schwerpunkten eine besondere Bedeutung. Erstere hat einen integrativen Charakter und klärt das Grundverständnis über Vielfalt und deren Relevanz für die Gesamtorganisation. Letztere hat die Funktion, diesen Rahmen mit handlungsleitenden Inhalten zu füllen.

Die Ressentiments gegenüber einer „fremden" Mode-Idee aus den USA, wie Diversity häufig begegnet wird, können ebenfalls erfolgreich unterbunden werden, wenn die Verbindungen zu den Geschäftsfeldern und zu den Rahmenbedingungen/ der Umgebung schon in der Konzepterarbeitung berücksichtigt werden. Die Frage, ob das englische Wort „Diversity" mit einem deutschen Begriff wie „Vielfalt" oder „Chancengleichheit" ersetzt werden sollte, kann ebenfalls nur situativ entschieden werden. Ein deutsches Vokabular kann u.U. die Akzeptanz fördern, wie die Fallbeispiele hier zeigen sogar auch dann, wenn die „Amtssprache" einer Organisation ansonsten Englisch ist. Andererseits geben diese Übersetzungen nur bedingt die Komplexität des Diversity-Gedankens wieder: Es geht dabei um mehr als um ein Angebot von gleichen Chancen und Möglichkeiten für die MitarbeiterInnengruppen. Diversity Management baut vielmehr auf die Anerkennung von Vielfalt als eine zusätzliche Ressource in der Realisierung von Geschäftszielen. Die Förderung von Vielfalt in der Belegschaft und die Wahrnehmung des Facettenreichtums in Kunden- bzw. Klientelkreisen sowie unter Geschäftspartnern dienen dem Interesse der Organisation. Die Erfahrungen aus Programmen und Projekten zur Geschlechtergleichstellung, bzw. Chancengleichheit, können jedoch wichtige Anregungen für Diversity Management liefern, wie das die Beispiele von DaimlerChrysler, der Deutschen Bank und Lufthansa zeigen.

Welche Vorteile ergeben sich aus einem gezielten Umgang mit Vielfalt? Um diese Frage zu beantworten dient der Business Case. Die Identifizierung von konkreten Benefits ist der erste Schritt in der Entwicklung eines „maßgeschneiderten" Diversity-Konzeptes. In den hier zitierten Beispielen erhielten verschiedene Faktoren große Aufmerksamkeit:

• die Erzeugung einer hohen Kundenzufriedenheit durch die Berücksichtigung vielfältiger Bedürfnisse,

• die Sicherung von MitarbeiterInnenpotentiale durch die Wertschätzung von Fähigkeiten und durch die Anerkennung individueller Lebenskonzepte,

• die Förderung von Kreativität um die Flexibilität des Unternehmens zu unterstützen sowie

• die Stärkung der Position des Unternehmens auf dem Arbeitsmarkt.

Welche Aspekte inwiefern für eine Organisation bedeutsam sind, kann nur kontextuell, unter Berücksichtigung der jeweiligen internen und externen Rahmenbedingungen entschieden werden. Dies ist unerlässlich für die Spezifizierung von Zielsetzungen. Eine Inkongruenz von relevanten Vorteilen und Zielsetzungen würde lediglich zu einer Ressourcenverschwendung führen. In solchen Fällen könnten zwar Teilerfolge erzielt werden, da sie jedoch für die Organisation keinen Nutzen bedeuten könnte eine dauerhafte Integration von Diversity in die Unternehmensstrategie vernachlässigt werden. Für die Zieldefinition ist eine Bestandsaufnahme notwendig. Die

Durchleuchtung der Organisationsstrukturen bzw. -kultur sowie der internen Prozesse muss aus der Perspektive erfolgen, welche von ihnen Vielfalt fördern, die Potentiale als Ressourcen eröffnen lassen oder im Gegenteil eine Homogenisierung erzeugen. Die Analyse von Personalstatistiken bildet einen Grundstein bei der Bestandsaufnahme. Um jedoch zu einem umfassenden Bild zu gelangen sind weitere Untersuchungen, z.b. MitarbeiterInnenbefragungen, Prozessbeobachtungen etc., notwendig. Die Qualität der „Ist-Zustandsbeschreibung" kann entscheidend für den späteren Erfolg von Projekten und Initiativen werden, da auf der Basis dieser Erkenntnisse neue Schwerpunkte gesetzt werden.

Die hier vorgestellten Unternehmen fokussieren die Diversity Aktivitäten überwiegend auf sog. Kerndimensionen, wie Geschlecht, nationale/ethnische Zugehörigkeit, Alter, Behinderung und sexuelle Orientierung. Die Idee von Diversity stellt zwar Vielfalt im weitesten Sinne in den Mittelpunkt, was heisst, dass die Berücksichtigung von Individualität ist nicht auf die Zugehörigkeit zur der einen oder anderen og. Identitätsgruppe reduziert wird. Die Schwerpunktsetzung auf Kerndimensionen in der Praxis ermöglicht jedoch in kurze Zeit konkrete Projekte zu konzipieren und durchzuführen. Dadurch kann der Bekanntheitsgrad der Begriffe Diversity und Diversity Management in der Organisation gesteigert werden und erste Erfolge können erzielt werden. Das wirkt sich positiv auf die Akzeptanz aus und fördert die Unterstützung in der Belegschaft sowie seitens der Führungskräfte. Welche Kerndimensionen in welcher Projektphase im Zentrum stehen, ist unterschiedlich. Die hier zitierten Fallbeispiele zeigen, dass das Spektrum schrittweise erweitert werden kann: Zu Beginn stehen überwiegend die Dimensionen Geschlecht, bzw. ethnische Zugehörigkeit, im Mittelpunkt - vor allem deshalb, weil in diesen Bereichen erste Erfahrungen aus Gleichstellungsprogrammen und aus interkulturellem Management vorhanden sind. Weitere Kategorien werden nach und nach hinzugezogen. Dieses Verfahren kann dennoch die Gefahr verbergen, dass der Diversity-Gedanke in seiner Gesamtheit durch das

Aufsplitten in Teilprojekte und Dimensionen aus den Augen verloren wird. Ein Signal dafür wäre es bspw. wenn die Heterogenität innerhalb einzelner Identitätsgruppen in den Hintergrund geräte.

Managing Diversity wird in den vorgestellten fünf Konzernen als Daueraufgabe definiert, d.h. es integriert unterschiedliche Projekte und Maßnahmen, unter denen sowohl zeitlich begrenzte - als auch unbegrenzte Projekte zu finden sind. Es bildet den konzeptionellen Rahmen für die Initiativen und Aktivitäten. Das Ziel dabei ist, die Betrachtungsweise von Vielfalt als Ressource in der Unternehmensstrategie fest zu verankern. Managing Diversity ist also nicht nur auf das Personalmanagement bezogen, sondern Teil der strategischen Planung und muss von Marketing bis Produktentwicklung in allen Geschäftsbereichen präsent sein.

Die Aktivitäten im Rahmen des Diversity Managements umfassen eine große Spannbreite, wie die Beispiele aus den Unternehmen zeigen. Einige entstehen „lokal", bezogen auf Standorte oder Abteilungen, andere sind zentral koordiniert. Auf welcher Ebene ein Programm angesiedelt werden sollte, hängt vor allem von der Zielsetzung ab: Mentoringprogramme, Kinderbetreuungsprojekte oder Maßnahmen, deren Ziel es ist, Änderungen in der Unternehmensstruktur oder -kultur zu erzeugen (z.B. die Gleichstellung gleichgeschlechtlicher Partnerschaften mit heterosexuellen ehelichen Gemeinschaften, Berücksichtigung von Work-Life-Balance, Initiativen gegen Mobbing etc.) können sinnvoll zentral erarbeitet werden. Die Netzwerkbildung unter den MitarbeiterInnen kann und muss - wie das u.a. die erfolgreichen Beispiele bei Ford zeigen - gefördert werden, aber eine direkte zentralisierte Steuerung der vor Ort entstehenden Initiativen ergibt kaum günstige Effekte. Einzelne Projekte können darauf ausgerichtet sein, bestimmte Problemfelder, die innerhalb einer Geschäftseinheit, Abteilung oder eines Standortes relevant sind, zu bearbeiten. Ein „Diversity-Büro" fasst solche Initiativen zusammen und kann ggf. als „Service" Unterstützung (z.B. in der Öffentlichkeitsarbeit, Konfliktmoderation, Beratung etc.) anbieten.

Eine wichtige Voraussetzung für den Erfolg von Diversity Management ist, wie das alle fünf Beispiele deutlich zeigen, die Unterstützung des Vorstandes. Dies bedeutet neben symbolischen Handlungen und der Repräsentation des Diversity-Gedankens in der internen und externen Öffentlichkeit ebenfalls die Berücksichtigung von relevanten Perspektiven in der operativen Arbeit und der strategischen Planung. Die konsequente Vertretung von Vielfalt-Management auf der Vorstandsebene hat u.a. auch eine Signalwirkung und fördert die Glaubwürdigkeit von Projekten und Maßnahmen.

Die Einbindung von MitarbeiterInnen ist gleichfalls von entscheidender Bedeutung. Wie in den Interviews betont wird wird, muss Diversity „gelebt" werden. Besonders in der ersten Phase steht die interne Öffentlichkeitsarbeit im Mittelpunkt der Arbeit von Diversity ManagerInnen. Diese hat erstens die Aufgabe der Informationsvermittlung, zweitens spielt aber auch die Steigerung der Akzeptanz eine wichtige Rolle. Transparenz in den Prozessen hilft, Missverständnisse und die Verbreitung von Fehlinformationen zu vermeiden. Organisationsinterne Kommunikationskanäle, wie MitarbeiterInnenzeitungen, Intranet oder interne Fernsehkanäle aber auch Broschüren oder Plakatwände können für diesen Zweck erfolgreich eingesetzt werden. Ein Beispiel von der Deutschen Bank weist darauf hin, dass die Thematisierung von Vielfalt vor dem internen Publikum - wie das dort durch ein Zeitungsinterview erfolgte - Prozesse in Gang setzt, die zwar nicht direkt „gesteuert" werden können aber durch das Aufeinandertreffen von Meinungen und Erfahrungen den Aufbau eines offenen Diskussionsklima dienen.

Die Beispiele von Ford zeigen, wie MitarbeiterInnen in der Konzipierung und Durchführung von Aktivitäten involviert werden können: In zentral initiierten, bzw. koordinierten Programmen, wie z.B. die Veranstaltung eines „Girl's Day", entwickeln einzelne Organisationseinheiten ihre Beiträge und Eigeninitiative. Die Einbeziehung durch aktive Teilnahme ermöglicht es, Diversity bekannt zu machen und den Begriff positiv zu belegen: Die Verbindung von Diversity zum Berufsalltag und die Relevanz von Vielfalt für die Organisation sowie für die Belegschaft wird ersichtlich. Die selbständigen MitarbeiterInnennetzwerke bieten eine zusätzliche Möglichkeit die Diversity-Idee in die Organisation zu integrieren. Der Vorteil dabei ist, dass durch die Zusammenarbeit von MitarbeiterInnen aus unterschiedlichen Geschäftsbereichen und Organisationseinheiten der interne Informationsaustausch gefördert wird.

Die Mobilisierung von Führungskräften, vor allem im mittleren Management, stellt eine besonders wichtige Herausforderung dar. Gelingt dies nicht, schwächen sich die Initiativen. Die Schwierigkeit besteht z.T. darin, dass die Mitarbeiter in Leitungspositionen, die sich nicht als Zugehöriger einer „Minderheit" betrachten, bzw. die aus der eigenen Perspektive die „Mehrheit" verkörpern, Diversity Management als überflüssig oder sogar als bedrohlich wahrnehmen können, weil sie es als Blockade für die eigene Karriere befürchten. Die hier vorgestellten Fallbeispiele zeigen verschiedene Strategien zur Steigerung der Akzeptanz unter den Führungskräften. Die wichtigste unter diesen Strategien ist die Suche nach „Verbündeten". Einzelne Personen, deren Interesse und Sympathie zu Themen wie Diversity bekannt ist, werden gezielt angesprochen. Diese Strategie baut auf den Multiplikatoreneffekt: Die gewonnenen „PromotorInnen" unterstützen die Diversity-Arbeit, vertreten die Idee und verbreiten sie in ihren Kontaktnetzwerken. Das Engagement von renommierten Persönlichkeiten steigert das Ansehen von Diversity. Eine weitere Möglichkeit besteht in der Integration von Diversity-Elementen in den Zielvereinbarungen von Führungskräften. Das kann jedoch erst dann erfolgsversprechend wirken, wenn die wirtschaftlichen Vorteile von Diversity-Initiativen für die Organisation, wie auch für die jeweiligen Abteilungen oder Business-Einheiten, entsprechend nachvollziehbar erarbeitet werden um Zielkonflikte möglichst zu vermeiden. Der Zugang zu Diversity über die Ebene der ökonomischen Rationalität stößt häufig schneller auf Akzeptanz. Ein dritter Weg ist die Einführung flächendeckenden Diversity-Trainings für Führungskräfte höherer Hierarchieebenen. Die intensive Auseinandersetzung mit der Thematik und die Reflexion des Konzeptes in Hinblick auf die eigene Position ermöglichen es, Missverständnisse, bzw. Fehlinterpretationen zu klären sowie persönliche Aversionen abzubauen. Das Beispiel von Procter&Gamble zeigt, dass die trainierten Führungskräfte ebenfalls eine Multiplikatorenrolle übernehmen können, indem sie in Trainings für Führungskräfte niedrigeren Hierarchiestufen mitwirken, ggf. diese Veranstaltungen selbst konzipieren und durchführen.

Da Diversity Management top-down und bottom-up Prozesse umfasst, muss ein besonderes Augenmerk auf die Steuerung gerichtet werden. Die Praxisbeispiele zeigen, dass ein zentraler Steuerungskreis notwendig ist. Dieser ist auf einer hohen Hierarchieebene angesiedelt und erstattet der Personalleitung, bzw. dem Vorstand, Bericht. Die hier erarbeiteten Zielsetzungen werden jedoch unter Berücksichtigung der lokalen Gegebenheiten in den Standorten, Geschäftseinheiten oder Abteilungen spezifiziert und angepasst. Die Flexibilität, die solche „Zielkorridore" bieten, ermöglicht es die Aktivitäten abgestimmt zu planen und Ressourcen besser einzusetzen. Die Durchführungsverantwortung liegt vor Ort. Die Rückkoppelung zwischen lokaler und zentraler Ebene muss dennoch in allen Arbeitsphasen kontinuierlich gesichert werden.

Die Finanzierung von Diversity-Aktivitäten erfolgt in den dargestellten fünf Fällen unterschiedlich. Teilweise gibt es zentral festgelegte Budgets reserviert für Programme, Netzwerkförderungen und Projekte. Die Gelder werden dann durch die für die Steuerung und Koordinierung von Diversity Management zuständige Abteilung/Führungskraft verteilt. Eine andere Möglichkeit ist - das zeigt das Beispiel von Ford und Procter&Gamble - die Integration der Diversity-Ausgaben in die lokalen Haushalte als Teil der operativen Kosten. Das entspricht dem Grundgedanke, Diversity nicht als „Sonderprogramm", aber als Daueraufgabe zu betrachten. Ein solches Finanzierungskonzept setzt jedoch voraus, dass Diversity auf lokalen Ebenen als wichtiger Faktor für den wirtschaftlichen Erfolg akzeptiert wird und in der Zielstruktur verankert ist.

Wie lässt sich der Erfolg von Diversity Management beurteilen? Diversity Management muss an seiner Wirtschaftlichkeit gemessen werden, das Controlling von Projekten und Programmen ist also unerlässlich. Traditionelle Instrumente stoßen dabei allerdings schnell an ihre Grenzen. Man kann zwar anhand von Personaldaten nachvollziehen, inwieweit sich die Zusammensetzung der Belegschaft entlang von Kategorien, wie Geschlecht, Staatsbürgerschaft oder Alter, verändert oder ob der Anteil von Frauen in Führungspositionen zugenommen hat. Die Wirkungen eines erfolgreichen Diversity Managements sind aber wesentlich komplexer und lassen sich nicht einfach auf Personalstatistiken reduzieren. MitarbeiterInnenbefragungen können Informationen über den Bekanntheitsgrad und über die Akzeptanz liefern. Der Erfolg von einzelnen Aktivitäten kann direkt bewertet werden, wie z.B. durch die TeilnehmerInnenzahl bei Veranstaltungen, durch Presseberichte bei einer Öffentlichkeitskampagne oder durch die steigende Anzahl von Bewerbungen aus neuer Zielgruppen bei einer Rekruitingoffensive. In der Bewertung von Wirkungszusammenhängen muss jedoch auch der Zeitfaktor berücksichtigt werden: Diversity-Aktivitäten rentieren sich nur in seltenen Fällen unmittelbar nach kurzer Zeit, meist bewirken sie längerfristige und übergreifende Veränderungen. Die Festlegung von Messkriterien kann sich nach den Besonderheiten der einzelnen Aktivitäten orientieren, aber die weiterführende Frage darf nicht vernachlässigt werden: Trägt der Erfolg eines Projektes zur Anerkennung von Vielfalt und zur Eröffnung dieser, sich durch Managing Diversity neuen ergebenden, Ressourcen bei?

Entspricht er den Zielsetzungen, die anhand des Business Case formuliert
wurden?

Die Kommunikation von Diversity Initiativen in der externen Öffentlichkeit
erfüllt unterschiedliche Funktionen, es geht dabei um mehr, als um das
Prinzip: „Tue Gutes und rede darüber". Potentielle ArbeitnehmerInnen
müssen darüber informiert werden warum das jeweilige Unternehmen als
attraktiver Arbeitgeber ihre Aufmerksamkeit verdient. Dabei sind neben
Karrierechancen und finanziellen Anreize Faktoren wie Unterstützung in der
Kinderbetreuung, Work-Life-Balance, Klima der Toleranz oder Anerkennung
der Individualität durch die Ermöglichung flexibler Arbeitsformen ebenfalls
von großer Bedeutung. Selbstverständlich ist auch nicht zu vernachlässigen,
dass soziales Verantwortungsbewusstsein (social responsibility) in der
Öffentlichkeit positiv bewertet wird. Diversity Management taugt aber nicht
als „Image-Kampagne". Wird die Perspektive ausschließlich auf moralische
Argumente der Gleichheit und Gerechtigkeit gerichtet, kann Managing Diversity als strategisches Konzept nicht etabliert werden. Gesellschaftspolitisches
Engagement, wie z.B. Positionsbezug gegen Ausländerfeindlichkeit oder der
Einsatz für die Toleranz verschiedener sexueller Orientierungen, unterstreichen die Glaubwürdigkeit nur dann, wenn sie mit der Förderung von Vielfalt
innerhalb der Organisation einhergehen.

Abschließend stellt sich die Frage, was Managing Diversity in wirtschaftlich
schwierigen Zeiten bedeutet. Ist das nur ein „Schönwetterkonzept" für die
Phasen des ökonomischen Aufschwungs? Die optimale Nutzung von
Ressourcen und die Verstärkung der Marktposition stehen immer im Interesse eines erfolgreichen Unternehmens. Wird die Anerkennung von Vielfalt
als ein strategisch wichtiger Beitrag zu diesen Zielen verstanden, dann
werden Diversity-Initiativen nicht konjunkturbedingt eingestellt.